AF629115

SYKES · Reaktionsaufklärung

PETER SYKES

Reaktionsaufklärung

Methoden und Kriterien der organischen Reaktionsmechanistik

Mit 27 Abbildungen und 8 Tabellen

AKADEMIE-VERLAG · BERLIN · 1976

Lizenzausgabe
des Verlags Chemie, GmbH, Weinheim/Bergstraße
© 1973 Verlag Chemie GmbH, Weinheim/Bergstraße

Alle Rechte, insbesondere die der Übersetzung in fremde Sprachen, vorbehalten. Kein Titel dieses Buches darf ohne schriftliche Genehmigung des Verlages in irgendeiner Form — durch Photokopie, Mikrofilm oder irgendein anderes Verfahren — reproduziert oder in eine von Maschinen, insbesondere von Datenverarbeitungsmaschinen, verwendbare Sprache übertragen oder übersetzt werden.

Übersetzer: Dr. H. F. Ebel

Erschienen im Akademie-Verlag, 108 Berlin, Leipziger Straße 3—4
Lizenznummer: 202 · 100/485/76
Offsetdruck und buchbinderische Verarbeitung:
VEB Druckerei „Thomas Müntzer", 582 Bad Langensalza
Bestellnummer: 762 258 7 (6326) · LSV 1214, 1274
Printed in GDR
EVP 18,—

Aus dem Vorwort

Die Anregung zu diesem Buch kam von einer Vorlesung, die ich 1967 in London während der Hauptversammlung der Association for Science Education hielt. Sie hatte sich zum Ziel gesetzt zu zeigen, welche experimentellen Methoden zur Aufklärung von Reaktionsabläufen herangezogen und wie ihre Ergebnisse so zusammengefügt werden können, daß sich daraus die molekularen Ereignisse ablesen lassen. Einige Hörer der Vorlesung betonten, daß sie diese Art der Darstellung als anregend empfunden hatten, daß sie aber nicht wüßten, wo sie etwas Ähnliches nachlesen könnten. Es schien daher, daß ein einfach gehaltenes Buch über dieses Thema von Nutzen sein könnte: Dies ist der Versuch eines solchen Buches.

Die Anlage dieses Buches dürfte aus den Bezeichnungen der einzelnen Kapitel klar hervorgehen. Ich hoffe, eine nützliche und funktionsgerechte Gliederung des Stoffes gefunden zu haben. Mit den kinetischen Daten und ihrer Interpretation zu beginnen, scheint nicht nur logisch, sondern sogar notwendig, denn hier liegt die eigentliche Wurzel all unserer Vorstellungen über Reaktionsabläufe. Die folgenden Kapitel sind dann so angelegt, daß nach und nach immer kompliziertere Argumente und immer schwierigere Situationen behandelt werden. Das letzte Kapitel bringt dann einige weitere Beispiele, zu deren Erörterung es einer Fortentwicklung der zuvor besprochenen Methoden und Schlußweisen oder auch ihrer kombinierten Anwendung bedarf, damit schließlich noch nähere Einzelheiten über den Ablauf bestimmter Reaktionen angegeben werden können.

Es sollte gesagt werden, daß dieses Buch bei alledem einfach geschrieben ist. Es wird nichts oder fast nichts für sein Verständnis vorausgesetzt, was über die elementarsten Kenntnisse der Organischen Chemie hinausginge. Allerdings wird, vor allem in den späteren Kapiteln, eine sorgfältige Mitarbeit des Lesers vorausgesetzt.

Cambridge, September 1971 — Peter Sykes

Inhalt

1. Kinetische Daten und ihre Interpretation

1.1. Stöchiometrie und Geschwindigkeit von Reaktionen

Die Stöchiometrie einer Reaktion – wie liebevoll auch immer sie bestimmt worden sein mag – sagt entgegen einer verbreiteten Annahme nichts über die Geschwindigkeit, mit der Ausgangsstoffe unter gegebenen Bedingungen in Produkte umgewandelt werden, oder über den Reaktionsweg, auf dem sich diese Umwandlung vollzieht. Aber es fällt eigenartig schwer, sich davon zu überzeugen. Daß diese Annahme irrtümlich sein soll, will vor allem in einfachen Beispielen wie

$$RBr + HO^{\ominus} \rightarrow ROH + Br^{\ominus}$$

nicht einleuchten. Hier nimmt man ohne weiteres an, daß die Reaktion sich in einem Schritt vollzieht, nämlich einer Kollision zwischen je einem Teilchen der beiden Reaktanden – d. h. in einer *Elementarreaktion* – und daß demgemäß die Reaktionsgeschwindigkeit in einfacher Weise mit den Konzentrationen von RBr und $HO^{\ominus}$ verknüpft ist. Nun treten diese Verhältnisse manchmal in der Tat ein (z. B. in der Reaktion zwischen Methyljodid und Äthanolat-Ion, s. S. 18), aber manchmal eben auch nicht (z. B. bei der Hydrolyse von tert.-Butylchlorid, s. S. 15). Man darf also niemals eine im Zweierstoß sich vollziehende Einschritt-Reaktion einfach auf Grund der Stöchiometrie *annehmen*. Besonders deutlich wird dies durch das Beispiel der Säure-katalysierten Jodierung von Aceton (*1*) (s. S. 31) belegt:

$$\underset{(1)}{CH_3COCH_3} + J_2 \xrightarrow{H^{\oplus}} CH_3COCH_2J + H^{\oplus}J^{\ominus}$$

Hier findet man, daß die Reaktionsgeschwindigkeit unabhängig von der Jod-Konzentration ist, obwohl doch Jod in der Reaktionsgleichung erscheint und auch in das Endprodukt eingebaut wird. Daraus folgt zwingend, daß diese Reaktion nicht einstufig mit Aceton und Jod als Reaktionspartnern verlaufen kann.

Das Fehlen jeglichen notwendigen Zusammenhangs zwischen der Stöchiometrie einer Reaktion und dem wirklichen molekularen Geschehen erscheint weniger verblüffend in Fällen wie der Oxidation von Eisen(II)-Ionen zu Eisen(III)-Ionen durch Permanganat:

$$\underline{2}MnO_4^{\ominus} + \underline{10}Fe^{2\oplus} + \underline{16}H^{\oplus} \rightarrow 2Mn^{2\oplus} + 10Fe^{3\oplus} + 8H_2O$$

Die Vorstellung eines Zusammenstoßes von 2 + 10 + 16 = 28 Teilchen, die eine Einschritt-Reaktion verlangen würde, ist statistisch gesehen absurd, und die Reaktion muß deshalb notwendigerweise in einer Folge von Einzelschritten ablaufen, d. h. die Reaktion ist *komplexer* Natur. Aus statistischen Gründen kann man davon ausgehen, daß in jedem der aufeinanderfolgenden Einzelschritte nur eine sehr kleine Zahl von molekularen (oder ionischen, oder atomaren) Spezies beteiligt ist – gewöhnlich nicht mehr als zwei. Einige der reagierenden Teilchen können natürlich – in späteren Stufen des Geschehens – aus Bausteinen der früheren Reaktionsschritte zusammengesetzt sein; als Beispiele seien protonierte Formen der eigentlichen Reaktionspartner genannt.

Die Geschwindigkeit der Gesamtreaktion ist gegeben durch die relativen Geschwindigkeiten der Einzelschritte. Dabei findet man häufig, daß *eine* Reaktion merklich langsamer ist als alle anderen. Ein solcher langsamer Schritt bedeutet einen „kinetischen Flaschenhals", denn er limitiert die mögliche Geschwindigkeit des Gesamtvorgangs. Man bezeichnet ihn oft als geschwindigkeitsbestimmenden Schritt der Reaktion (s. S. 26). Es wird somit deutlich, daß es nur ein Mittel gibt, den Zusammenhang zwischen der Reaktionsgeschwindigkeit und der Konzentration eines oder aller Reaktanden (oder auch Produkte) zu ermitteln: das Experiment.

1.2. Wie weit und wie schnell?

Man findet des weiteren, daß es keinen notwendigen Zusammenhang zwischen der Vollständigkeit einer Reaktion und ihrer Geschwindigkeit gibt. Wenn man von einer Reaktion weiß, daß sie praktisch bis zur 100-prozentigen Umsetzung der Ausgangsstoffe abläuft, so heißt das noch in keiner Weise, daß diese Umsetzung unter üblichen Bedingungen auch mit einer nennenswerten Geschwindigkeit vonstatten geht: Es müssen also verschiedene Faktoren darüber entscheiden, *wie weit* einerseits und *wie schnell* andererseits eine Reaktion abläuft. Eindrucksvoll zeigt diesen Sachverhalt das Beispiel der Luftoxidation von Cellulose (*2*)

$$(C_6H_{10}O_5)_n + 6nO_2 \rightarrow 6nCO_2 + 5nH_2O$$

(*2*)

Obwohl diese Reaktion praktisch vollständig abläuft, ist es doch möglich, eine Zeitung (die vorwiegend aus Cellulose besteht) an der offenen

Luft – oder auch in einem Sauerstoffzelt! – zu lesen, und zwar beliebig lange, ohne daß man befürchten müßte, sie könnte plötzlich in Flammen aufgehen oder sich langsam zu gasförmigen Produkten (CO_2 + H_2O) zersetzen. Die Geschwindigkeit der Reaktion (wie schnell?) ist also bei Raumtemperatur außerordentlich gering, obwohl das Gleichgewicht (wie weit?) ganz auf der rechten Seite liegt, die Reaktion also zur vollständigen Umsetzung der Ausgangsstoffe neigt.

1.2.1. Die Freie Enthalpie

Der Faktor, der darüber entscheidet, wie weit Ausgangsstoffe in einer Reaktion in Produkte umgesetzt werden können, ist die Stabilitätsdifferenz zwischen den Produkten und den Ausgangsstoffen: Je stabiler die Produkte im Vergleich zu den Ausgangsstoffen sind, desto vollständiger kann die Reaktion ablaufen. Unter Stabilität ist hier allerdings mehr zu verstehen als einfach die Energieinhalte der verschiedenen Komponenten, wie man sie etwa aus der Reaktionswärme (oder genauer: der Reaktionsenthalpie) ableiten kann. Die Reaktionsenthalpie wird durch das Symbol ΔH bezeichnet und in $-x$ kJ (oder kcal) pro mol für eine *exotherme* Reaktion angegeben, in der also Wärme freigesetzt oder bei der Umwandlung der Ausgangsstoffe in die Produkte *verloren* wird. Dies spiegelt sich in der Tatsache wider, daß hochgradig exotherme Reaktionen (mit hohen negativen Werten von ΔH), in denen also die Produkte einen beträchlich niedrigeren Wärmeinhalt haben (oder auf einem niedrigeren Energieniveau liegen) als die Ausgangsstoffe, keineswegs immer vollständiger ablaufen als Reaktionen mit einem kleineren negativen Wert von ΔH oder sogar als solche mit einem positiven ΔH (*endotherme* Reaktionen): Mit anderen Worten, es besteht kein direkter Zusammenhang zwischen der Gleichgewichtskonstante K und der Reaktionsenthalpie (oder Reaktionswärme) ΔH, und folglich muß noch ein anderer Faktor im Spiele sein.

Es ist dies eine Folge des 2. Hauptsatzes der Thermodynamik, der sich seinem Wesen nach mit Wahrscheinlichkeiten befaßt und mit der unausweichlichen Tendenz geordneter Systeme, in Unordnung überzugehen. Das Maß der Unordnung eines Systems ist dabei seine *Entropie* S. Wenn man davon spricht, daß Systeme möglichst stabilen Zuständen zustreben, so bedeutet das nicht nur Zustände mit einem *Minimum* an Energie (genauer: Enthalpie H), sondern gleichzeitig auch Zustände mit einem *Maximum* an Entropie (oder Unordnung oder Zufälligkeit, S). Das Maß ihrer relativen Stabilität muß daher einen Kompromiß zwischen H und S darstellen. Die gesuchte Größe ist die Freie Enthalpie G, die durch

$$G = H - T \cdot S$$

definiert ist. Darin ist T die absolute Temperatur. Die Änderung der Freien Enthalpie während einer Reaktion bei einer ganz bestimmten Temperatur ist demnach durch

$$\Delta G = \Delta H - T\Delta S$$

gegeben. Die Freie Reaktionsenthalpie unter Standardbedingungen (d. h. bei 1 at Druck), die mit einem Formelumsatz von Ausgangsstoffen in Produkte verbunden ist, d. h. die Standard-Freie-Reaktionsenthalpie ΔG°, ist nun mit der Gleichgewichtskonstante K durch die Beziehung verknüpft:

$$\Delta G^{\circ} = 2{,}303\,RT \log K$$

Je größer also die *Abnahme* an Freier Enthalpie beim Übergang von den Ausgangsstoffen zu den Produkten oder je stärker negativ ΔG° ist, um so größer ist die Gleichgewichtskonstante K und um so weiter auf der rechten Seite oder zugunsten der Produkte liegt das Gleichgewicht. Für eine Reaktion, die mit keiner Änderung der Standard-Freien-Reaktionsenthalpie verbunden ist ($\Delta G^{\circ} = 0$), ist also $K = 1$, was einem Umsatz von 50% entspricht. Zunehmende *positive* Werte von ΔG° lassen K schnell *kleiner* werden (die beiden Größen sind durch eine logarithmische Beziehung verknüpft!), so daß nur noch sehr kleine Umsätze in Richtung auf die Produkte erzielt werden. Umgekehrt bedeuten steigende *negative* Werte von ΔG° rasch wachsende Werte von K; so entspricht ein ΔG° von −42 kJ/mol einer Gleichgewichtskonstante von $\approx 10^7$, also praktisch vollständiger Umwandlung von Ausgangsstoffen in Produkte.

1.2.2. Die Freie Aktivierungsenthalpie

Wodurch wird dann aber die Geschwindigkeit einer Reaktion bestimmt, wenn nicht durch ΔG°? Der „Weg" einer Elementarreaktion führt – in energetischer Hinsicht – selten, wenn überhaupt jemals ausschließlich „bergab", selbst dann nicht, wenn die Reaktion mit einem großen negativen Wert von ΔG° verbunden ist (s. Abb. 1–1).

Wären die Verhältnisse so, wie in Abb. 1–1 dargestellt, so müßte man erwarten, daß praktisch jeder Zusammenstoß zwischen den Molekülen der Reaktionspartner tatsächlich zur Produktbildung führen würde. In Wirklichkeit ist es aber so, daß für die ganz überwiegende Mehrheit aller Reaktionen die Zahl der erfolgreichen (d. h. zur Produktbildung führenden) Zusammenstöße nachweislich nur einen winzigen Bruch-

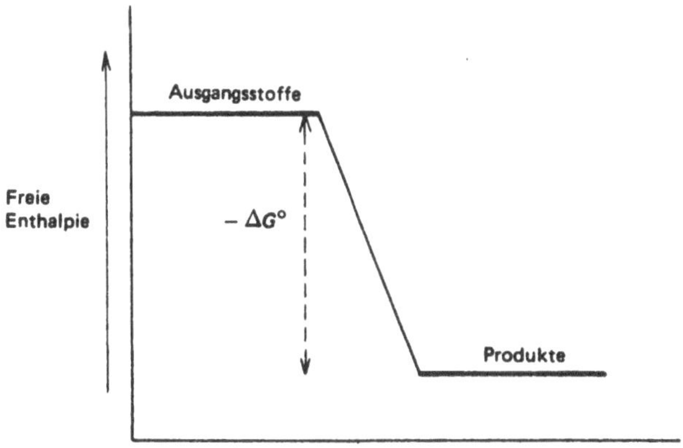

Abb. 1–1

teil aller Zusammenstöße ausmacht. Um ausschließlich elastische Zusammenstöße handelt es sich auch wiederum nicht, und so muß notwendig noch eine andere Voraussetzung außer dem Aufeinandertreffen der Moleküle für das Zustandekommen einer Reaktion erfüllt sein. Man hätte diese zusätzliche Voraussetzung vielleicht voraussehen können auf Grund der bekannten Tatsache, daß die Geschwindigkeiten aller Reaktionen – der exothermen wie der endothermen – mit steigender Temperatur größer werden. Die Wirkung einer Anhebung der Temperatur auf Moleküle besteht in erster Linie darin, daß deren Energie, insbesondere die kinetische Energie, erhöht wird; die Zusammenstöße zwischen den Molekülen werden dadurch heftiger. Nach dem Boltzmannschen Verteilungssatz wird der Anteil der Moleküle, deren Energie einen bestimmten Mindestbetrag E übersteigt, mit steigender Temperatur zunehmen (s. Abb. 1–2).

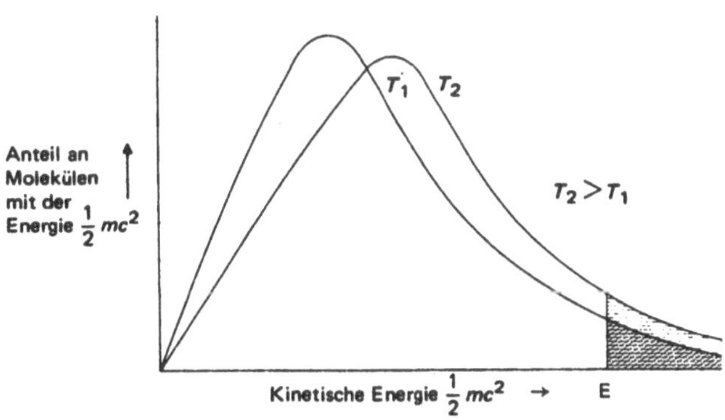

Abb. 1–2

Wenn nun eine notwendige Bedingung für einen „erfolgreichen“ Zusammenstoß darin besteht, daß die Moleküle eine bestimmte Mindestenergie, E, aufbringen müssen, dann wird die Ursache für die beobachtete Zunahme der Reaktionsgeschwindigkeit mit der Temperatur klar; denn der Anteil an Molekülen, die diese Energie aufbringen, steigt mit der Temperatur. Daß es eine solche Energieschwelle gibt, ist ja nur allzu verständlich, denn schließlich besteht die Mehrzahl der Reaktionen darin, daß zunächst einmal bereits bestehende chemische Bindungen gelöst werden müssen, wofür Energie aufgewendet werden muß. Diese Energie muß nicht unbedingt ausreichen, um die bestehenden Bindungen *vollständig* zu brechen, aber sie muß doch wenigstens ihre Vibrationsenergie erhöhen und sie so durch Dehnung auf die endgültige Trennung vorbereiten.

Wie aber ΔH° für sich allein nicht mit der Gleichgewichtskonstante K in Beziehung zu setzen ist, so reicht ein Energieterm allein auch nicht aus, um die Barriere zu erklären, die bei der Bildung von Produkten aus Ausgangsstoffen überwunden werden muß. Auch hier tritt noch ein Wahrscheinlichkeitsfaktor hinzu, und dies gleich in zweifacher Weise: in energetischer und in räumlicher Hinsicht. Was mit „energetischer Hinsicht“ gemeint ist, wird klar, wenn wir uns vergegenwärtigen, daß gerade die organischen Moleküle sämtlich vielatomig sind und meist verschiedene Bindungen enthalten. Wenn ein nicht-elastischer Zusammenstoß zwischen zwei reagierenden Teilchen dieses Typs stattfindet, so kann die kinetische Energie nicht nur zur Dehnung *einer* Bindung wie im Falle eines Brommoleküls

$$\mathrm{Br{-}Br} \xrightarrow{E} \mathrm{Br\cdots Br} \longrightarrow \mathrm{Br\cdot} + \mathrm{\cdot Br}$$

verwandt werden, sondern sie kann die Vibrationen *vieler* Bindungen anregen. Bereits 9 Bindungen sind es im Falle der thermischen Zersetzung von Cyclopropan (*3*) zu Propen (*4*), um ein Beispiel zu nennen:

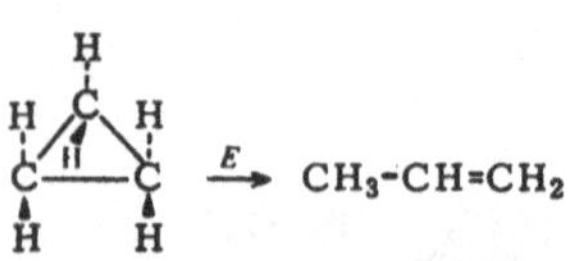

(*3*) (*4*)

Es kommt hier darauf an, daß ausreichend Energie in einer (von drei) C–C-Bindungen konzentriert wird (auf Kosten der anderen), um eine für die schließliche Aufbrechung erforderliche Dehnung herbeizuführen. Die Wahrscheinlichkeit dafür ist relativ gering, und dadurch wird die

Erfolgschance erheblich gesenkt, obwohl insgesamt ein ausreichender Energiebetrag zur Verfügung stehen mag. Wiederum handelt es sich um eine Limitierung auf Grund von Wahrscheinlichkeiten, also der Entropie.

Ein anderer Wahrscheinlichkeitsfaktor mehr räumlicher Natur beruht ebenfalls auf der Tatsache, daß organische Moleküle im Vergleich etwa zu zweiatomigen Molekülen wie Br-Br, H-Cl usw. kompliziert gebaut sind, also eine Struktur besitzen. Ein Zusammenstoß zwischen solchen Molekülen muß nicht nur von ausreichender Energie sein, er muß auch in geeigneter Weise orientiert sein, wenn eine Reaktion zu den erwarteten Produkten eintreten soll. Denken wir etwa an die basen-induzierte Hydrolyse eines primären Alkylbromids mit einer unverzweigten Kette von beispielsweise 5 C-Atomen (1-Brompentan, *5*). Hier muß der Zusammenstoß mit dem Hydroxid-Ion am terminalen C-Atom stattfinden, damit es zu einer Reaktion kommt; an jedem anderen C-Atom wäre eine Kollision wirkungslos:

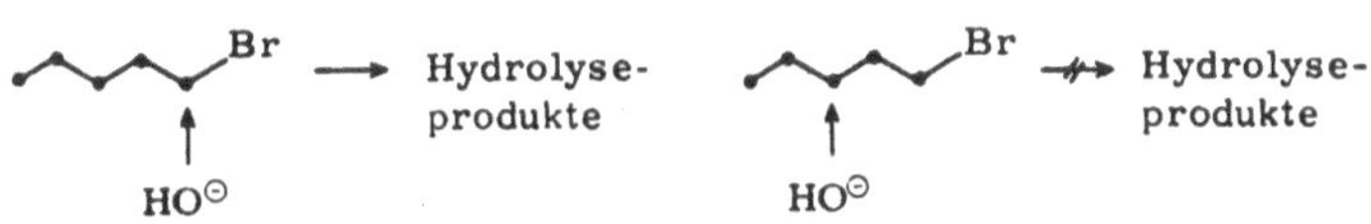

(5) *(5)*

Die Zahl der erfolgreichen Zusammenstöße ist dadurch offensichtlich in ganz spezifischer Weise begrenzt.

Man kann die Schwelle, die bei der Produktbildung aus den Ausgangsstoffen überwunden werden muß, für jede Elementarreaktion durch ein „Energieprofil" wie in Abb. 1–3 darstellen.

Man nennt $\Delta G^{\ddagger}$ die *Freie Aktivierungsenthalpie*. Für sie gilt

$$\Delta G^{\ddagger} = \Delta H^{\ddagger} - T\Delta S^{\ddagger}$$

worin $\Delta H^{\ddagger}$ die Aktivierungsenthalpie ist – der Term, der mit der Dehnungsenergie der Bindungen in Zusammenhang steht – und $\Delta S^{\ddagger}$ die Aktivierungsentropie – also der Wahrscheinlichkeitsfaktor. $\Delta G^{\ddagger}$ steht in direktem Zusammenhang mit der Geschwindigkeitskonstante k der Reaktion: Je größer $\Delta G^{\ddagger}$, desto kleiner ist k und desto langsamer wird die Reaktion vonstatten gehen (s. S. 189). Wir haben also eine völlige Parallele zu dem Zusammenhang zwischen ΔG° und der Gleichgewichtskonstante K einer Reaktion (s. S. 4). $\Delta H^{\ddagger}$ ist übrigens eng verwandt mit der vielleicht geläufigeren *Aktivierungsenergie E* (s. S. 22), ohne direkt mit ihr identisch zu sein.

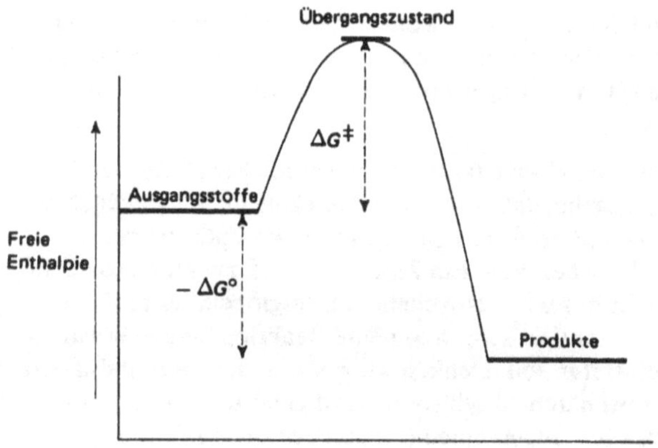

Abb. 1–3

Die Stelle des Maximums der Freien Enthalpie bei der Umwandlung der Ausgangsstoffe in die Produkte wird gewöhnlich als *Übergangszustand* bezeichnet. Es handelt sich dabei nicht um eine diskrete molekulare Spezies, sondern um eine besondere Anordnung der Reaktionspartner, in der ursprüngliche Bindungen teilweise gelöst und neue teilweise geschlossen sind. Selbst wenn der Übergangszustand erreicht ist, besteht noch keine Gewißheit, daß die Reaktion wirklich stattfindet, denn der Übergangszustand kann zu den ursprünglichen Molekülen zurückgebildet werden, anstatt zu den Produkten zu zerfallen.

1.3. Experimentelle Methoden der kinetischen Messung

Nachdem wir uns davon überzeugt haben, daß die Reaktionsgeschwindigkeit weder von der Stöchiometrie noch von der Freien Reaktionsenthalpie ΔG° abhängt und daß es erforderlich ist, sie experimentell zu bestimmen, haben wir jetzt zu untersuchen, wie das geschehen kann. Man kann den Ablauf einer Reaktion verfolgen, indem man entweder das Verschwinden der Ausgangsstoffe oder das Entstehen der Produkte, oder auch beides, beobachtet. Dazu ist es erforderlich, die Konzentrationen eines oder mehrerer Reaktionspartner in bestimmten Zeitintervallen zu ermitteln.

Nehmen wir als Beispiel die Reaktion einer Carbonsäure (*6*) mit einem Alkohol (*7*) zu einem Ester und Wasser:

$$CH_3COOH + C_2H_5OH \rightarrow CH_3COOC_2H_5 + H_2O$$
(*6*) (*7*)

Wohl der einfachste Weg der Untersuchung der Reaktion besteht darin, daß man zu bestimmten Zeiten die Konzentration der noch verbliebenen Säure durch Titration mit einer Base bestimmt. Meist geschieht das in der Weise, daß man zu den vorgegebenen Zeiten Proben aus der Reaktionslösung entnimmt. Es ist dabei allerdings erforderlich, die Reaktion in den gezogenen Proben sogleich nach Entnahme zu „löschen", weil sie sonst in bestimmtem Umfang noch während der Titration weiterlaufen würde. Das hätte natürlich zur Folge, daß man die seit Reaktionsbeginn verflossene Zeit nicht mehr genau angeben könnte. Das „Löschen" kann im Falle der Veresterung einfach dadurch herbeigeführt werden, daß man die Probe vor der Titration mit einem großen Überschuß von Wasser verdünnt.

Für jedes Molekül Säure, das während der Umsetzung verbraucht wird, verschwindet auch ein Molekül Alkohol. Waren Säure und Alkohol anfangs in äquimolaren Mengen zugegen, so werden ihre Konzentrationen in genau der gleichen Weise und mit derselben Geschwindigkeit abnehmen. Wir können aber nicht erwarten, daß beispielsweise nach 100 Minuten genau doppelt soviel Säure (und Alkohol) verbraucht sind wie nach 50 Minuten. Die Geschwindigkeiten von Reaktionen ändern sich nämlich im allgemeinen mit der Zeit, und zwar hängen sie – unter anderem – von den Konzentrationen ab, in denen die Ausgangsstoffe in jedem Augenblick (noch) vorhanden sind. Außerdem sprechen sie, wie bereits erörtert (s. S. 5), sehr stark auf die Temperatur an. Um übersichtliche Verhältnisse zu schaffen, hält man die Temperatur bei kinetischen Untersuchungen meist konstant, was man dadurch erreicht, daß man die Reaktion in einem Bad eines Thermostaten ablaufen läßt. Hierauf ist stets streng zu achten, im allgemeinen genügt es, wenn die Schwankungen $\pm$ 0,1° nicht überschreiten.

Es gibt aber auch noch andere Möglichkeiten der Messung von Reaktionsgeschwindigkeiten als die einfache chemische Analyse der Menge von Ausgangsstoffen (oder entstandenen Produkten) zu bestimmten Zeitpunkten. Beispielsweise kann man bei der Umwandlung des Diazoniumsalzes (*8*) in das Phenol (*9*) in wäßriger Lösung

$$ArN_2^{\oplus} + H_2O \rightarrow ArOH + N_2 + H^{\oplus}$$
(*8*) (*9*)

das Volumen des entwickelten Stickstoffs direkt mit Hilfe einer Gasbürette oder einer gasdichten Injektionsspritze bei konstantem Druck messen. Generell kann man *jede* Eigenschaft der Reaktionsmischung, die sich während der Reaktion kontinuierlich verändert und die mit der Konzentration der Ausgangsstoffe oder Produkte in Zusammenhang gebracht werden kann, für die Messung der Reaktionsgeschwindigkeit heranziehen.

Ein Beispiel für solche direkte physikalische Methoden ist die Messung des Gesamtvolumens der Reaktionsmischung mit Hilfe eines Dilatometers wie im Falle der Base-katalysierten Zersetzung von Diacetonalkohol (*10*) zu Aceton (*11*) in wäßriger Lösung:

$$\underset{(10)}{(CH_3)_2C(OH)CH_2COCH_3} \xrightarrow{HO^{\ominus}/H_2O} \underset{(11)}{2(CH_3)_2CO}$$

Eine andere Möglichkeit besteht in der Messung der optischen Eigenschaften. Ein Beispiel ist die Messung der optischen Drehung im Falle der Säure-katalysierten Hydrolyse von Rohrzucker (*12*) zu einer Mischung von Glucose (*13*) und Fructose (*14*):

$$\underset{(12)}{(+)C_{12}H_{22}O_{11}} + H_2O \xrightarrow{H^{\oplus}} \underset{(13)}{(+)C_6H_{12}O_6} + \underset{(14)}{(-)C_6H_{12}O_6}$$

Glucose (*13*) hat nur eine geringe spezifische Drehung nach rechts (+), während Fructose (*14*) stark nach links dreht (–). Bei fortschreitender Reaktion wird also die ursprüngliche optische Drehung (+) zunächst abnehmen, den Wert null erreichen und schließlich in eine Linksdrehung (–) übergehen.

Andere Parameter, die zur Messung herangezogen worden sind, sind die Viskosität, der Brechungsindex, die elektrische Leitfähigkeit und weitere spektrometrische Eigenschaften (UV, IR, NMR usw.). Beispiele für die letztere Klasse von Eigenschaften bieten die Reaktionen einer Carbonylverbindung mit einem Aminderivat:

IR (in D_2O):

$$\underset{\nu_{max.}\ 1710\ cm^{-1}}{CH_3\text{-}C(=O)\text{-}CO_2^{\ominus}Na^{\oplus}} + NH_2OH \longrightarrow \underset{\nu_{max.}\ 1400\ cm^{-1}}{CH_3\text{-}C(=NOH)\text{-}CO_2^{\ominus}Na^{\oplus}} + H_2O$$

UV (in H_2O):

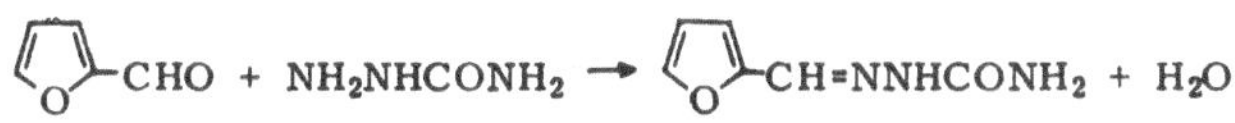

$\lambda_{max.}$ 277 nm $\qquad$ $\lambda_{max.}$ 290 nm

Dabei stellt man i. a. fest, daß die für die C=O-Doppelbindung im Ausgangsmaterial charakteristische Absorption sehr rasch verschwindet, während die Absorption der C=N-Doppelbindung des Produkts nur langsam erscheint; dies zeigt die Bildung eines Zwischenprodukts an (s. S. 90). Schließlich kann man Umsetzungen, bei denen irgendwelche Reaktionspartner farbig sind, dadurch untersuchen, daß man das Vergehen oder Entstehen der Farbe mit Hilfe eines Kolorimeters verfolgt. Als Beispiel sei das Ausbleichen der Farbe des Jods in der Säure-katalysierten Jodierung von Aceton (*15*) in wäßriger Lösung genannt (s. S. 31):

$$CH_3COCH_3 + J_2 \xrightarrow{H^{\oplus}} CH_3COCH_2J + H^{\oplus}J^{\ominus}$$

(*15*)

Einer der Vorteile solcher physikalischer Methoden besteht darin, daß man mit ihnen direkt die Reaktionsmischung vermessen kann, ohne nach bestimmten Zeitintervallen Proben ziehen zu müssen; die mit der Probenahme verbundenen Fehlermöglichkeiten werden vermieden. Allerdings braucht die Eigenschaft, die man messen will, nicht immer linear mit der Konzentration eines der Partner in Beziehung zu stehen. In solchen Fällen gelingt es meist, Meßwerte und Konzentrationen durch eine Eichkurve zu verbinden, indem man punktweise die gewünschte Eigenschaft gegen Mischungen der Reaktanden und/oder Produkte bekannter Zusammensetzung anträgt.

1.4. Beziehungen zwischen Geschwindigkeit und Konzentration

Nachdem wir experimentelle Methoden zur Bestimmung von Reaktionsgeschwindigkeiten kennengelernt haben, bleibt noch die Aufgabe, aus den „rohen" kinetischen Daten die genaue Form der Beziehung zwischen Reaktionsgeschwindigkeit und der Konzentration eines oder mehrerer der Reaktanden (oder Produkte) abzuleiten. Dazu müssen zunächst die Titrationsergebnisse, die gemessenen Volumina entwickelten Gases, optischen Drehungen, elektrischen Leitfähigkeiten, spektroskopischen Daten, Farbintensitäten usw. in Konzentrationen umgewandelt werden. Dies geschieht entweder direkt durch Rechnung oder indirekt durch eigens dafür gemessene Eichkurven, wie bereits geschildert.

Betrachten wir die im wesentlichen irreversible Reaktion

$$A + B \rightarrow C + D$$

Wenn man [A] oder [B], oder aber auch [C] oder [D] gegen die Zeit anträgt, so bekommt man typische Kurven wie in Abb. 1–4 oder Abb. 1–5.

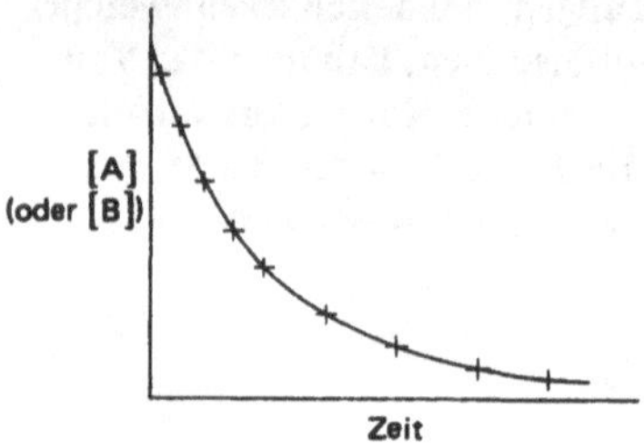

Abb. 1–4

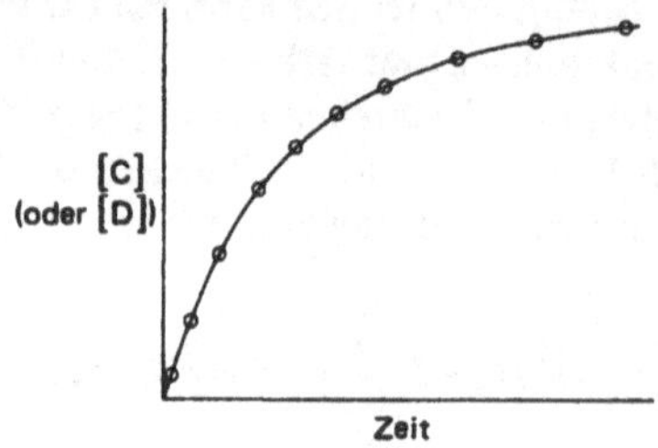

Abb. 1–5

In jedem Falle ist die Geschwindigkeit der Reaktion bei einer Konzentration gegeben durch die Steigung der Tangente an die Kurve bei der betreffenden Konzentration. Man kann die gewünschten Ergebnisse also dadurch erhalten, daß man bei einer Reihe von Konzentrationen die Tangenten an die Meßkurve zeichnet. In der Praxis führt dies meist zu Schwierigkeiten. Man geht daher besser so vor, daß man eine bestimmte Beziehung zwischen den Konzentrationen eines (oder mehrerer) der Reaktanden (Produkte) und der Reaktionsgeschwindigkeit *annimmt*; die Reaktionsgeschwindigkeit wird dabei wieder als die Geschwindigkeit verstanden, mit der Ausgangsstoffe verschwinden oder Produkte entstehen, d. h. als Änderung von deren Konzentration(en) mit der Zeit t. Man vergleicht dann die experimentellen Daten mit der mathematischen Gleichung, die von dem gedachten Zusammenhang gefordert wird, und betrachtet die getroffene Annahme als bestätigt, wenn die experimentellen Daten die Beziehung gut erfüllen.

1.4.1. Reaktionen 1. Ordnung

Wenn wir einmal *annehmen*, daß die Geschwindigkeit der oben angeschriebenen allgemeinen Reaktion bei konstanter Temperatur von der Konzentration *nur eines* der Reaktanden abhängt, z. B. A, dann können wir schreiben:

$$\text{Geschwindigkeit} = -\frac{d[A]}{dt} \propto [A]$$

d. h.

$$-\frac{d[A]}{dt} = k[A]$$

Hierin wird k als *Geschwindigkeitskonstante* bezeichnet. Das Minuszeichen zeigt an, daß die Konzentration von A *abnimmt*, während die Zeit fortschreitet, d. h. mit zunehmendem t. Die erhaltene Differentialgleichung kann besser in integrierter Form ausgewertet werden. Wenn wir die Konzentration von A zur Zeit t einmal als c schreiben, bekommen wir:

$$-\frac{dc}{dt}$$

Die Integration dieses Ausdrucks liefert Gl. (1):

$$\ln c = kt + z \tag{1}$$

Hierin ist z eine Konstante. Wir haben die Form einer Geradengleichung erhalten. Die Größe von z erhält man, indem man $t = 0$ setzt. c nimmt dann den Wert der Konzentration von A zu dem Zeitpunkt an, wenn überhaupt noch keine Reaktion stattgefunden hat, also einen Wert, den wir selbst experimentell festgelegt haben. Wir nennen ihn c_0. Beim Einsetzen in Gl. (1) erhält man $z = -\ln c_0$, womit aus Gl. (1) wird

$$\ln c = -kt + \ln c_0 \tag{2}$$

oder nach Umformung in Zehnerlogarithmen:

$$\log c = \frac{-kt}{2{,}303} + \log c_0 \tag{3}$$

Das läßt sich umformen in

$$k = \frac{2{,}303}{t} \log \frac{c_0}{c} \tag{4}$$

Derartige Beziehungen bezeichnet man sowohl in ihrer differenziellen als auch in ihrer integrierten Form als *Geschwindigkeitsgleichungen* oder *Geschwindigkeitsgesetze*.

Wenn nun also unsere ursprüngliche Annahme, die Geschwindigkeit sei proportional [A], stimmt, dann muß die Geschwindigkeitsgleichung in der einen oder anderen der oben abgeleiteten Formen eine gute Darstellung unserer experimentellen Daten liefern. Man kann diese Prüfung so durchführen, daß man das bekannte c_0 und die zusammengehörigen Werte von c und t in Gl. (4) einsetzt und zusieht, ob immer ungefähr derselbe Wert von k für jedes Wertepaar erhalten wird. Stattdessen kann man auch $\log c$ gegen t antragen und prüfen, ob eine gerade Linie erhalten wird (vgl. Abb. 1–6):

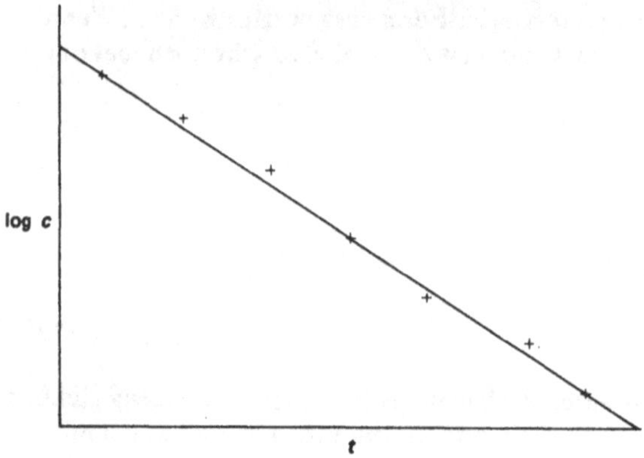

Abb. 1–6

Ist dies der Fall, so ist der Abschnitt auf der $\log c$-Achse identisch mit $\log c_0$, und die Steigung der Geraden ist identisch mit $-k/2{,}303$. Man erhält dabei unmittelbar einen „Mittelwert" von k über alle Meßpunkte. Dieser Wert hat die Dimension t^{-1}. Man spricht bei Reaktionen, für die Gl. (4) gilt, von *Reaktionen 1. Ordnung.* Formal ist die Reaktionsordnung definiert als die Summe aller Exponenten in den einzelnen Konzentrationstermen, die in der Differentialform der Geschwindigkeitsgleichung auftreten. In unserem Beispiel gibt es nur den einen Konzentrationsterm, und dieser erscheint als [A], d. h. er ist zur 1. Potenz erhoben. Folglich handelt es sich um eine Reaktion 1. Ordnung. Reaktionen anderer Ordnung werden nachfolgend besprochen.

Wenn, anders als bisher angenommen, der berechnete Wert von k systematisch (d. h. mit fortschreitender Zeit) zu- oder abnimmt, oder wenn die Antragung von $\log c$ gegen t nicht zu einer Geraden führt, dann trifft unsere ursprüngliche Annahme nicht zu, daß die Geschwindigkeit proportional zu [A] sei. Es handelt sich dann offensichtlich nicht um eine Reaktion 1. Ordnung. Es sollte an dieser Stelle gesagt werden, daß man Reaktionen i. a. wenigstens bis zu einem Umsatz von ca. 60% verfolgen muß, um zu einer verläßlichen Bestimmung der Reaktionsordnung zu gelangen; es gibt allerdings auch Ausnahmen zu dieser Regel.

Eine einfache Reaktion, die sich experimentell leicht als Reaktion 1. Ordnung erweisen läßt, ist die Solvolyse von tert.-Butylchlorid (*16*) in wäßrigem Aceton:

$$(CH_3)_3C{-}Cl + H_2O \rightarrow (CH_3)_3C{-}OH + H^{\oplus}Cl^{\ominus}$$

(*16*)

Dabei entsteht Säure, deren Bildung man in der üblichen Weise messen kann, indem man zu bestimmten Zeiten aliquote Teile entfernt und titriert. Noch einfacher läßt sich der Fortgang der Reaktion verfolgen, indem man die ursprüngliche Reaktionsmischung gleich in mehrere Teile zerlegt und bekannte Mengen Base zufügt. Man kann nämlich in unabhängigen Experimenten zeigen, daß die Zugabe von Base entsprechend 5%, 10%, 15%, 20%, 25% usw. des Umsatzes der eingesetzten Menge von (*16*) keinen Einfluß auf die Reaktionsgeschwindigkeit hat. Gibt man nun noch einen geeigneten Indikator zu, z. B. Bromphenolblau, so hat man weiter nichts mehr zu tun, als die Zeiten zu notieren, die in den verschiedenen Proben vom Mischen bis zum Farbumschlag vergehen. (Natürlich muß alles bei konstanter Temperatur durchgeführt werden.) Ein typisches Ergebnis bei 25 °C stellt sich folgendermaßen dar:

Experiment Nr.	$[RCl]_0$	$[HO^{\ominus}]$	% Umsatz	∴ [RCl]	t(s)	$10^3 k_1$
1a	0,03M	0,0015M	5	0,0285M	17	2,96
1b	0,03M	0,0015M	5	0,0285M	16	
2a	0,03M	0,0030M	10	0,0270M	34	3,06
2b	0,03M	0,0030M	10	0,0270M	34	
3a	0,03M	0,0045M	15	0,0255M	50	3,15
3b	0,03M	0,0045M	15	0,0255M	55	
4a	0,03M	0,0060M	20	0,0240M	78	2,83
4b	0,03M	0,0060M	20	0,0240M	80	

Die Geschwindigkeitskonstante 1. Ordnung, k_1, kann leicht mit Hilfe von Gl. (4) berechnet werden (letzte Spalte der Tabelle). Man stellt so fest, daß sie – zumindest über den hier erfaßten Bereich von 5–20% Umsatz – tatsächlich praktisch konstant ist. Der „mittlere" Wert der

Konstante, der durch Antragen von log c gegen t erhalten wird (vgl. Abb. 1–6), ergibt sich zu $2{,}99 \cdot 10^{-3}$ s^{-1}.

1.4.2. Reaktionen 2. Ordnung

Unsere weiter oben angenommene, praktisch irreversible Reaktion

$$A + B \rightarrow C + D$$

könnte durchaus auch *nicht* von der 1. Reaktionsordnung sein. In diesem Falle wird sie sich dann wahrscheinlich als eine *Reaktion 2. Ordnung* erweisen und somit einem besonders verbreiteten Reaktionstyp angehören. Im allgemeinen Fall einer Reaktion 2. Ordnung hängt die Reaktionsgeschwindigkeit von den Konzentrationen von A *und* B ab, und bei konstanter Temperatur gilt somit*:

$$r = -\frac{d[A]}{dt} \propto [A]\,[B]$$

d. h.

$$-\frac{d[A]}{dt} = k[A]\,[B]$$

Um zu einer einfachen Lösung zu kommen, denken wir uns die Reaktion bei äquimolaren Konzentrationen von A und B ausgeführt, d. h. wir lassen sein $c_0{}^A = c_0{}^B$. Wenn man die Konzentration von A zur Zeit t als c bezeichnet, dann ist die Konzentration von B zur Zeit t ebenfalls c, und wir haben:

$$-\frac{dc}{dt} = kc^2$$

Die Integration dieser Gleichung führt zu

$$\frac{1}{c} = kt + l \qquad (5)$$

worin l eine Konstante ist. Man ermittelt ihren Wert wieder, indem man $t = 0$ setzt, wodurch sich $l = 1/c_0$ ergibt. Damit:

---

* Anmerkung des Übersetzers: In der Kinetik wird für Reaktionsgeschwindigkeiten (engl.: rate) üblicherweise das Symbol r benutzt. Die Einheit von r ist meist Konzentration pro Zeit (mol l^{-1} s^{-1}).

$$\frac{1}{c} = kt + \frac{1}{c_0} \tag{6}$$

$$k = \frac{c_0 - c}{c\,c_0} \cdot \frac{1}{t} \tag{7}$$

Ob die Annahme, es handle sich um eine Reaktion 2. Ordnung, berechtigt ist, läßt sich – ähnlich wie im Falle der Reaktion 1. Ordnung – prüfen, indem man den bekannten Wert von c_0 und die gemessenen Wertepaare von c und t in Gl. (7) einsetzt und zusieht, ob dabei immer ungefähr derselbe numerische Wert von k erhalten wird. (Bei Reaktionen 2. Ordnung hat k die Einheit Konzentration^{-1} Zeit^{-1}.) Stattdessen kann man auch $1/c$ gegen t antragen und prüfen, ob eine gerade Linie erhalten wird. Ist dies der Fall, so gibt ihre Steigung sofort k an, während man aus dem Abschnitt der $1/c$-Achse den Reziprokwert der Anfangskonzentration, $1/c_0$, ablesen kann.

Wenn man tatsächlich eine Gerade erhält, so beweist dies zwar, daß eine Reaktion 2. Ordnung vorliegt, aber es beweist nicht streng, daß die Reaktion jeweils 1. Ordnung in A und B ist, d. h. daß die Beziehung

$$r = k[\mathrm{A}]\,[\mathrm{B}]$$

gilt. Der Beweis ist deshalb nicht streng, weil wir der Einfachheit halber äquimolare Mengen von A und B (beide c_0) angenommen haben, was zu demselben Differentialansatz

$$-\frac{\mathrm{d}c}{\mathrm{d}t} = kc^2$$

führte, den wir auch für die Geschwindigkeitsgesetze

$r = k[\mathrm{A}]^2$ d. h. 2. Ordnung in A

oder

$r = k[\mathrm{B}]^2$ d. h. 2. Ordnung in B

erhalten hätten.

Es stellt sich also die Frage, wie wir entscheiden können, welches dieser drei Geschwindigkeitsgesetze in einer Reaktion, die insgesamt 2. Ordnung ist, wirklich gilt. Das kann einfach dadurch geschehen, daß wir dafür sorgen, daß die Anfangskonzentrationen der beiden Partner A und B nicht mehr gleich sind, daß also $c_0^A \neq c_0^B$. Nunmehr werden auch die Konzentrationen von A und B zur Zeit t, c^A und c^B, verschieden sein, aber es ist dennoch nur notwendig, eine von beiden experimentell zu bestimmen, z. B. c^A. Es muß ja eine äquimolare Menge von B in dem betreffenden Zeitintervall verbraucht worden sein, und man kann demgemäß c^B für eine beliebige Zeit t aus dem zugehörigen Wert von c^A und der Startkonzentration c_0^B berechnen. Wenn also die Konzentration von A seit der Zeit $t = 0$, d. h. seit Reaktionsbeginn, um $x = c_0^A - c^A$ abgenommen hat, dann ist $c^B = c_0^B - x$. Die Differentialgleichung für die Reaktion 2. Ordnung lautet jetzt:

$$-\frac{dc^A}{dt} = kc^Ac^B$$

woraus durch Integration und Umwandlung der natürlichen in Zehnerlogarithmen wird:

$$\log\frac{c^B}{c^A} = \frac{(c_0^B - c_0^A)}{2{,}303}\,kt + \log\frac{c_0^B}{c_0^A} \qquad (8)$$

Wenn man jetzt log (c^B/c^A) gegen t anträgt, so erhält man eine Gerade, wenn die Reaktion 2. Ordnung tatsächlich je 1. Ordnung in A und B ist. Die Geschwindigkeitskonstante k bekommt man aus der Steigung der Geraden, die identisch mit $(c_0^B - c_0^A)k/2{,}303$ ist.

Eine Reaktion, von der man leicht zeigen kann, daß sie je 1. Ordnung in zwei Reaktanden, also insgesamt 2. Ordnung ist, ist die Umsetzung von Methyljodid (*17*) mit Natriumäthanolat (Äthanolat-Ion, *18*) in äthanolischer Lösung:

$$\underset{(18)}{C_2H_5O^{\ominus}} + \underset{(17)}{CH_3J} \rightarrow C_2H_5\text{-}O\text{-}CH_3 + J^{\ominus}$$

Man kann die Reaktion verfolgen, indem man (bei konstanter Temperatur) zu bestimmten Zeiten aliquote Teile entnimmt, durch Verdünnen mit Wasser löscht und die Restkonzentration an Base ($C_2H_5O^{\ominus}$ bzw. $HO^{\ominus}$ in Wasser) mit Standardsäure (≈ 0,050 M $HClO_4$) titriert. In einem Fall war die Anfangskonzentration von $C_2H_5O^{\ominus}$ (c_0^A) 0,0404 M, diejenige von CH_3J (c_0^B) war 0,0576 M. Die folgenden Daten (bei 21 °C) wurden erhalten:

t(min)	$HClO_4$(ml)	c^A	c^B	c^B/c^A	$\log c^B/c^A$
0,00	7,48	0,0404M	0,0576M	1,42	0,152
15,25	7,06	0,0382M	0,0554M	1,45	0,161
30,45	6,65	0,0360M	0,0532M	1,48	0,170
45,25	6,30	0,0341M	0,0513M	1,51	0,179
59,35	6,00	0,0324M	0,0496M	1,53	0,185
73,45	5,71	0,0309M	0,0481M	1,56	0,193
90,15	5,45	0,0295M	0,0467M	1,58	0,199
104,40	5,24	0,0283M	0,0455M	1,61	0,207
119,25	5,03	0,0272M	0,0444M	1,63	0,213
134,45	4,83	0,0262M	0,0434M	1,66	0,220

Trägt man log (c^B/c^A) gegen t an, so resultiert eine gerade Linie (Abb. 1–7):

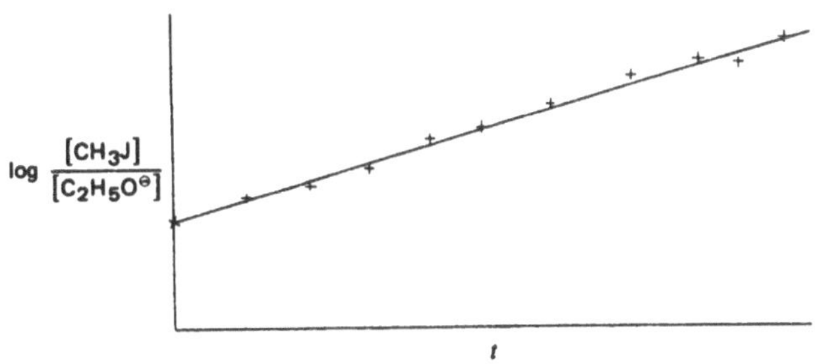

Abb. 1–7

Die Steigung der Geraden, die gleich $([CH_3J]_0 - [C_2H_5O^{\ominus}]_0)k/2{,}303$ ist, führt zu $k = 6{,}59 \cdot 10^{-2}$ l mol^{-1} min^{-1} (bei 21 °C).

1.4.3. Reaktionen anderer Ordnung

Sinngemäß kann man für die praktisch irreversible Reaktion

$$A + B + C + \ldots \rightarrow D + E + F + \ldots$$

die allgemeine Geschwindigkeitsgleichung in der Form

$$r = k[A]^x[B]^y[C]^z \ldots$$

anschreiben. Die Hochzahlen $x, y, z \ldots$ können dabei nicht nur Werte von 1 oder 2 haben, wie in unseren bisherigen Beispielen, sondern auch den Wert 0 (0. Ordnung), –1 (d. h. die Reaktionsgeschwindigkeit ist proportional dem Kehrwert der Konzentration, beispielsweise von A), ja sogar gebrochene Werte.

Reaktionen mit der Gesamtordnung 3 trifft man noch relativ häufig an, obwohl sie schon deutlich seltener sind als Reaktionen 2. Ordnung. Ein Beispiel ist die Mannich-Kondensation von Acetophenon (*19*):

$$PhCOCH_3 + CH_2O + HN(CH_3)_2 \rightarrow PhCOCH_2CH_2N(CH_3)_2 + H_2O$$

(*19*)

Hier findet man das Geschwindigkeitsgesetz

$$r = k[PhCOCH_3][CH_2O][HN(CH_3)_2]$$

d. h. die Reaktion ist 1. Ordnung in jedem Reaktionspartner, so daß $x = y = z = 1$. Häufiger trifft man aber Reaktionen 3. Ordnung in bezug auf zwei Komponenten A und B an, z. B. in der Benzoin-Kondensation von Benzaldehyd (*20*),

$$2\ PhCHO \xrightarrow{CN^{\ominus}} PhCH(OH)COPh$$

(*20*)

für die das Geschwindigkeitsgesetz

$$r = k[PhCHO]^2[CN^{\ominus}]$$

gilt, d. h. $x = 2, y = 1$.

Es sind auch eine Reihe von Reaktionen 4. Ordnung bekannt – obwohl selten in bezug auf vier verschiedene Komponenten A, B, C und D – wie beispielsweise die Cannizzaro-Reaktion von Formaldehyd (*21*),

$$2\ CH_2O + HO^{\ominus} \rightarrow HCO_2^{\ominus} + CH_3OH$$

(*21*)

für die bei hohen Basenkonzentrationen das Geschwindigkeitsgesetz

$$r = k[CH_2O]^2[HO^{\ominus}]^2$$

mit $x = y = 2$ gefunden wird.

Eine Reaktion, die 0. Ordnung in bezug auf einen Partner ist, der in der Reaktionsgleichung auftritt, ist die bereits erwähnte Säure-katalysierte Jodierung von Aceton (*22*) (s. S. 1, 31):

$$CH_3COCH_3 + J_2 \xrightarrow{H^{\oplus}} CH_3COCH_2J + H^{\oplus}J^{\ominus}$$

(22)

Der Geschwindigkeitsausdruck hierfür lautet

$$r = k[CH_3COCH_3][H^{\oplus}]$$

d. h. die Reaktion ist insgesamt 2. Ordnung, aber sie ist 0. Ordnung in bezug auf Jod, obwohl dieses doch irgendwann in Reaktion treten muß, da es ja im Endprodukt erscheint! Wir können hierfür schreiben $x = y = 1$, $z = 0$.

Gelegentlich trifft man nicht-ganzzahlige (gebrochene) Werte von $x, y, z \ldots$ an, wie z. B. in der Benzidin-Umlagerung (s. S. 65, 238) des N,N'-Diaryl-hydrazins (*23*) in 95-proz. wäßrigem Äthanol:

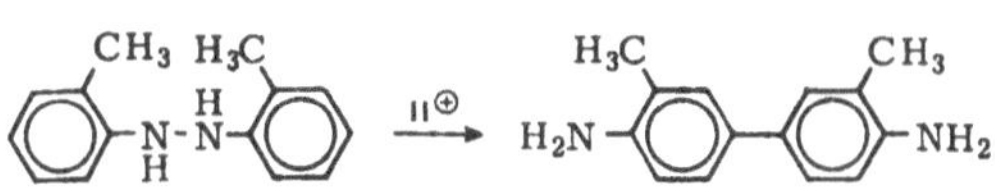

(23)

Das Geschwindigkeitsgesetz ergibt sich hier zu

$$r = k[ArNHNHAr][H^{\oplus}]^{1,6}$$

d. h. $x = 1, y = 1{,}6$.

Man kann in diesem Falle aber zeigen, daß die nicht-ganzzahlige Ordnung in bezug auf die Wasserstoff-Ionen vom gleichzeitigen Beschreiten zweier Reaktionswege herrührt, die 1. bzw. 2. Ordnung in $[H^{\oplus}]$ sind. Das allgemeine Geschwindigkeitsgesetz hat daher hier eigentlich die Form

$$r = k_1[ArNHNHAr][H^{\oplus}] + k_2[ArNHNHAr][H^{\oplus}]^2$$

mit $x = y = 1$ sowie $x = 1, y = 2$. Die gebrochene Reaktionsordnung ($y = 1{,}6$) stellt einen Mittelwert dar und spiegelt wider, wie sich die Gesamtreaktion auf die beiden möglichen Reaktionswege verteilt. Gebrochene Reaktionsordnungen trifft man auch in einer Reihe von Reaktionen an, an denen Radikale beteiligt sind (z. B. *Kettenreaktionen*, s. S. 33). Ein Beispiel ist die thermische Zersetzung von Acetaldehyd (*24*),

$CH_3CHO \xrightarrow{\Delta} CH_4 + CO$
(*24*)

mit dem Geschwindigkeitsgesetz

$r = k[CH_3CHO]^{1,5}$

d. h. $x = 1,5$.

Zum Abschluß muß folgendes hervorgehoben werden: Es gibt Reaktionen, für die sich das Geschwindigkeitsgesetz nicht auf eine der bisher diskutierten Formen zurückführen läßt. Das heißt nichts anderes, als daß sich für diese Reaktionen die Reaktionsordnung überhaupt nicht definieren läßt.

1.5. Reaktionsgeschwindigkeitskonstanten und Aktivierungsenergie

Bevor wir uns der entscheidenden Frage zuwenden, wie man die experimentell bestimmten Geschwindigkeitsgesetze auf der molekularen Ebene interpretieren kann, wollen wir uns noch mit einer anderen nützlichen Bestimmungsgröße befassen, die man aus einfachen kinetischen Daten ermitteln kann. Bestimmt man den Wert der Geschwindigkeitskonstante k bei mehr als einer (konstanten) Temperatur, so kann man die Geschwindigkeitskonstante mit der absoluten Temperatur T durch die Arrhenius-Beziehung verknüpfen:

$$k = A\mathrm{e}^{-E/RT} \tag{9}$$

Hieraus kann man die Aktivierungsenergie E der Reaktion bestimmen (s. S. 7). Im obigen Ausdruck bedeutet R die Allgemeine Gaskonstante ($8{,}32\ \mathrm{J\ mol^{-1}\ K^{-1}} = 1{,}99\ \mathrm{cal\ mol^{-1}\ K^{-1}}$). A ist für die gegebene Reaktion eine Konstante, die von der Temperatur unabhängig ist und mit dem Bruchteil der Zusammenstöße zwischen den reagierenden Molekülen in Verbindung steht, die im Sinne der Produktbildung erfolgreich verlaufen. Die theoretische Begründung von Gl. (9) ist etwas unsicher, zumindest was die exakte physikalische Deutung von A und E angeht, aber die Beziehung hat sich nichtsdestoweniger als äußerst nützlich für die halb-empirische Ordnung experimenteller Daten erwiesen; jedenfalls sind die E-Werte von großem Nutzen für Vergleichszwecke.

Eine handlichere Form der Arrhenius-Beziehung ist die folgende:

$$\log k = -\frac{E}{2{,}303\,RT} + \log A \qquad (10)$$

Wenn man den Wert der Geschwindigkeitskonstante bei zwei verschiedenen Temperaturen T_1 und T_2 zu k_1 und k_2 bestimmt hat und $\log k_2$ von $\log k_1$ abzieht, so erhält man:

$$\log \frac{k_1}{k_2} = -\frac{E}{2{,}303\,R} \left| \frac{1}{T_1} - \frac{1}{T_2} \right| \qquad (11)$$

Hieraus läßt sich der Wert von E berechnen. Stattdessen kann man auch, und dieses Verfahren ist meist vorzuziehen, k für zwei oder mehr Temperaturen bestimmen und $\log k$ gegen $1/T$ antragen (vgl. Abb. 1–8). Nach Gl. (10) müßten alle Wertepaare auf einer Geraden mit der Steigung $-E/2{,}303\,R$ liegen. Durch Messen der Geradensteigung erhält man wiederum E. In dem schon erwähnten (s. S. 15) Beispiel der Solvolyse von tert.-Butylchlorid wurden bei 288, 298 und 307 K die folgenden Werte für $10^3\,k$ gefunden: 1,09 bzw. 3,06 bzw. 9,48. Es ergibt sich das in Abb. 1–8 dargestellte Diagramm.

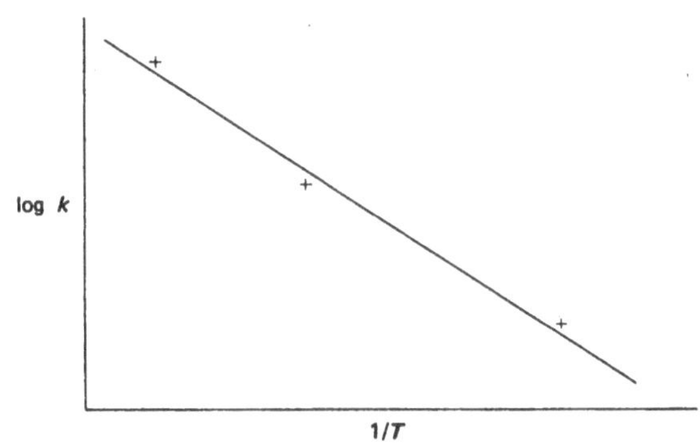

Abb. 1–8

Aus der Steigung der Geraden folgt die Aktivierungsenergie zu 88 kJ/mol oder 21 kcal/mol für die Solvolyse.

Wie bereits erwähnt (s. S. 7), kann die Arrhenius-Aktivierungsenergie E näherungsweise mit der Aktivierungsenthalpie $\Delta H^{\ddagger}$ identifiziert werden. Sie ist ein Maß für die Energie, die zur Dehnung der Bindungen während der Reaktion aufgewandt werden muß.

1.6. Die molekulare Interpretation von Geschwindigkeitsgleichungen

Wir haben gesehen, wie man aus kinetischen Experimenten Geschwindigkeitsgleichungen ableiten kann. Es geht uns jetzt um die Frage: Was kann uns die Geschwindigkeitsgleichung über die molekularen Vorgänge sagen, durch die Ausgangsstoffe in Produkte verwandelt werden?

1.6.1. Reaktionen 2. Ordnung

Wie wir bereits festgestellt haben (s. S. 18), lautet das experimentell bestimmte Geschwindigkeitsgesetz für die Reaktion zwischen Methyljodid (*25*) und Äthanolat-Ion in Äthanol

$$C_2H_5O^{\ominus} + \underset{(25)}{CH_3J} \rightarrow C_2H_5\text{-}O\text{-}CH_3 + J^{\ominus}$$

wie folgt:

$$r = k[CH_3J][C_2H_5O^{\ominus}]$$

Auf molekularer Ebene ist die einfachste denkbare Interpretation dieses Ergebnisses, daß Zusammenstöße zwischen Methyljodid und Äthanolat-Ion stattfinden und in einem einzigen Schritt, einer Elementarreaktion, zu den Produkten führen:

$$C_2H_5O^{\ominus} + \underset{(25)}{CH_3\text{–}J} \rightarrow C_2H_5\overset{\delta-}{O}\cdots CH_3\cdots\overset{\delta-}{J} \rightarrow C_2H_5O\text{–}CH_3 + J^{\ominus}$$

Dies würde einem Energieprofil wie in Abb. 1–9 entsprechen (vgl. auch Abb. 1–3, S. 8):

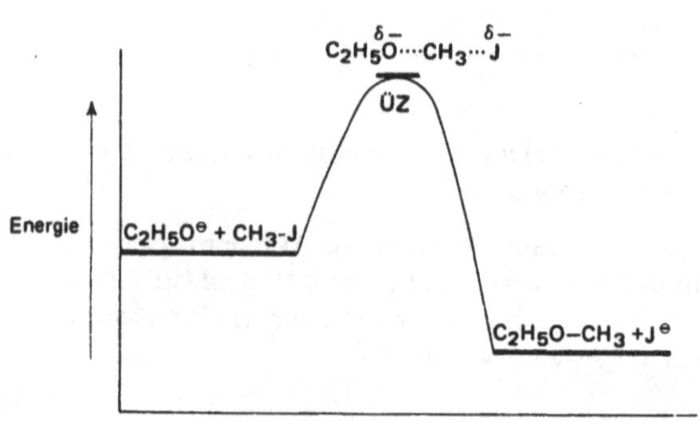

Abb. 1–9

Ein Reaktionsablauf dieses Typs wird als eine *bimolekulare* Reaktion bezeichnet. Die Molekularität einer Reaktion kann dabei allgemein als die Zahl von Teilchen (Molekülen, Ionen usw.) bezeichnet werden, die notwendig Änderungen kovalenter Bindungen im geschwindigkeitsbestimmenden Schritt erfahren (s. S. 2). Im obigen Beispiel ist tatsächlich der geschwindigkeitsbestimmende Schritt gleichbedeutend mit der Gesamtreaktion, d. h. es liegt eine Elementarreaktion vor. Zwei Teilchen erfahren Änderungen ihrer kovalenten Bindungen im Verlauf dieses Prozesses. Man nennt eine solche Reaktion eine S_N2-Reaktion: *S*ubstitution, *n*ucleophil, *bi*molekular. Ein solcher konzertierter Ablauf der Reaktion hat den offensichtlichen Vorteil, daß die neue Bindung (zwischen dem Sauerstoffatom und der Methylgruppe) sich bereits bildet und dadurch auch schon Energie liefert, während die alte Bindung (zwischen Methylgruppe und Jodatom) noch gelöst wird. Eine solche „Energie-Anzahlung" zu einem frühen Zeitpunkt der Reaktion läßt erwarten, daß die in $\Delta G^{\ddagger}$ enthaltene $\Delta H^{\ddagger}$ -Komponente (oder die Aktivierungsenergie E) relativ klein sein wird, die Reaktion entsprechend schnell.

Es ist unbedingt erforderlich, zwischen der Ordnung einer Reaktion und ihrer Molekularität zu unterscheiden. Die erstere ist ein Tatbestand, den man über eine Reaktion ermittelt hat; die letztere hingegen hat nur im Licht eines bestimmten Reaktionsablaufs Bedeutung, sie ist Teil der mechanistischen Interpretation der Reaktion und somit auch eine Aussage, die grundsätzlich widerrufen werden kann, wenn sich neue Informationen ergeben (was bei der Reaktionsordnung im Prinzip nicht möglich ist). Im vorigen Beispiel, einer Elementarreaktion, sind Reaktionsordnung und Molekularität der Reaktion gleichbedeutend, insofern die Reaktion die 2. Ordnung hat und bimolekular verläuft. Aber diese Übereinstimmung trifft man keineswegs immer an, wie wir im folgenden sehen werden.

1.6.2. Reaktionen 1. Ordnung

Wie schon erwähnt, folgt die Solvolyse des tert.-Butylchlorids (*26*) in wäßrigem Aceton nach

$$H_2O + \underset{(26)}{(CH_3)_3C\text{-}Cl} \rightarrow \underset{(27)}{HO\text{-}C(CH_3)_3} + H^{\oplus}Cl^{\ominus}$$

dem Geschwindigkeitsgesetz:

$$r = k[(CH_3)_3C\text{-}Cl]$$

Die Reaktion hat also die Gesamtordnung 1, und man kann aus dem Geschwindigkeitsgesetz schließen, daß am langsamen, geschwindigkeitsbestimmenden Schritt nur das Halogenid (*26*) beteiligt ist. Da Wasser irgendwann in die Reaktion eingreifen muß – es stellt ja das Sauerstoffatom im Produkt zur Verfügung – muß die Reaktion noch mindestens eine weitere Stufe durchlaufen, nämlich die, in der das Sauerstoffatom eingebaut wird. Der folgende Mechanismus gibt die einfachste Erklärungsmöglichkeit:

$$\underset{(26)}{(CH_3)_3C{-}Cl} \xrightarrow[\text{1. langsam}]{} \text{Zwischenprodukt} \xrightarrow[\text{2. schnell}]{H_2O} \underset{(27)}{(CH_3)_3C{-}OH} + H^{\oplus}Cl^{\ominus}$$

Es liegt nahe, das „Zwischenprodukt“ als Ionenpaar $(CH_3)_3C^{\oplus}Cl^{\ominus}$ (*28*) zu deuten. Die langsame, geschwindigkeitsbestimmende Bildung dieses Ionenpaares (s. S. 140) umfaßt die Lösung der C–Cl-Bindung. die schon vorher im Sinne $(CH_3)_3C^{\delta+}{-}Cl^{\delta-}$ polarisiert war. Die Ionisation wird durch die energieliefernde Solvatation des entstehenden Ionenpaares im stark polaren, Hydroxygruppen-haltigen Medium wesentlich erleichtert. Es schließt sich dann ein rascher, also nicht geschwindigkeitsbestimmender Schritt an, in welchem das Wasser als Nucleophil das reaktionsfähige Carboniumion des Ionenpaares (*28*) angreift unter Bildung des Endproduktes:

$$\underset{(26)}{(CH_3)_3C{-}Cl} \xrightarrow[\text{1. langsam}]{} \underset{(28)}{(CH_3)_3C^{\oplus}Cl^{\ominus}} \xrightarrow[\text{2. schnell}]{H_2O} \underset{(27)}{(CH_3)_3C{-}OH} + H^{\oplus}Cl^{\ominus}$$

Daß das Zwischenprodukt* wirklich vom Typ (*28*) ist, kann man aus der Tatsache folgern, daß bei Durchführung der Solvolyse in wäßrigem Äthanol (statt wäßrigem Aceton) der Äthyläther (*29*) zusätzlich zum Alkohol (*27*) erhalten wird. Noch zwingender ist aber wohl die Beobachtung, daß in beiden Lösungsmitteln nicht unbeträchtliche Mengen des Alkens (*30*) erhalten werden, das durch Verlust eines Protons aus dem intermediären Carboniumion entstehen kann:

---

* Anmerkung des Übersetzers: Wir bezeichnen hier die mehr oder weniger kurzlebigen Verbindungen, die in Reaktionsabläufen auftreten, als (reaktive) „Zwischenprodukte“. Stattdessen spricht man oft auch von „Zwischenstufen“ oder Intermediärprodukten (dazugehöriges Adjektiv: intermediär); das englische Wort lautet “intermediate“.

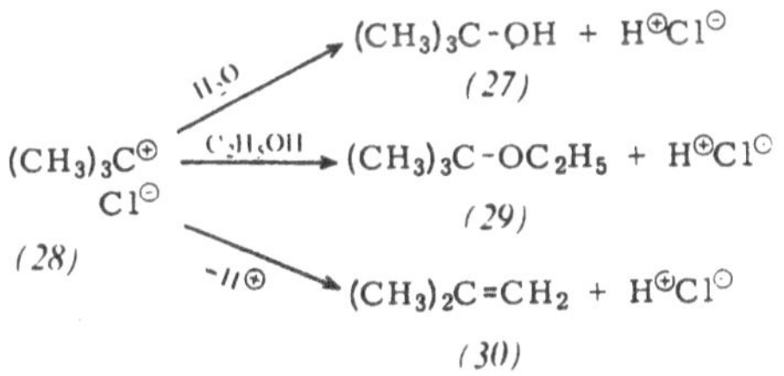

Dem diskutierten Zweistufen-Mechanismus kommt ein Energieprofil der folgenden Form zu (Abb. 1–10):

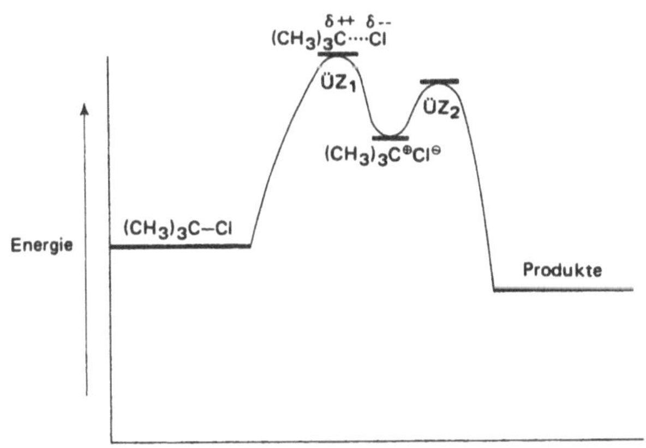

Abb. 1–10

Das Ionenpaar-Zwischenprodukt (*28*) entspricht einem *Minimum* der Energie. Es ist zwischen dem Hauptmaximum des im geschwindigkeitsbestimmenden Schritt zuerst durchlaufenen Übergangszustandes (ÜZ$_1$) und dem Nebenmaximum des schnellen Folgeschrittes (ÜZ$_2$), in dem das Zwischenprodukt in die Endprodukte übergeht, eingebettet. Man bezeichnet einen solchen Reaktionstyp als S$_N$1: *S*ubstitution, *n*ucleophil, *uni*molekular.

Man sollte sich stets eines vor Augen halten. Aus den Daten, die man aus kinetischen Messungen gewonnen hat, kann man gewisse Kriterien ableiten, die jeder vorgeschlagene Reaktionsmechanismus erfüllen muß, wenn er überhaupt ernsthaft diskutiert werden soll. Die Kriterien *beweisen* aber nicht, ja sie können es gar nicht, daß eine Reaktion wirklich in der und der Weise abläuft. So könnte man für die besprochene Solvolysereaktion den folgenden Alternativmechanismus vorschlagen:

$$H_2O + (CH_3)_3C{-}Cl \xrightarrow[\text{1. langsam}]{} H\overset{\oplus}{\underset{H}{O}}{-}C(CH_3)_3 + Cl^{\ominus} \xrightarrow[\text{2. schnell}]{} HO{-}C(CH_3)_3 + H^{\oplus}Cl^{\ominus}$$

(*26*)

So, wie die Reaktion angeschrieben wurde, sollte sie das Geschwindigkeitsgesetz

$$r = k[(CH_3)_3CCl][H_2O]$$

erfüllen. Nun ist aber das Wasser als Bestandteil des Lösungsmittels in großem Überschuß vorhanden. Selbst wenn es also in der angegebenen Weise an der Reaktion teilnehmen würde, so wäre doch in jedem Falle seine Konzentration am Ende der Reaktion noch praktisch dieselbe wie am Anfang. Die Konzentration würde sich während der ganzen Solvolyse um < 0,2% ändern, wenn man mit einer Konzentration von 0,1 M an Halogenid arbeitet. Damit würde das Geschwindigkeitsgesetz für die gedachte bimolekulare Reaktion praktisch zu

$$r = k'[(CH_3)_3CCl]$$

werden, also genau dem tatsächlich experimentell gefundenen Ergebnis. Mit anderen Worten, man kann aus so einfachen kinetischen Untersuchungen nicht entscheiden, welchen Ablauf die Reaktion tatsächlich nimmt. Ein zusätzliches Argument gegen den bimolekularen Mechanismus ist etwa das folgende: Durch Zugabe von Base wird die Solvolysegeschwindigkeit nicht erhöht (s. S. 15). Nun würden wir erwarten, daß $HO^{\ominus}$ ein sehr viel besseres Nucleophil ist als H_2O; wenn also das Hydroxid-Ion nicht in den geschwindigkeitsbestimmenden Schritt eingeht, so ist es äußerst unwahrscheinlich, daß Wasser es tut. Weiteren Einblick in den genauen Ablauf solcher Solvolysen – unter Bestätigung des unimolekularen Konzepts – kann man aus der Untersuchung ihrer Stereochemie gewinnen (s. S. 140).

1.6.3. Reaktionsordnung und Zusammensetzung des Übergangszustandes

Die – in molekularer Hinsicht – wichtigste Information, die uns die Geschwindigkeitsgesetze zu liefern vermögen, liegt darin, daß sie etwas über die *Zusammensetzung* der Übergangszustände aussagen. Dies war aus unseren Beispielen bereits zu ersehen. Man erkennt, welche der vorhandenen Reaktionspartner den Übergangszustand bilden, und in welchen Anteilen. Das gilt zunächst für Elementarreaktionen (vgl. das Beispiel der Methyljodid/Äthanolat-Reaktion, S. 24), dann aber auch für den langsamen, geschwindigkeitsbestimmenden Schritt in einer komplexen Reaktion (vgl. die Hydrolyse des tert.-Butylchlorids, S. 25).

Für die Benzoin-Kondensation des Benzaldehyds (*31*)

$$2\,PhCHO \xrightarrow{CN^{\ominus}} PhCH(OH)COPh$$

(*31*) (*36*)

bedeutet dies, da die Reaktionsgeschwindigkeit durch

$$r = k[PhCHO]^2[CN^{\ominus}]$$

gegeben ist, daß der Übergangszustand dieser Reaktion 3. Ordnung aus zwei Molekülen Benzaldehyd und einem Cyanid-Ion bestehen muß. Es folgt jedoch *nicht*, daß die Reaktion durch einen einfachen Drei-Teilchen-Zusammenstoß zwischen diesen Spezies zustandekommt. Solche termolekularen Reaktionen sind nämlich äußerst selten, nicht zuletzt, weil die Aktivierungsentropie (s. S. 7) notwendigerweise sehr hoch wäre. Ebenfalls verträglich mit dem beobachteten Geschwindigkeitsgesetz, und statistisch sehr viel wahrscheinlicher, wäre ein Ablauf der Art, daß der Übergangszustand in zwei oder mehr Schritten erreicht wird. Ein erster Schritt könnte darin bestehen, daß zwei der drei Teilchen zusammentreten; in einem zweiten Schritt könnte dann das Addukt aus diesen beiden mit dem dritten Teilchen reagieren. Die einzige Forderung dabei ist nur, daß der erste Schritt schnell und der zweite langsam ist. Andernfalls würde nämlich eine Reaktion 2. Ordnung resultieren, und das Geschwindigkeitsgesetz würde nur die Konzentrationen der beiden Partner des ersten Schrittes enthalten.

Man nimmt für die Benzoin-Kondensation folgenden Ablauf an:

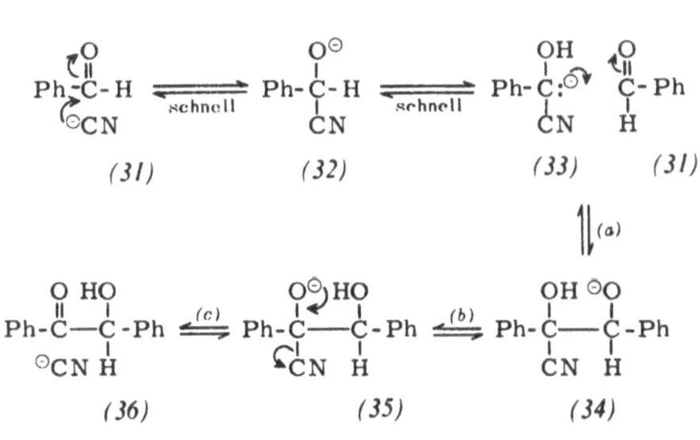

Hierin greift zunächst das $CN^{\ominus}$-Ion ein Benzaldehyd-Molekül (*31*) an, was notwendigerweise schnell geschehen muß. In dem entstehenden Addukt (*32*) wird – ebenfalls schnell – ein Proton verschoben, so daß das Carbanion (*33*) entsteht. Dieses kann dann ein zweites Molekül Benzaldehyd nucleophil angreifen, wobei das Addukt (*34*) gebildet wird (Reaktionsschritt (a)). Schließlich findet in Schritt (b) eine Protonverschiebung zu (*35*) statt, welches in (c) ein Cyanid-Ion verlieren kann zum Benzoin (*36*). Dabei könnte jeder der Schritte (a), (b) oder (c) geschwindigkeitsbestimmend sein, und man hätte stets dasselbe Geschwindigkeitsgesetz 3. Ordnung. Nun weiß man aber, daß Protonverschiebungen zwischen elektronegativen Atomen wie in (b) meist sehr schnell sind. Schritt (c) ist die Umkehrung einer Cyanhydrin-Addition und dürfte unter den vorliegenden Bedingungen ebenfalls rasch sein. Danach sollte (a) der langsame, geschwindigkeitsbestimmende Schritt der Reaktion sein, was auch insofern vernünftig erscheint, als hier eine C–C-Bindung geschlossen werden muß, ein gewöhnlich langsamer Prozeß.

Das Beispiel zeigt einen wichtigen Gesichtspunkt auf: Obwohl das experimentell ermittelte Geschwindigkeitsgesetz etwas über die *Zusammensetzung* des Übergangszustandes aussagt, kann es doch – außer durch indirekte Schlußweise – keine Angaben über dessen *Struktur* machen. Um Geschwindigkeitsgesetze in molekularer Hinsicht vollständig und mit größtmöglichem Nutzen auszudeuten, bedarf es des Einsatzes all unserer chemischen Kenntnisse und Erfahrungen, letztlich der schöpferischen Phantasie. Nur so wird man vernünftige Vorschläge machen können, wie der Übergangszustand strukturiert ist und welche Schritte bei seiner Bildung und Zersetzung schnell sind und welche langsam. Das oben vorgeschlagene Reaktionsschema würde verlangen, daß der Übergangszustand – der der Stelle höchster Energie im ganzen Reaktionsablauf entspricht – eine Struktur etwa wie in (*37*) hat:

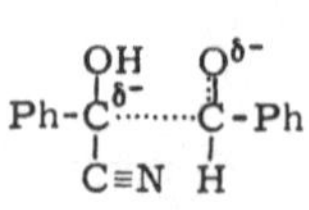

(*37*)

Die Benzoin-Kondensation erweist sich übrigens in allen Schritten als reversibel. Ein anderer interessanter Gesichtpunkt ist die in hohem Maße spezifische Katalyse durch $CN^{\ominus}$: Die Reaktion wird weder durch $HO^{\ominus}$ noch durch andere Anionen katalysiert. Wesentlich scheint zunächst zu sein, daß das katalysierende Teilchen rasch an die C=O-Doppelbindung angelagert (erster Schritt) und auch wieder eliminiert werden kann (Schritt (c)), doch würden auch andere $Y^{\ominus}$-Spezies diese Eigenschaften besitzen. Die entscheidende Funktion des $CN^{\ominus}$ scheint aber darin zu liegen, daß die Cyanogruppe in der Lage ist, das Carbanion *(33)* und damit auch den davor liegenden Übergangszustand durch Delokalisation zu stabilisieren und dadurch seine rasche Bildung aus (*32*) sicherzustellen.

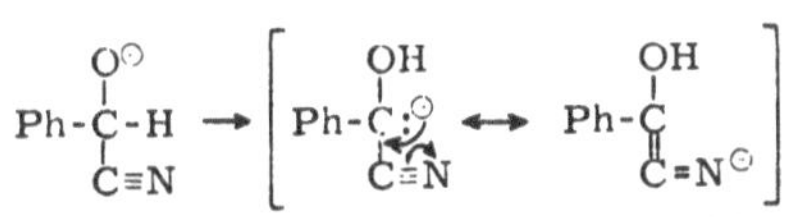

(32) *(33a)* *(33b)*

Beispiele wie das vorstehende, in denen rasche, oft reversible Schritte vor dem geschwindigkeitsbestimmenden Schritt einer Reaktion 2. oder höherer Ordnung liegen, sind weit verbreitet. Ein weiteres Beispiel wird noch ausführlicher analysiert werden (s. S. 238 f).

1.6.4. Reaktionen 0. Ordnung und die Jodierung von Aceton

Wir haben bereits (S. 1) auf die Säure-katalysierte Jodierung von Aceton (*38*) hingewiesen,

$$CH_3COCH_3 + J_2 \xrightarrow{H^{\oplus}} CH_3COCH_2J + H^{\oplus}J^{\ominus}$$

für die überraschend gefunden wurde:

$$r = k[CH_3COCH_3][H^{\oplus}]$$

Die Reaktion ist also 0. Ordnung in bezug auf Jod. Am langsamen, geschwindigkeitsbestimmenden Schritt sind nur Aceton und der saure Katalysator beteiligt, und das Jod muß zuletzt in einer raschen Reaktion nach dem geschwindigkeitsbestimmenden Schritt in das Produkt eingebaut werden:

$$\underset{(38)}{CH_3COCH_3} + H^{\oplus} \xrightarrow[\text{1. langsam}]{} \text{Zwischenprodukt} \xrightarrow[\text{2. schnell}]{J_2} CH_3COCH_2J + H^{\oplus}J^{\ominus}$$

Offensichtlich wird also zunächst einmal das Aceton protoniert, ein keineswegs überraschender Vorgang; man weiß, daß das rasch und reversibel bei allen Arten von Carbonylgruppen möglich ist:

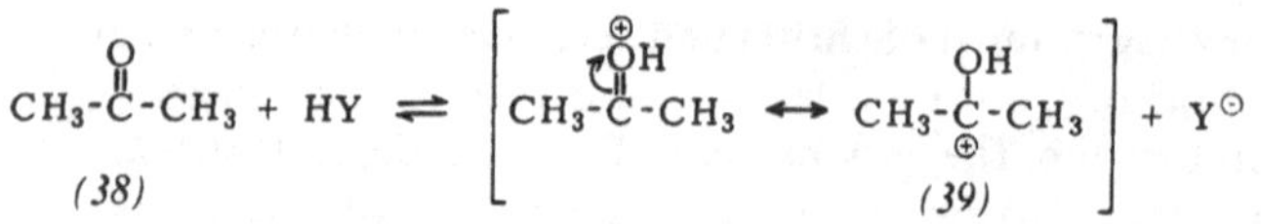

Nun überzeugt aber das Carboniumion (*39*) als mögliches Zwischenprodukt der Jodierung nicht sehr. Zum einen ist nicht einzusehen, weshalb Jod dieses Carboniumion besonders leicht in einem raschen Reaktionsschritt angreifen sollte, und zum anderen sind Protonierungen an Sauerstoff nach Art der Reaktion, die zu (*39*) geführt hat, im allgemeinen schnell und nicht langsam, wie Schritt 1. des Schemas (S. 31) verlangt. Es ist daher vorgeschlagen worden, daß das entscheidende Zwischenprodukt der Reaktion erst durch Verlust eines Protons von einem der *Kohlenstoffatome* in (*39*) gebildet wird. Man käme so zum Enol (*40*) des Acetons, dessen energiereiche Doppelbindung in der Tat mit Jod leicht in einem raschen Folgeschritt reagieren könnte. Man gelangt dann zu folgendem Reaktionsablauf:

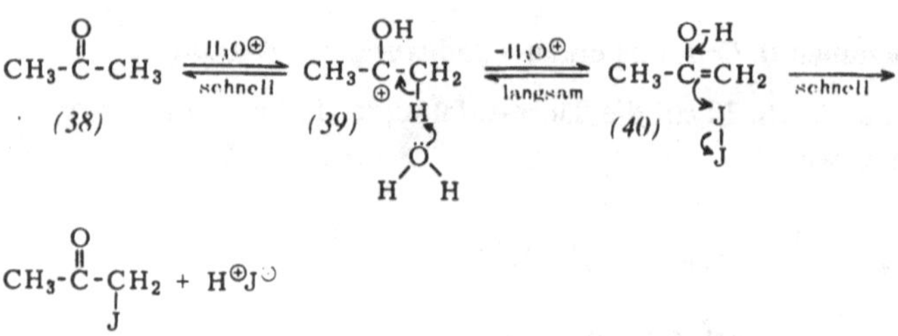

Das experimentell ermittelte Geschwindigkeitsgesetz sagt also grundsätzlich nichts aus über die möglichen Teilreaktionen, die nach dem geschwindigkeitsbestimmenden Schritt einer Reaktion liegen, außer eben, daß sie schnell sein müssen. Unter Umständen kann man aber doch sinnvolle Überlegungen über die Natur der an diesen Folgeschritten beteiligten Spezies anstellen, vor allem dann, wenn eine oder mehrere davon in der Stöchiometrie der Reaktion auftreten, nicht aber im Geschwindigkeitsgesetz, so wie das im obigen Beispiel der Fall war.

Es sei noch darauf hingewiesen, daß in der diskutierten Säure-katalysierten Jodierung als eines der Produkte Säure entsteht. Das bedeutet, daß die Konzentration des Katalysators dauernd steigt, während die Reaktion ihren Fortgang nimmt. Man spricht in einem solchen Fall von einer *autokatalytischen* Reaktion. Man wird dann eine ständig wachsende Reaktionsgeschwindigkeit beobachten, vorausgesetzt, die Säurekonzentration war nicht schon zu Beginn sehr hoch. Im übrigen stützen auch hier wieder stereochemische Befunde den angenommenen Reaktionsablauf (s. S. 179).

1.6.5. Nicht-ganzzahlige Reaktionsordnungen

1.6.5.1. Pyrolyse von Aceton

Nach unseren bisherigen Erfahrungen ist es offensichtlich möglich, aus Geschwindigkeitsgleichungen, die ganzzahlige Potenzen der Konzentrationen einiger (nicht notwendigerweise aller) Partner der stöchiometrischen Reaktionsgleichung enthalten, plausible molekulare Beschreibungen des Reaktionsablaufs abzuleiten. Eine ähnliche Deutung scheint aber zunächst auf keiner sinnvollen Basis denkbar zu sein für Reaktionen wie die thermische Zersetzung von Acetaldehyd (*41*),

$$CH_3CHO \xrightarrow{\Delta} CH_4 + CO$$

(*41*)

für die folgender Ausdruck für die Reaktionsgeschwindigkeit gefunden wurde (s. S. 22):

$$r = k_{\text{beob}}[CH_3CHO]^{3/2}$$

Es ist nicht möglich, daß im geschwindigkeitsbestimmenden Schritt halbe Moleküle Acetaldehyd zugegen sind! Eine vernünftigere Erklärung ist aber auf der Basis beigebracht worden, daß hier radikalische Zwischenprodukte in einer *Kettenreaktion* im folgenden Sinne beteiligt sind:

Start: $CH_3CHO \xrightarrow{k_1} CH_3\cdot + \cdot CHO$ (*a*)

(*41*)

Wachstum: $CH_3\cdot + CH_3CHO \xrightarrow{k_2} CH_4 + CO + CH_3\cdot$ (*b*)

(*41*)

Abbruch: $2CH_3\cdot \xrightarrow{k_3} CH_3CH_3$ (*c*)

$2\cdot CHO \xrightarrow{k_4} 2CO + H_2$ (*d*)

Wir machen nun die sog. *Annahme des stationären Zustandes* (engl.: steady state approximation*), d. h. wir gehen davon aus, daß die Reaktion mit gleichbleibender Geschwindigkeit voranschreitet. Man kann dann annehmen, daß die Geschwindigkeit, mit der Methyl-Radikale in (a) nach $k_1[CH_3CHO]$ gebildet werden, gleichgroß ist wie die Geschwindigkeit ihres Verbrauchs in (c) gemäß $k_3[CH_3\cdot]^2$. (Beachte, daß (b) keinen Einfluß auf $[CH_3\cdot]$ hat!) Es ist also:

$$k_3[CH_3\cdot]^2 = k_1[CH_3CHO]$$

$$[CH_3\cdot] = \left(\frac{k_1}{k_3}[CH_3CHO]\right)^{1/2} \qquad (12)$$

Die Geschwindigkeit der Produktbildung aus den Ausgangsstoffen, d. h. die Gesamtreaktionsgeschwindigkeit, ist durch (b) bestimmt zu

$$r = k_2[CH_3\cdot][CH_3CHO]$$

Setzt man hierin $[CH_3\cdot]$ aus Gl. (12) ein, so ergibt sich:

$$r = k_2\left(\frac{k_1}{k_3}\right)^{1/2}[CH_3CHO]^{3/2} = k_{beob}[CH_3CHO]^{3/2}$$

Für den angenommenen Reaktionsweg spricht die Tatsache, daß man Radikale während der Umsetzung direkt nachweisen kann (z. B. durch Ätzen von Metallspiegeln oder ESR-spektroskopisch, s. S. 97), ferner der Befund, daß die Reaktion durch die bekannten Radikalinhibitoren unterdrückt wird (s. S. 82) und daß sich Äthan und Wasserstoff (aus den Reaktionen (c) bzw. (d)) unter den Produkten nachweisen lassen.

1.6.5.2. Konkurrenzreaktionen

Nicht-ganzzahlige (gebrochene) Reaktionsordnungen beobachtet man auch, wenn die Ausgangsstoffe gleichzeitig auf mehreren verschiedenen Wegen in Produkte umgewandelt werden können. Wir haben bereits auseinandergesetzt, daß die nucleophile Substitution im Falle des Methyljodids nach einem bimolekularen Mechanismus verläuft (s. S. 24), im Falle der tertiären Halogenide dagegen nach einem unimolekularen. Daraus folgt, daß irgendwo längs der Reaktionsreihe

* Anmerkung des Übersetzers: Da der Zustand in Wirklichkeit nicht streng stationär ist, spricht man im Deutschen auch korrekter von der Quasi-Stationaritäts-Hypothese.

CH_3-X CH_3CH_2-X $(CH_3)_2CH$-X $(CH_3)_3C$-X (X = Halogen)

der Reaktionsmechanismus „umschlagen“ muß. Es ist daher bemerkenswert, daß die Base-induzierte Hydrolyse von $(CH_3)_2$Ch-Br (2-Brompropan, Isopropylbromid) nach einem Geschwindigkeitsgesetz der Form

$$r = k[(CH_3)_2CH\text{-}Br][HO^{\ominus}]^n$$

verläuft, wo n Werte zwischen 0 und 1 annimmt, je nach Anfangskonzentration von $HO^{\ominus}$; je größer diese ist, desto näher liegt n bei 1.

Im Sinne des angenommenen Wechsels des Reaktionsmechanismus in der obigen Reihe ist es daher wahrscheinlich, daß die Hydrolyse des 2-Brompropans nicht nach einem bestimmten Weg erfolgt, sondern daß gleichzeitig der uni- und der bimolekulare Weg beschritten wird. Das würde zu einem Geschwindigkeitsausdruck der allgemeinen Form

$$r = k_1[(CH_3)_2CH\text{-}Br] + k_2[(CH_3)_2CH\text{-}Br][HO^{\ominus}]$$

führen. Dabei würde der Wert von n in der weiter oben angeschriebenen Gleichung davon abhängen, zu welchen Anteilen die beiden Modalitäten der Reaktion wirksam werden. Man sollte annehmen, daß der Beitrag des zweiten Terms (k_2) ansteigt, wenn $[HO^{\ominus}]$ vermehrt wird, wie auch tatsächlich beobachtet wird. In einem solchen Fall – ähnliches gilt für die weiter oben diskutierte Benzidin-Umlagerung (s. S. 21) – gelingt es oft, die kinetischen Daten so zu analysieren, daß man k_1 und k_2 getrennt ermitteln und damit angeben kann, zu welchen Anteilen die konkurrierenden Reaktionswege unter bestimmten Bedingungen beschritten werden.

1.6.6. Medium und Wesen des Übergangszustandes

Man findet häufig, daß die Geschwindigkeiten von Reaktionen – wenn auch nicht unbedingt die Form der Geschwindigkeitsgleichungen – durch die Zugabe neutraler Salze beeinflußt werden. Man spricht in diesem Falle von *Salzeffekten*. Die Ursache ist darin zu sehen, daß die Erhöhung der Ionenstärke des Mediums einen oder mehrere Schritte der Reaktion beeinflußt, Schritte, bei denen Ladung im Übergangszustand entweder stärker konzentriert oder weiter verteilt („verdünnt“) wird. Diese Änderung der Ladungsverteilung kann energetisch erleichtert oder erschwert werden, je nach System, und das wirkt sich dann auf die Geschwindigkeiten aus, mit denen die betreffenden Schritte ablaufen. In etwa kann man sagen, daß ein positiver Salzeffekt, bei dem also die Reaktionsgeschwindigkeit durch Salzzugabe erhöht wird, immer dann eintritt, wenn der Übergangszustand, der zum geschwindigkeitsbestimmenden Schritt der Gesamtreaktion gehört, polarer ist als die Teilchen, aus denen er entsteht (Ausgangsstoffe oder Zwischenprodukte). Man hat somit ein weiteres Mittel von hohem diagnostischem Wert an der Hand, das man bei der Diskussion von Modellen für die Übergangszustände heranziehen kann (s. S. 242).

Auch ein Wechsel des Lösungsmittels und eine daraus folgende Änderung in der Polarität kann von tiefgreifendem Einfluß auf die Geschwindigkeit von Reaktionen sein (s. S. 212). Der Begriff „Polarität" umfaßt dabei die Dielektrizitätskonstante ebenso wie auch das Solvatationsvermögen für Ionen. Auch hier kann man wieder aus der Steigerung einer Reaktionsgeschwindigkeit mit zunehmender Polarität des Mediums auf einen Übergangszustand schließen, der polarer ist als die Teilchen, aus denen er sich bildet.

1.7. Reversible Reaktionen

In praktisch allen bisher untersuchten Fällen sind wir davon ausgegangen, daß die Umwandlung der Ausgangsstoffe in die Produkte für kinetische Zwecke als irreversibel angesehen werden kann. Diese Annahme ist auch für viele organische Reaktionen gut erfüllt, keineswegs aber für alle. Für die allgemeine reversible Elementarreaktion

$$\mathrm{A + B} \underset{k_-}{\overset{k_+}{\rightleftharpoons}} \mathrm{C + D}$$

ist die Geschwindigkeit durch folgenden Ausdruck gegeben:

$$r = -\frac{\mathrm{d[A]}}{\mathrm{d}t} = k_+\mathrm{[A][B]} - k_-\mathrm{[C][D]}$$

Wenn man ganz zu Beginn der Reaktion kinetische Messungen durchführt, so ist der zweite Term – der für die konkurrierende Rückreaktion steht – unter Umständen noch vernachlässigbar, aber das gilt möglicherweise nur für eine so kurze Zeit (d. h. nur für einen so kleinen Anteil der Gesamtreaktion), daß es nicht gelingt, die Ordnung der Hinreaktion eindeutig zu bestimmen.

Sobald sich das Gleichgewicht eingestellt hat, tritt nach außen hin keine Änderung der Konzentration von A mehr ein. Natürlich ist das Gleichgewicht dynamischer Natur in dem Sinne, daß weiterhin A + B in C + D verwandelt wird und umgekehrt, aber effektiv ändert sich die Konzentration aller Partner nicht mehr. Mit $-\mathrm{d[A]/dt} = 0$ wird

$$k_+[A][B] - k_-[C][D] = 0$$

$$k_+[A][B] = k_-[C][D]$$

$$\frac{[C][D]}{[A][B]} = \frac{k_+}{k_-}$$

Der letztere Ausdruck ist definitionsgemäß gleich K, der klassischen Gleichgewichtskonstante der Reaktion. Es folgt somit $K = k_+/k_-$, und wenn es z. B. gelingt, k_+ und K experimentell zu bestimmen, so ergibt sich k_- zwangsläufig.

Es kann nicht stark genug hervorgehoben werden, daß einfache Überlegungen dieser Art nur für Elementarreaktionen gelten und daß echte Elementarreaktionen vergleichsweise selten und jedenfalls gewöhnlich nicht ganz einfach zu identifizieren sind. Sobald komplexe, d. h. vielstufige reversible Reaktionen betrachtet werden, müssen als Geschwindigkeitsgleichungen die *im Gleichgewicht* gültigen herangezogen werden, damit man wieder $K = k_+/k_-$ setzen kann. Die tatsächlichen kinetischen Messungen werden aber unter Nicht-Gleichgewichtsbedingungen durchgeführt, und die daraus erhältlichen Geschwindigkeitsausdrücke können sich von den „theoretischen" bei Gleichgewicht unterscheiden. Man kann allerdings – wenn man die Mühe nicht scheut – Reaktionsgeschwindigkeiten auch beim Gleichgewicht mit Hilfe der Isotopenmarkierung bestimmen. Beispielsweise kann man im Falle der Hydrolyse von Essigsäureäthylester (*42*)

$$\underset{(42)}{CH_3COOC_2H_5} + H_2O \underset{k_-^{eq}}{\overset{k_+^{eq}}{\rightleftharpoons}} CH_3COOH + C_2H_5OH$$

die Geschwindigkeitskonstante k_+^{eq} – der hochgestellte Index weist auf das Gleichgewicht (Equilibrium) hin – direkt bestimmen, indem man die Mischung der vier Komponenten mit den bekannten Gleichgewichtskonzentrationen herstellt; dabei wählt man aber einen Essigester, der in der Methylgruppe an ^{14}C (s. S. 64) angereichert ist, also $^{14}CH_3COOC_2H_5$, so daß man die Geschwindigkeit beobachten kann, mit der ^{14}C in der Essigsäure auftaucht:

$$\underset{(42)}{^{14}CH_3COOC_2H_5} + H_2O \xrightarrow{k_+^{eq}} {^{14}CH_3COOH} + C_2H_5OH$$

Bedauerlicherweise ist es noch häufig üblich, K für alle Reaktionen mit k_+/k_- zu identifizieren (anstatt mit k_+^{eq}/k_-^{eq}), obwohl der Beitrag eines bestimmten Schrittes zur Gesamtgeschwindigkeit der Reaktion sich merklich ändern kann, wenn sich die Reaktion dem Gleichgewicht nähert.

Es ist hier noch auf eine weitere Eigenheit reversibler Reaktionen hinzuweisen: Unter gegebenen Bedingungen müssen der Ablauf der Reaktion, das Energieprofil usw. der Rückreaktion die genaue Umkehrung derjenigen der Hinrekation sein. Man nennt dies das Prinzip der *mikroskopischen Reversibilität.* Da dieselben Zwischenprodukte und Übergangszustände durchlaufen werden – wenn auch in umgekehrter Richtung –, kann man das Prinzip dazu benutzen, Strukturen für solche Spezies vorzuschlagen und zwischen schnellen und langsamen Schritten zu unterscheiden. Denn manchmal kann man auf Grund der allgemeinen chemischen Kenntnis eher über die Rückreaktion als über die Hinreaktion eine Aussage machen.

1.8. Kinetische und thermodynamische Produktkontrolle

Es kommt in organischen Systemen häufig vor, daß bestimmte Ausgangsstoffe wahlweise zu verschiedenen Produkten reagieren können. Man kann dann annehmen, daß die relativen Anteile an Konkurrenzprodukten (wie man sie nennt) mit den jeweiligen Bildungsgeschwindigkeiten verknüpft sind: Je schneller ein bestimmtes Produkt entsteht, desto mehr davon wird in der Reaktionsmischung zu finden sein. Nehmen wir als Beispiel die Nitrierung von Chlorbenzol (*43*):

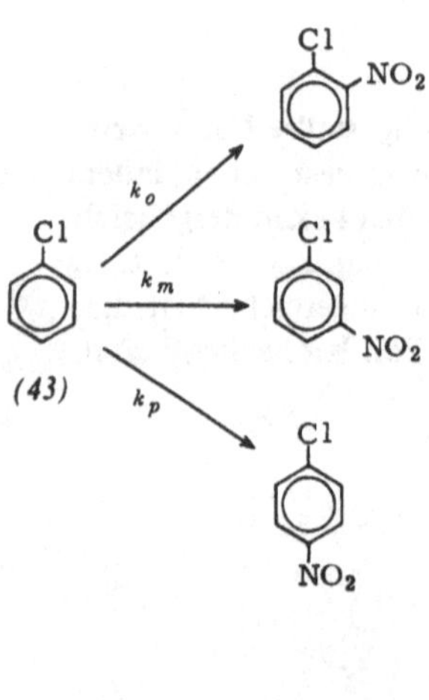

(*43*)

Wie sich zeigen läßt, ist die Bildung jedes der drei isomeren Nitrochlorbenzole (*o*-, *m*- und *p*-) 1. Ordnung in bezug auf Chlorbenzol:

$$\frac{d[o\text{-}ClC_6H_4NO_2]}{dt} = k_O[C_6H_5Cl],$$

$$\frac{d[m\text{-}ClC_6H_4NO_2]}{dt} = k_m[C_6H_5Cl],$$

$$\frac{d[p\text{-}ClC_6H_4NO_2]}{dt} = k_p[C_6H_5Cl]$$

Auch das Verschwinden von Chlorbenzol ist 1. Ordnung in bezug auf Chlorbenzol, d. h.

$$\frac{-d[C_6H_5Cl]}{dt} = k[C_6H_5Cl]$$

mit

$$k = k_O + k_m + k_p$$

Man kann dann mit Hilfe der Differentialgleichungen für die Bildung der einzelnen Produkte die folgende Beziehung ableiten:

$$[o\text{-}ClC_6H_4NO_2]:[m\text{-}ClC_6H_4NO_2]:[p\text{-}ClC_6H_4NO_2] = k_O : k_m : k_p$$

Die Bestimmung der Produktverhältnisse – man zieht dazu physikalische, insbesondere spektroskopische Methoden der Isolierung vor – zu irgendeiner Zeit gestattet es somit, die Geschwindigkeitskonstanten zu bestimmen. Das gilt ganz allgemein, wobei es gleichgültig ist, welche Ordnung die produktbildenden Reaktionen haben, vorausgesetzt allerdings, daß die Ordnung für die verschiedenen Konkurrenzreaktionen dieselbe ist. Man bezeichnet die geschilderte Situation als *kinetische Produktkontrolle.*

In manchen Fällen findet man jedoch, daß das Produktverhältnis nicht konstant ist, sondern sich mit fortschreitender Reaktion ändert. Ein Beispiel ist die Friedel-Crafts-Alkylierung von Toluol (*44*) mit Benzylbromid in Gegenwart von $GaBr_3$ als Lewis-Katalysator bei 25 °C:

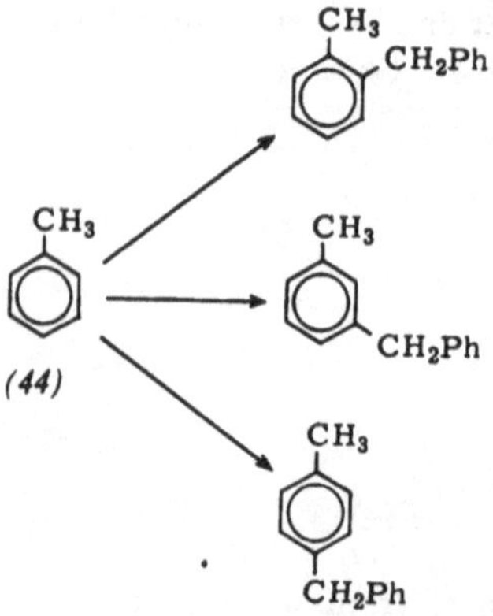

(44)

Nach zwei aufeinanderfolgenden Zeitintervallen wurden die nachstehend aufgeführten Isomeren-Anteile im Produktgemisch ermittelt:

s	% *o*-	% *m*-	% *p*-
0,01	40	21	39
10	23	46	31

Offenbar ist hier keine einfache kinetische Produktkontrolle wirksam, weil man dann eine konstante Isomerenverteilung antreffen müßte. Bemerkenswerterweise entspricht die Verteilung nach 10 s nahe derjenigen, die man auf Grund der bekannten thermodynamischen Stabilitäten der drei Isomeren erwarten muß. Die Produktzusammensetzung wird jetzt also nicht von den relativen Bildungsgeschwindigkeiten der drei isomeren Konkurrenzprodukte diktiert, sondern von den relativen thermodynamischen Stabilitäten unter den Reaktionsbedingungen. Man spricht in einem solchen Fall von *thermodynamischer Produktkontrolle*.

Wie sich leicht bestätigen läßt, wird jedes der drei isomeren Benzyltoluole unter den Bedingungen der ursprünglichen Friedel-Crafts-Reaktion in eine Mischung aller drei umgewandelt. Unter den Bedingungen ist es also möglich, daß sich die drei Produkte miteinander ins Gleichgewicht setzen, sei es unmittelbar untereinander oder durch Dealkylierung zum Toluol mit nachfolgender neuerlicher Alkylierung unter Bildung eines der Isomeren. Gleichgültig, welches Produkt am schnellsten entsteht, wird es letztlich das unter den Reaktionsbedingungen stabilste Produkt sein, das in der Reaktionsmischung vorherrscht. Eine andere Bezeichnungsweise für diese Situation lautet daher auch *Gleichgewichtskontrolle* der Produktzusammensetzung. Natürlich müssen die beiden Arten der

Produktkontrolle, die kinetische und die thermodynamische, nicht notwendig zu verschiedenen Rangfolgen in den relativen Häufigkeiten der Produktkomponenten führen. Wenn das am schnellsten gebildete Produkt gleichzeitig auch das thermodynamisch stabilste ist, so wird es überwiegen, ganz gleichgültig, welche der beiden Kontrollen wirksam ist.

Ob die eine oder andere Kontrolle einsetzt, kann von den Reaktionsbedingungen abhängen. Über kurze Zeiten mag die kinetische Kontrolle zum Zuge kommen, aber wenn man genügend Zeit zur Verfügung stellt, so kann sich ein relativ „langsames" Gleichgewicht einstellen, und die Produktzusammensetzung ist schlußendlich thermodynamisch kontrolliert. Auch Temperaturänderungen können von Bedeutung sein. Beispielsweise liefert die Sulfonierung von Naphthalin (*45*) mit konzentrierter Schwefelsäure bei 80 °C fast quantitativ die weniger stabile 1-Sulfonsäure (*46*)

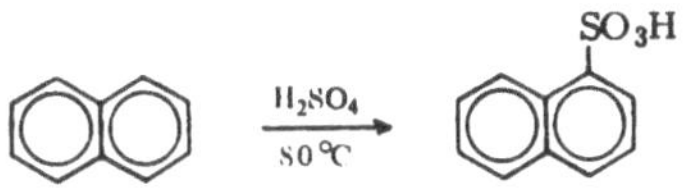

(*45*) (*46*)

d. h. es muß eine kinetische Kontrolle vorliegen. Die gleiche Sulfonierung, nur bei 160 °C durchgeführt, erbringt dagegen weitgehend die thermodynamisch stabilere 2-Sulfonsäure (*47*):

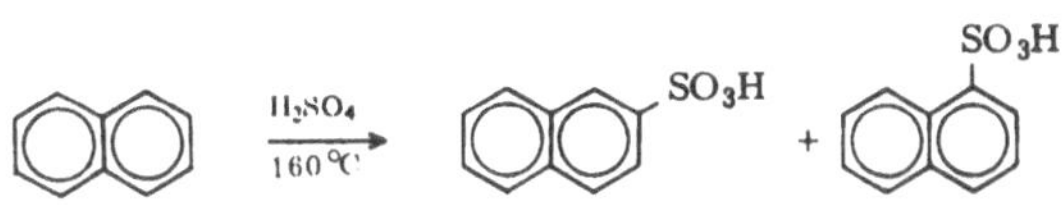

(*45*) (*47*) 81% (*46*) 19%

Offensichtlich hat eine Verschiebung in Richtung auf thermodynamische Kontrolle durch die Temperaturerhöhung stattgefunden. Die Reaktion wird später noch eingehender behandelt werden (s. S. 63).

1.9. Weiterführende Literatur

M. A. Atherton und J. K. Lawrence, An Experimental Introduction to Reaction Kinetics. Longman, London 1970.

S. W. Benson, Foundations of Chemical Kinetics. McGraw Hill, New York 1960.

A. A. Frost und R. G. Pearson, Kinetik und Mechanismen homogener chemischer Reaktionen. Verlag Chemie, Weinheim 1964.

W. C. Gardiner, Rates and Mechanisms of Chemical Reactions. Benjamin New York 1969.

R. Huisgen in Houben-Weyl, Methoden der Organischen Chemie, Bd. III/1, S. 99 f. Georg Thieme Verlag, Stuttgart 1955. („Ausführung kinetischer Versuche").

E. S. Gould, Mechanismus und Struktur in der organischen Chemie. Verlag Chemie, Weinheim 1962.

L. P. Hammett, Physikalische Organische Chemie. Verlag Chemie, Weinheim 1973.

K. J. Laidler, Reaction Kinetics, Vol 2: Reactions in Solution. Pergamon, London 1963.

J. E. Leffler und E. Grunwald, Rates and Equilibria of Organic Reactions. Wiley, New York 1963.

M. Menzinger und R. L. Wolfgang, „Bedeutung und Anwendung der Arrhenius-Aktivierungsenergie", Angew. Chem. *81*, 446 (1969).

E. S. Swinbourne, Die Analyse kinetischer Daten. Verlag Chemie, Weinheim 1973.

2. Die Verwendung von Isotopen – kinetische und nicht-kinetische Methoden

Wir haben im letzten Kapitel gesehen, welcher Art die Einsicht in chemische Reaktionsabläufe ist, die man aus kinetischen Messungen gewinnen kann. Handelt es sich dabei auch um sehr lehrreiche Methoden, so kommt doch – und das kann nicht weiter verwundern – bald der Punkt, wo sie keine weitere Hilfe mehr zu geben vermögen. So kann man aus einfachen kinetischen Daten normalerweise nicht ablesen, ob eine bestimmte Bindung in irgendeinem Schritt bis hin zum geschwindigkeitsbestimmenden Schritt (bzw. dem dazugehörigen Übergangszustand) gebrochen worden ist oder nicht. Man kann das sehr schön am Beispiel der Nitrierung des Benzols (*1*) sehen, in der das angreifende Teilchen unter den üblichen Bedingungen als Nitronium-Ion $NO_2^{\oplus}$ ausgewiesen werden konnte (s. S. 99):

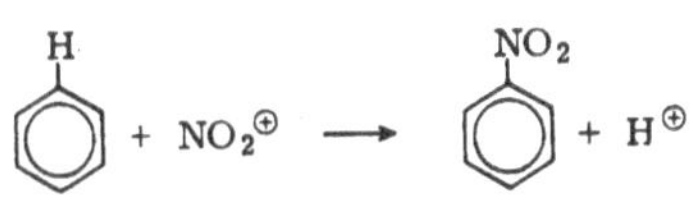

(*1*)

Hier muß irgendwann während der Reaktion eine C–H-Bindung gelöst werden, aber das aus kinetischen Messungen ableitbare idealisierte Geschwindigkeitsgesetz

$$r = k[C_6H_6][NO_2^{\oplus}]$$

trägt wenig zur Entscheidung bei, wann genau das geschieht. Das Gesetz sagt uns, daß beide darin enthaltenen Teilchen im Übergangszustand des geschwindigkeitsbestimmenden Schrittes der Gesamtreaktion beteiligt sind. Das schließt zwar eindeutig einen Reaktionsweg der Art aus, daß in einem langsamen Schritt die C–H-Bindung gelöst würde, noch ehe $NO_2^{\oplus}$ angreift, denn dann würde das Geschwindigkeitsgesetz nur $[C_6H_6]$ enthalten. Es setzt uns aber nicht in die Lage, zwischen mindestens zwei in Frage kommenden Deutungen – auf der molekularen Ebene – zu differenzieren, die sich hinsichtlich des Zeitpunktes der Lösung der C–H-Bindung unterscheiden.

Zum einen könnte die Nitrierung eine konzertierte, in einer Stufe verlaufende Reaktion sein ähnlich wie die Reaktion zwischen Methyljodid und Äthanolat-Ion (s. S. 24):

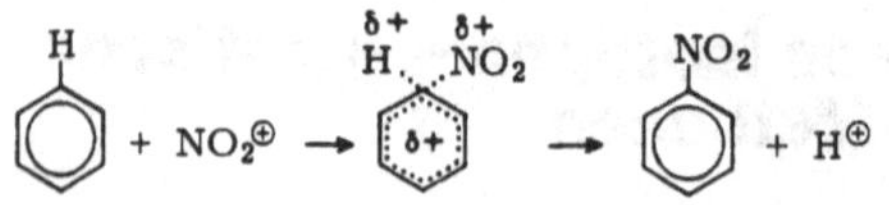

(1) (2) (1)

Hier finden die Lösung der C–H-Bindung und die Schließung der C–NO_2-Bindung gleichzeitig statt. (*2*) ist dann ein Übergangszustand, der dem Energiemaximum eines Reaktionsprofils der in Abb. 2–1 dargestellten Form entspricht:

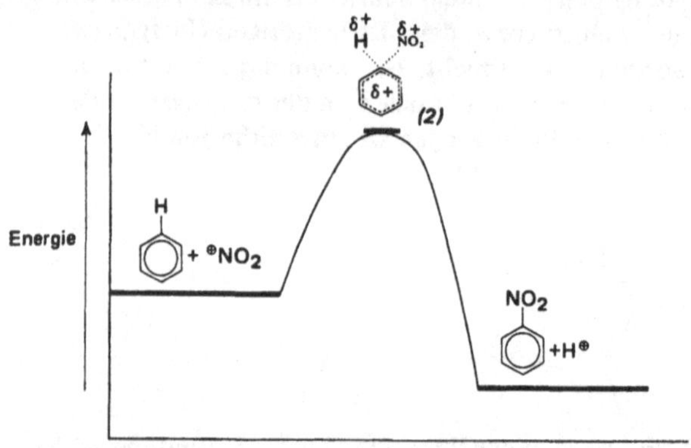

Abb. 2–1

Zum anderen könnte die Nitrierung aber auch – da das angegriffene C-Atom quasi-ungesättigten Charakter hat – in zwei Schritten ablaufen. Und zwar könnte die neue C–NO_2-Bindung zunächst in einem langsamen, geschwindigkeitsbestimmenden Schritt *vollständig* hergestellt werden, bevor die Aufbrechung der C–H-Bindung in einem folgenden raschen (nicht-geschwindigkeitsbestimmenden) Schritt einsetzt entsprechend der nachstehenden Formulierung:

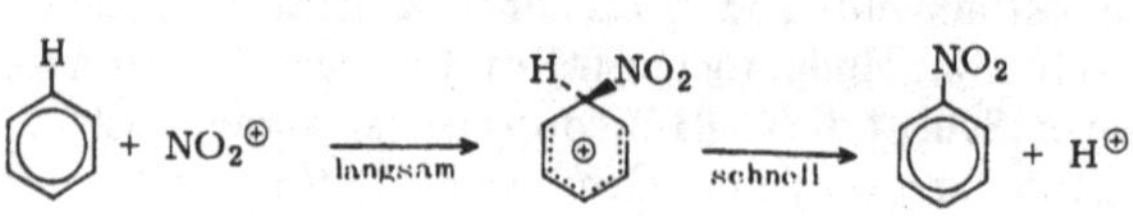

(1) (3) (2)

Ein solcher Reaktionsablauf könnte energetisch vorteilhafter sein, insofern ein Energie liefernder Schritt (Schließung einer Bindung) dem Energie verbrauchenden Schritt (Lösung einer Bindung) vorangeht. Im Reaktionsprofil stellt sich ein solcher Zweischritt-Mechanismus wie in Abb. 2–2 dar:

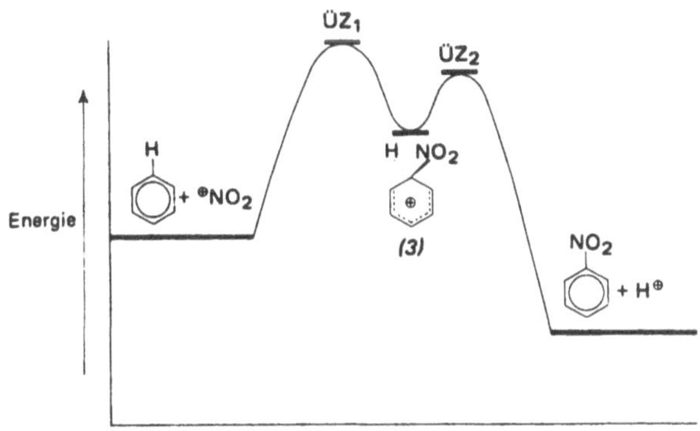

Abb. 2–2

Die Ausgangsstoffe werden darin in einem langsamen, geschwindigkeitsbestimmenden Schritt über den Übergangszustand $ÜZ_1$ hinweg in das Zwischenprodukt (*3*) umgewandelt, welches dann in einem schnellen, nicht-geschwindigkeitsbestimmenden Schritt über den Übergangszustand $ÜZ_2$ hinweg in die Produkte übergeht. Tatsächlich kann man bei manchen aromatischen Nitrierungen Zwischenprodukte vom Typ (*3*) in Substanz isolieren (s. S. 84); ob dies gelingt oder nicht, ist nur eine Frage der Tiefe des Energie-„Troges" in Abb. 2–2 und der Bedingungen, unter denen die Nitrierung durchgeführt wird.

Beide Reaktionsabläufe sind mit dem experimentell ermittelten Geschwindigkeitsgesetz in Einklang. Der Unterschied liegt darin, daß in Gl. (1) die C–H-Bindung im einzigen und daher geschwindigkeitsbestimmenden Schritt gelöst wird, während in Gl. (2) die Lösung der C–H-Bindung erst *nach* dem geschwindigkeitsbestimmenden Schritt einsetzt. Einfache kinetische Messungen erlauben es nicht, zwischen diesen beiden Alternativen zu unterscheiden. Wir haben aber schon ein Kriterium genannt – Wird die C–H-Bindung im geschwindigkeitsbestimmenden Schritt gelöst oder nicht? –, mit dem es im Prinzip möglich sein sollte zu erkennen, welcher Mechanismus bei der Nitrierung des Benzols sicher nicht zutrifft. Dazu müßte eine experimentelle Methode zur Verfügung stehen, die die Bindungslösung anzeigt. Tatsächlich läßt sich dieses Ziel, wie wir zeigen werden (s. S. 46), erreichen, indem man normales Benzol (C_6H_6) und Benzol, in welchem die Wasserstoffatome durch das schwerere Isotop Deuterium ersetzt sind (C_6D_6), unter vergleichbaren Bedingungen nitriert und die Geschwindigkeiten vergleicht.

Dies ist ein Beispiel der Verwendung von Isotopen in kinetischen Experimenten zum Zwecke der Aufklärung von Reaktionsabläufen. Isotopen können aber auch in nicht-kinetischen Experimenten Informationen über Reaktionsabläufe vermitteln, die anders nicht zu erhalten wären. Betrachten wir etwa die Reaktion des Carboxylat-Anions (*4*) mit Bromcyan (*5*) bei 250 °C:

$$\underset{(4)}{RCO_2^{\ominus}} + \underset{(5)}{BrCN} \xrightarrow{250\,°C} \underset{(6)}{RCN} + CO_2 + Br^{\ominus}$$

Man möchte annehmen, daß das Cyanid (Nitril) (*6*) durch einfache Verdrängung gebildet wird, so daß das gleichzeitig noch gebildete CO_2 der Carboxylat-Gruppe von (*4*) entstammt. Führt man aber die Reaktion mit dem Anion (*4a*) durch, dessen Carboxylat-Kohlenstoff mit dem Kohlenstoffisotop ^{14}C markiert ist (s. S. 56), so stellt man fest, daß das entstehende Kohlendioxid kein ^{14}C enthält, wie die einfache Verdrängungsreaktion verlangen würde. Überraschend verbleibt die ganze Markierung im Kohlenstoff der Cyano-Gruppe von (*6a*):

$$\underset{(4a)}{R^{14}CO_2^{\ominus}} + \underset{(5)}{BrCN} \xrightarrow{250\,°C} \underset{(6a)}{R^{14}CN} + CO_2 + Br^{\ominus}$$

Es ergibt sich also die Notwendigkeit, einen nicht in einer einfachen Verdrängung bestehenden Reaktionsablauf zu konzipieren (s. S. 57). Weitere nicht-kinetische Anwendungen von ^{14}C sowie auch von Isotopen anderer Elemente zur Aufklärung von Reaktionsmechanismen werden später behandelt (s. S. 56 f). Zunächst muß näher auf die kinetischen Methoden eingegangen werden.

2.1. Kinetische Methoden

2.1.1. Primäre kinetische Isotopieeffekte

In der bereits erörterten Nitrierung des Benzols wird der Grad der Lösung der C–H-Bindung durch den Vergleich der Nitrierungsgeschwindigkeiten von C_6H_6 und C_6D_6 unter identischen Bedingungen angezeigt. Das Verfahren beruht darauf, daß generell C–D-Bindungen langsamer angegriffen und gelöst werden als vergleichbare C–H-Bindungen. Auf quantenmechanischen Überlegungen beruhende Näherungsrechnungen führen zu einem Geschwindigkeitsverhältnis von $k_{C-H}/k_{C-D} \approx 8$ bei 25 °C, und Werte in dieser Größenordnung sind auch tatsächlich wiederholt experimentell beobachtet worden (s. S. 48). Es folgt also, daß C_6D_6 deutlich langsamer nitriert werden sollte als C_6H_6, wenn die Lösung der C–H-Bindung am geschwindigkeitsbestimmenden Schritt der

Nitrierung beteiligt ist (s. Gl. (1) oben); ist die Lösung der C–H-Bindung hingegen nicht beteiligt (s. Gl. (2) oben), so sollte man keinen Geschwindigkeitsunterschied bei der Nitrierung der beiden Spezies finden. Tatsächlich erweist sich experimentell*, daß beide Benzol-Arten praktisch gleich schnell nitriert werden und die Lösung der C–H-Bindung somit nicht am geschwindigkeitsbestimmenden Schritt der Gesamtreaktion beteiligt sein kann. Die einstufige Reaktion gemäß Gl. (1) findet also nicht statt.

Durch das Fehlen eines Geschwindigkeitsunterschieds wird auch ein anderer möglicher, d. h. mit dem experimentell bestimmten Geschwindigkeitsgesetz verträglicher Reaktionsablauf gemäß Gl. (3) ausgeschlossen, den wir bisher noch nicht erwogen haben. Es würde sich dabei um einen Zweischritt-Mechanismus handeln mit der schon bekannten Struktur (*3*) als Zwischenstufe, nur daß jetzt der erste Schritt der Bindungsschließung schnell und der zweite langsam wäre:

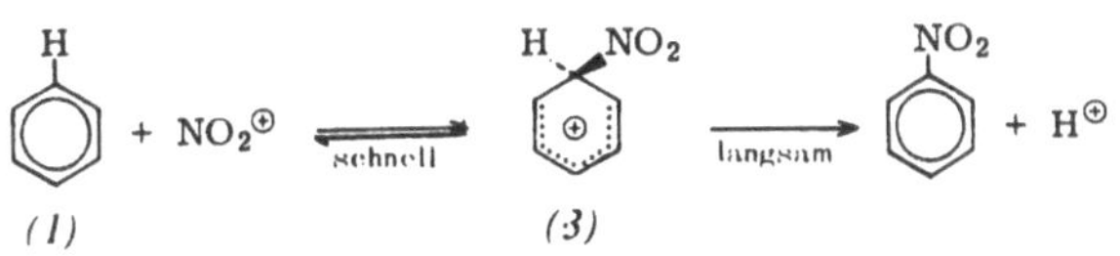

(3)

Das zugehörige Reaktionsprofil ist in Abb. 2–3 dargestellt:

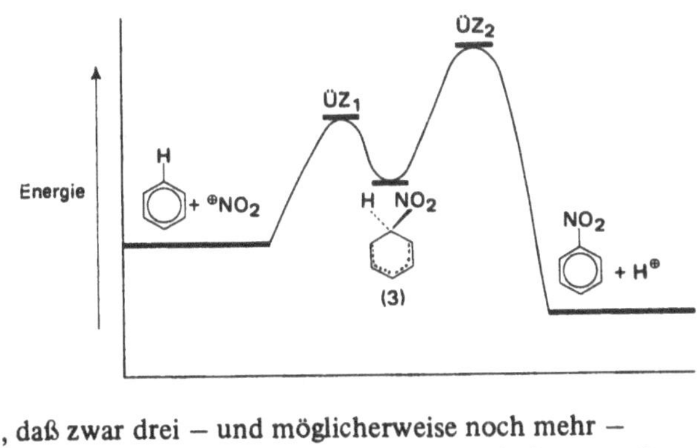

Abb. 2–3

Wir sehen somit, daß zwar drei – und möglicherweise noch mehr – verschiedene Mechanismen für die Nitrierungsreaktion mit den ursprüng-

* Die experimentelle Untersuchung wurde wegen der größeren Löslichkeit dieser Verbindung in Nitriersäure und aus anderen praktischen Gründen mit $C_6H_5NO_2$ bzw. $C_6D_5NO_2$ durchgeführt, was aber die Art der Schlußfolgerung in keiner Weise beeinträchtigt.

lichen kinetischen Ergebnissen in Einklang stehen, daß aber ein weiteres kinetisches Experiment unter Hinzuziehung von Isotopen genügt, zwei davon eindeutig auszuschließen. Es soll dies aber nicht so verstanden werden, daß damit der Reaktionsablauf gemäß Gl. (2) *bewiesen* wäre. Wir können vielmehr nur sagen, daß dieser Mechanismus mit allen bisher bekannten experimentellen Befunden in Einklang steht und somit als Arbeitshypothese benutzt werden kann, bis sich evtl. weitere Beobachtungen ergeben, die seine Modifikation oder sogar seine völlige Preisgabe erforderlich machen.

Ein ähnliches Problem besteht bei der Oxidation von Benzaldehyd (*7*) mit neutralem Permanganat gemäß

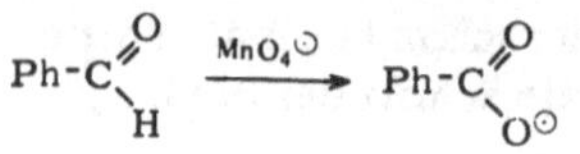

(*7*)

Auch hier wird eine C–H-Bindung gelöst, und wieder kann man fragen, ob dies im geschwindigkeitsbestimmenden Schritt der Gesamtreaktion erfolgt oder nicht. Die mono-deuterierte Verbindung (*7a*) wurde dargestellt und unter gleichartigen Bedingungen (bei 25 °C) wie (*7*) oxidiert:

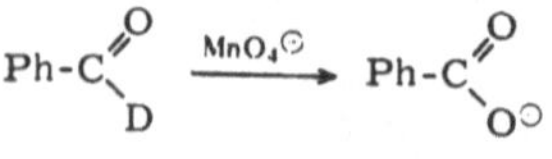

(*7a*)

Man fand, daß (*7a*) um 7,5 mal langsamer oxidiert wird als normaler Benzaldehyd (*7*), d. h. $k_H/k_D = 7{,}5$ (bei 25 °C). Hier ist also die Lösung der C–H(D)-Bindung am geschwindigkeitsbestimmenden Schritt der Gesamtreaktion beteiligt, die somit einen *primären kinetischen Isotopieeffekt* zeigt. Das Wort „primär" bezieht sich dabei auf die Tatsache, daß das isotopmarkierte Atom selbst ein Bestandteil der Bindung ist, die gelöst wird; das Verhältnis k_H/k_D bezieht sich somit auf die relativen Geschwindigkeiten der Trennung zweier in ihrer Isotopenzusammensetzung unterschiedener Bindungen. (Wegen sekundärer Isotopieeffekte siehe unten, S. 55.)

Das Auftreten solcher experimentell nachweisbarer primärer kinetischer Isotopieeffekte fordert die Frage heraus, warum denn eigentlich die Einführung eines Isotops, die doch den chemischen Charakter der Atome der betreffenden Bindung nicht wesentlich ändert, zu Änderungen der Geschwindigkeiten der beiden Reaktionen

$$Y{-}H + X \xrightarrow{k_H} Y + H{-}X$$

$$Y{-}D + X \xrightarrow{k_D} Y + D{-}X$$

führt. Jede Verbindung besitzt Schwingungsenergie, und in dieser Hinsich unterscheiden sich die Beiträge der Y–H- und Y–D-Bindungen in den beiden Ausgangsstoffen. Die Schwingungsenergie steht nämlich mit der Schwingungsfrequenz in Zusammenhang, die ihrerseits von der Masse der Atome der betreffenden Bindung abhängt: Je größer die Massen, desto niedriger sind die Schwingungsfrequenzen und desto niedriger folglich auch die Schwingungsenergie. Man kann daher die relativen Niveaus für die Schwingungsenergie der Ausgangsstoffe Y–H und Y–D wie in Abb. 2–4 wiedergeben.

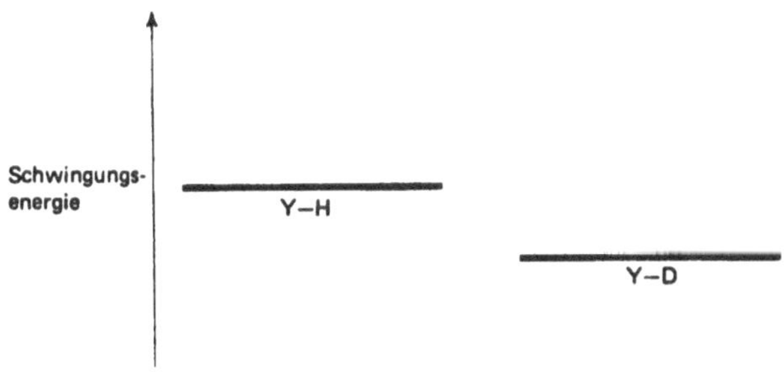

Abb. 2–4

In den Übergangszuständen (*8*) und (*9*) gibt es aber keine entsprechenden Schwingungen des H- bzw. des D-Atoms.

Y········H········X (*8*) Y········D········X (*9*)

Die Streckschwingung ist jetzt, im Übergangszustand, weitgehend in Translation entlang der Reaktionskoordinate übergegangen, d. h. in eine Bewegung, die in der Vergrößerung des Abstandes zwischen den Atomen Y und H (bzw. D) besteht. Die in hohem Maße isotopen-abhängige Streckschwingung von Y–H (bzw. Y–D) geht so bei Erreichen des Übergangszustandes verloren, und der Einfluß der Isotopensubstitution auf die Aktivierungsenergie (E_{Y-H} bzw. E_{Y-D}) der Reaktion und somit auf ihre Geschwindigkeit ist weitgehend durch die Differenz der Schwingungsenergien der beiden Ausgangsstoffe gegeben (Abb. 2–5).

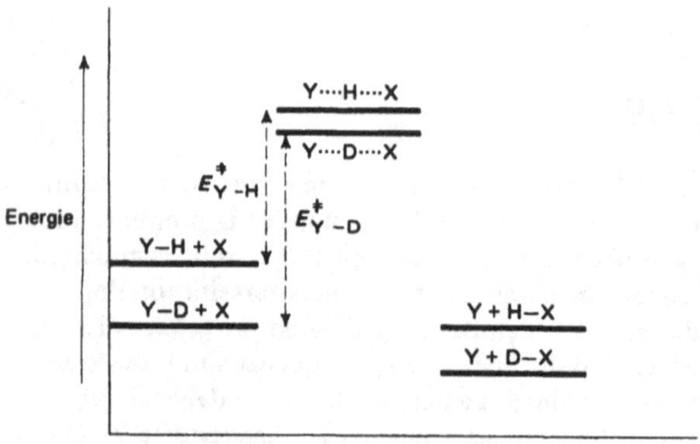

Abb. 2–5

Da der Unterschied zwischen den Schwingungsenergien von C–H- und C–D-Bindungen mit steigender Temperatur abnimmt, sollte man erwarten, daß die Werte des k_{C-H}/k_{C-D}-Verhältnisses mit steigender Temperatur kleiner werden; das ist tatsächlich der Fall.

Wie schon gesagt wurde (s. S. 46), führen theoretische Näherungsrechnungen zu einem Wert $k_{C-H}/k_{C-D} \approx 8$ bei 25 °C. Werte in dieser Größenordnung werden in der Tat beobachtet (s. beispielsweise die Oxidation des Benzaldehyds, S. 48), aber es kommen auch erheblich niedrigere Werte vor:

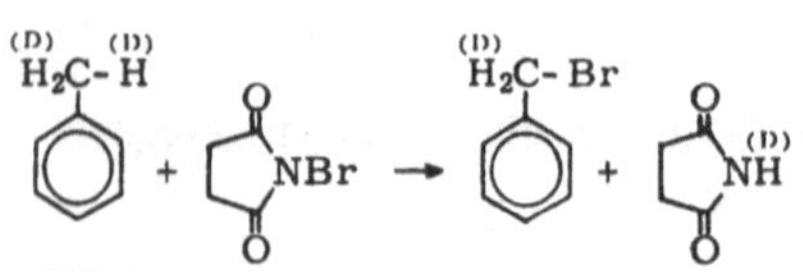

(10)

$$\frac{k_H}{k_D} = 4{,}9$$

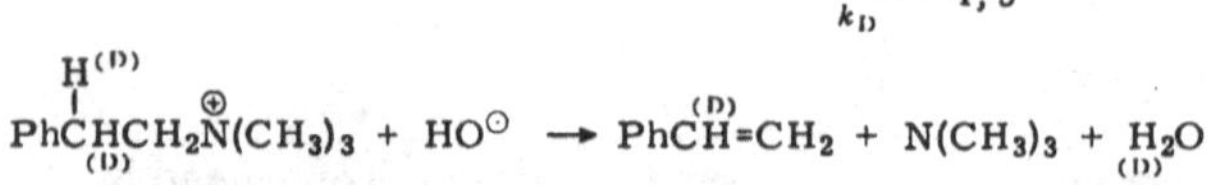

(11)

$$\frac{k_H}{k_D} = 3{,}0$$

Solche merklich kleineren Werte sind zweifellos ein Hinweis darauf, daß man maximale kinetische Isotopieeffekte nur beobachten kann, wenn die Bindung zu Wasserstoff (bzw. Deuterium) im Übergangszustand *vollkommen* getrennt ist. Je stärker die verbliebene Bindekraft in diesem Zustand ist, die am Wasserstoff- bzw. Deuterium-Atom noch angreift, desto kleiner wird der Isotopieeffekt sein. Der tatsächliche, experimentell beobachtete Wert vermittelt also eine wichtige Information über die Natur des Übergangszustandes, über den die Reaktion verläuft.

Kinetische Isotopieeffekte kann man auch beobachten, wenn man das noch schwerere, radioaktive Isotop des Wasserstoffs, Tritium (^{3}H oder T), verwendet. Da das atomare Massenverhältnis dort noch größer ist, sollte man erwarten, daß die k_{C-H}/k_{C-T}-Werte noch größer sind als die entsprechenden Verhältnisse k_{C-H}/k_{C-D}, und das wird auch tatsächlich beobachtet. Theoretische Berechnungen ergeben als obere Grenze $k_{C-H}/k_{C-T} \approx 16$. Wie bei Deuterium kann man aber auch hier kleinere Werte beobachten, wobei vermutlich wiederum das Ausmaß der Bindungstrennung im Übergangszustand von Bedeutung ist. Ein Beispiel ist die durch Hydroxid-Ionen katalysierte Enolisierung des Ketons *(12)* in wäßriger Lösung, für die ein Isotopenverhältnis von 12,9 gefunden wurde.

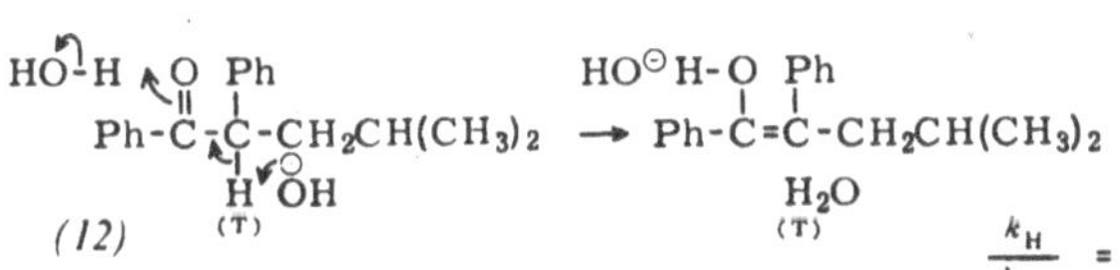

(12)

$$\frac{k_H}{k_T} = 12,9$$

Es gibt Fälle, wo die größeren, mit Tritium zu erzielenden Effekte von Vorteil sind, aber man muß dann zu radioaktiven Messungen greifen, und man kann das betreffende Wasserstoffatom (oder die Wasserstoffatome) i. a. auch nur teilweise durch Tritium ersetzen. Demgegenüber muß man zur Ermittlung von Deuterium-Effekten keine radioaktiven Messungen durchführen, und man kann die üblichen kinetischen Methoden anwenden, da die betreffenden Wasserstoffatome in den markierten Verbindungen gewöhnlich vollständig durch Deuterium ersetzt werden. Kinetische Isotopieeffekte an Bindungen, bei denen Deuterium an andere Atome als Kohlenstoff gebunden ist, sind ebenfalls bekannt, sind aber von viel weniger allgemeinem Interesse.

Bisher ist nichts darüber gesagt worden, wie die für solche Untersuchungen benötigten Verbindungen zu synthetisieren sind, in denen alle oder bestimmte ausgewählte Wasserstoffatome durch Deuterium ersetzt sind. In vielen Fällen gelangt man durch direkten Austausch von Wasserstoff gegen Deuterium in den bereits gebildeten Verbindungen ans Ziel. Das ist beispielsweise beim Benzol (*1*) der Fall:

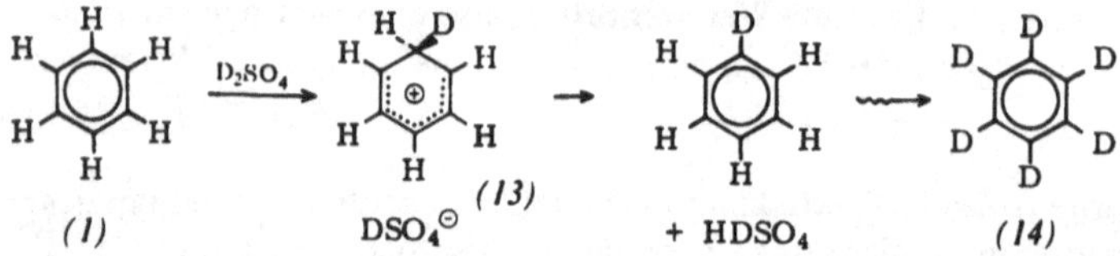

(1) (13) (14)

Wenn man hier einen großen Überschuß von D_2SO_4 lang genug einwirken läßt, so werden nacheinander alle Wasserstoffatome über eine Folge von σ-Komplexen vom Typ (*13*) durch Deuterium ersetzt, so daß man schließlich die vollständig deuterierte Spezies, Benzol-D_6 (*14*), erhält. Ähnlich kann man das Keton (*12*) auf dem Wege des Base-kata lysierten Austauschs seines aciden Wasserstoffatoms in einem großen Überschuß von D_2O in sein Deutero-Derivat umwandeln:

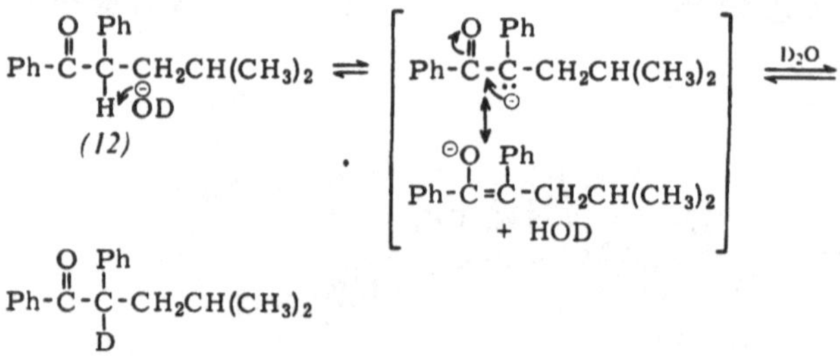

(12) (12a)

Wo solche Austauschreaktionen nicht gelingen oder nicht mit Sicherheit die gewünschten Positionen erfassen, greift man oft zur gezielten Synthese durch Verwendung deuterium-haltiger Reduktionsmittel. So erhält man den Benzaldehyd (*7a*), der ausschließlich in der Aldehyd-Gruppierung Deuterium trägt, aus Benzoesäure-methylester mit Hilfe von $LiAlD_4$:

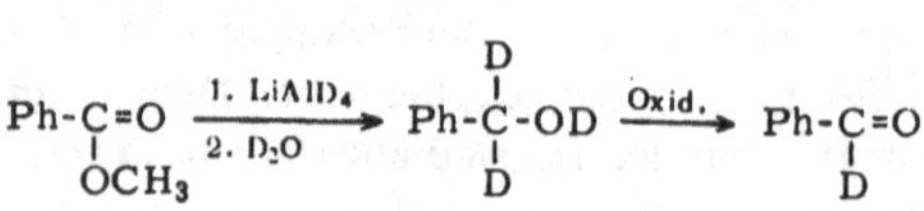

(15) (7a)

Natürlich kommen primäre kinetische Isotopieeffekte nicht nur bei Bindungen vor, die Wasserstoff bzw. Deuterium enthalten. Nur führt hier das sehr große Massenverhältnis (1:2) zu besonders großen Effekten, die demgemäß auch leichter zu beobachten sind als die maximalen Effekte, die mit anderen Isotopenpaaren zu erzielen sind. Ein Atom, das den organischen Chemiker besonders interessieren muß, ist Kohlenstoff. Hier hat es sich als möglich erwiesen, primäre kinetische Isotopieeffekte mit Hilfe von ^{13}C und ^{14}C nachzuweisen. Beispielsweise findet man für die S_N2-Reaktion von Methyljodid (*16*) mit Hydroxid-Ion,

$$HO^{\ominus} + \overset{(14)}{^{12}CH_3}-J \rightarrow HO-\overset{(14)}{^{12}CH_3} + J^{\ominus} \qquad \frac{k_{12C-J}}{k_{14C-J}} = 1{,}09$$

(*16*)

daß die normale ^{12}C-Verbindung 1,09 mal schneller reagiert (bei 25 °C) als die ^{14}C-markierte Verbindung. In der S_N1-Solvolyse von tert.-Butylchlorid reagiert die ^{12}C-Verbindung (bei 25 °C) dagegen nur 1,03 mal schneller als das Halogenid, bei dem das tertiäre C-Atom mit ^{14}C markiert ist.

Diese Geschwindigkeitsdifferenzen sind bereits so klein, daß normale titrimetrische Methoden zur Messung der Reaktionsgeschwindigkeit der (markierten) Verbindung praktisch nicht mehr genau genug sind, selbst dann nicht, wenn man mit einer Verbindung arbeiten würde, bei der das betreffende Kohlenstoffatom zu 100% durch ^{14}C ersetzt wäre. Man nutzt daher in solchen Fällen die Tatsache aus, daß ^{14}C radioaktiv ist. Man bestimmt die spezifische Radioaktivität einer Probe beispielshalber von Methyljodid, die geringfügig mit ^{14}C markiert ist (s. S. 64), und vergleicht den gefundenen Wert mit der spezifischen Aktivität von Proben noch nicht umgesetzten Methyljodids, die man zu bestimmten Zeiten aus dem Reaktionsgemisch zurückgewinnt. Dabei muß das zurückgewonnene Methyljodid natürlich sehr rein sein und darf insbesondere keine Spur des bei der Reaktion entstehenden, ebenfalls ^{14}C-markierten Methanols enthalten. Man erreicht dies meist dadurch, daß man ein festes Derivat herstellt und wiederholt umkristallisiert. Wenn man nun die so erhaltenen aufeinanderfolgenden Werte der spezifischen Aktivität vergleicht, so erhält man ein Maß für die Änderung der relativen Isotopenzusammensetzung des noch nicht umgesetzten Methyljodids und damit für die relativen Reaktionsgeschwindigkeiten der Spezies $^{12}CH_3$-J und $^{14}CH_3$-J.

Experimente mit ^{13}C kann man im Prinzip gleichartig durchführen, nur daß man hier die relativen Isotopenzusammensetzungen ($^{13}C/^{12}C$) massenspektrometrisch bestimmt. Die ^{13}C-Isotopieeffekte erweisen sich als etwa halb so groß wie die ^{14}C-Effekte in derselben Reaktion. Danach wären eigentlich die letzteren vorzuziehen, aber praktisch ist es so, daß die massenspektrometrischen Bestimmungen der relativen Häufigkeit von $^{13}C/^{12}C$ sehr viel genauer durchzuführen sind als die $^{14}C/^{12}C$-Bestimmungen auf Grund der Radioaktivität, was noch mehr wiegt als der Vorteil der größeren Absolutwerte im letzteren Fall.

Auch für noch schwerere Elemente als Kohlenstoff sind Isotopieeffekte beobachtet worden, obwohl diese Effekte natürlich entsprechend noch kleiner sind. Beispielsweise wurde für die Lösung der C–N-Bindung in der Eliminierungsreaktion der quartären Ammoniumverbindung (*11*), deren Deuterium-Isotopieeffekt wir bereits diskutiert haben (s. S. 50), ein Stickstoff-Isotopieeffekt bestimmt:

$$\underset{(11)}{PhCH_2CH_2{-}\overset{(15)}{^{14}\underset{\oplus}{N}}(CH_3)_3} + HO^{\ominus} \rightarrow PhCH{=}CH_2 + \overset{(15)}{^{14}N}(CH_3)_3 + H_2O$$

$$\frac{k_{^{14}N}}{k_{^{15}N}} = 1{,}01$$

Ein Schwefel-Isotopieeffekt wurde für die entsprechende Eliminierung der analogen Sulfonium-Verbindung (*17*) ermittelt,

$$\underset{(17)}{PhCH_2CH_2{-}\overset{(34)}{^{32}\underset{\oplus}{S}}(CH_3)_2} + HO^{\ominus} \rightarrow PhCH{=}CH_2 + \overset{(34)}{^{32}S}(CH_3)_2 + H_2O$$

$$\frac{k_{^{32}S}}{k_{^{34}S}} = 1{,}006$$

desgleich ein Chlor-Isotopieeffekt für die Solvolyse von Benzylchlorid (*18*):

$$\underset{(18)}{PhCH_2{-}\overset{(37)}{^{35}Cl}} + H_2O \rightarrow PhCH_2OH + H^{\oplus}\ \overset{(37)}{^{35}Cl^{\ominus}} \qquad \frac{k_{^{35}Cl}}{k_{^{37}Cl}} = 1{,}0076$$

Keiner dieser experimentell bestimmten Werte ist so groß wie der theoretisch zu erwartende maximale Effekt, worin sich wahrscheinlich wieder das unterschiedliche Maß der Bindungslösung im Übergangszustand widerspiegelt. Auch ist keiner dieser Isotopieeffekte hinsichtlich seines Wertes für die Aufklärung von Reaktionsmechanismen auch nur entfernt mit den kinetischen Deuterium-Isotopieeffekten (und bis zu einem gewissen Grade auch den Kohlenstoff-Effekten) vergleichbar. Die Bedeutung der Isotopieeffekte der anderen Elemente ist in erster Linie nicht-kinetischer Art, wie wir noch sehen werden (s. S. 56 f).

2.1.2. Sekundäre kinetische Isotopieeffekte

In allen bisher besprochenen Fällen betrifft der Isotopieeffekt das eine oder andere der Atome, die die zu lösende Bindung bilden. Man kann sich fragen, ob es auch kinetische Isotopieeffekte von Atomen gibt, die nicht direkt den betroffenen Bindungen angehören. Eines der ersten untersuchten Beispiele war die Solvolyse (in 80-proz. Äthanol) des tertiären Chlorids 2-Chlor-2-methylbutan (*19*), die bei Ersatz zweier verschiedener Gruppen von Wasserstoffatomen durch Deuterium zu (*19a*) bzw. (*19b*) zu den nachstehend verzeichneten Geschwindigkeitsverhältnissen führte. (Die Isotopieeffekte sind für die *ganze* Gruppe der in jedem Falle eingeführten Deuteriumatome angegeben, jeweils bezogen auf die undeuterierte Halogenverbindung.)

$(CH_3)_2CCl{-}CD_2CH_3 \quad \frac{k_H}{k_D} = 1,41$ (*19a*)

$(CD_3)_2CCl{-}CH_2CH_3 \quad \frac{k_H}{k_D} = 1,78$ (*19b*)

Auch die Solvolyse des tert.-Butylchlorids (*20*) wird für jedes eingeführte Deuteriumatom um ca. 10% verlangsamt. Solche Effekte, die durch nicht direkt in der betroffenen Bindung liegende Atome verursacht werden, heißen *sekundäre kinetische Isotopieeffekte*. Sie sind normalerweise sehr viel kleiner als die primären Effekte und kommen, jedenfalls bei Solvolysereaktionen, vor allem bei S_N1-artigen Reaktionen vor. In S_N2-Reaktionen sind sie noch sehr viel kleiner oder nicht mehr nachweisbar.

Diese letztere Beobachtung gibt zugleich einen Fingerzeig, wie man sich das Zustandekommen solcher sekundärer Effekte erklären kann. Beispielsweise besteht der geschwindigkeitsbestimmende Schritt in der Solvolyse des Chlorids (*20*) in der Bildung des Ionenpaares (*21*) bzw. des davorliegenden Übergangszustandes:

$$(CH_3)_3C{-}Cl \xrightarrow[\text{langsam}]{} \text{ÜZ} \longrightarrow (CH_3)_3C^{\oplus}Cl^{\ominus}$$

(*20*) (*21*)

Die Stabilisierung (Energiesenkung) des Carboniumion-Partners (s. S. 26) des Ionenpaares führt man nun auf die Beteiligung von kanonischen Strukturen vom Typ (*21*) zurück:

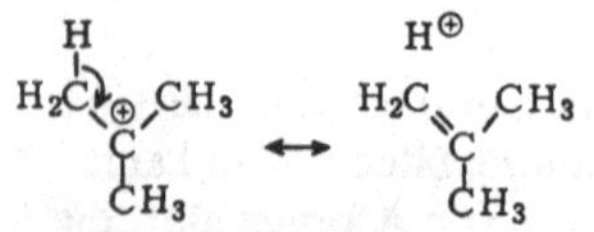

(21a)

Sie wird mit zunehmendem Ersatz der Wasserstoffatome durch die schwereren Deuteriumatome immer weniger wirksam als stabilisierender Faktor. Soweit man (*21*) als Modell für den davorliegenden Übergangszustand nehmen kann, wird auch dieser durch jedes eingeführte Deuteriumatom destabilisiert (auf ein höheres Energieneveau gehoben). Es wird also mehr Energie benötigt, um den Übergangszustand zu erreichen, die Aktivierungsenergie steigt, und damit wird die Reaktionsgeschwindigkeit schrittweise herabgesetzt. Auch sekundäre kinetische Isotopieeffekte können nach dem Gesagten Hinweise auf die Natur der Übergangszustände liefern.

2.2. Nicht-kinetische Methoden

Man kann von der Isotopenmarkierung auch auf nicht-kinetischer Basis sehr wertvollen Gebrauch zur Aufklärung von reaktionsmechanistischen Details machen, wobei hier nicht – wie bei den kinetischen Methoden – irgendwelche Grenzen hinsichtlich der Größe eines nachzuweisenden Effekts bestehen. Es kommt nur darauf an, ein geeignetes Isotop des Elements zu finden, das man als Bestandteil einer Bindung oder einer Gruppe untersuchen will, und gegebenenfalls eine Synthese für die gewünschte, selektiv markierte Verbindung zu entwickeln (was oftmals freilich nicht sehr einfach ist). Isotope, die in dieser Weise eingesetzt worden sind, sind unter anderen D, $^{3}H(T)$, ^{13}C, ^{14}C, ^{15}N, ^{18}O, ^{32}P, ^{35}S, ^{37}Cl und ^{131}J.

Ein Beispiel ist bereits erwähnt worden (s. S. 46), in welchem durch Isotopenmarkierung – in diesem Falle mittels ^{14}C – gezeigt werden kann, daß die Reaktion

$$\underset{(4a)}{R^{14}CO_2^{\ominus}} + \underset{(5)}{BrCN} \xrightarrow{250\,°C} \underset{(6a)}{R^{14}CN} + CO_2 + Br^{\ominus}$$

nicht in der einfachen Verdrängung von CO_2 aus dem Carboxylat-Anion (*4a*) durch Cyanid (wie man zunächst annehmen möchte) besteht: Das entwickelte CO_2 enthält kein ^{14}C! Jeder Vorschlag für den

Reaktionsablauf muß also davon ausgehen, daß der Kohlenstoff in der Cyanogruppe des Produkts vom ursprünglichen Carboxylat-Kohlenstoff gestellt wird. Es ist wahrscheinlich (wenn auch nicht zwingend erforderlich), daß die R–^{14}C-Bindung während der ganzen Reaktion erhalten bleibt, worauf sich folgender Vorschlag als annehmbar auch in allgemeiner chemischer Hinsicht gründen läßt:

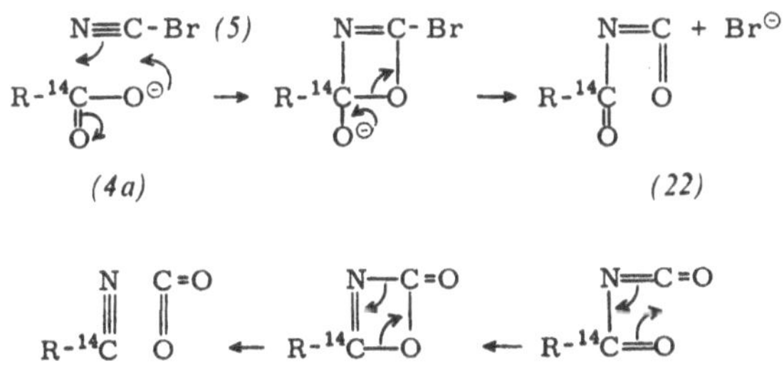

(4a) (22)

(6a) (22)

Dieser Mechanismus ist nicht frei von Vermutungen, aber er wird zusätzlich durch die Tatsache gestützt, daß es in einigen Fällen gelungen ist, Zwischenprodukte vom Typ (*22*) (RCONCO) zu isolieren.

Wir werden nun nacheinander die Verwendung einer Reihe von Elementen für die Isotopenmarkierung beschreiben.

2.2.1. Sauerstoff-18

Wohl das älteste Beispiel der Verwendung eines Isotops zur nicht-kinetischen Aufklärung eines Reaktionsablaufs war die Hydrolyse von Essigsäure-amylester (*23*) in einem ^{18}O-angereicherten Wasser, das also zu einem geringen Anteil $H_2{}^{18}O$ enthielt:

$$CH_3\text{-}C{\overset{O}{\underset{OC_5H_{11}}{\lessgtr}}} + H_2O \rightleftharpoons CH_3\text{-}C{\overset{O}{\underset{OH}{\lessgtr}}} + HOC_5H_{11}$$

(23)

Die Hydrolyse könnte sowohl in einer Acyl-Sauerstoff-Spaltung [1] als auch in einer Alkyl-Sauerstoff-Spaltung [2] bestehen:

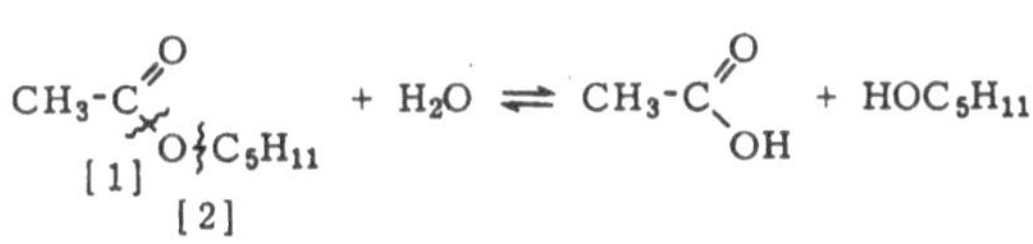

(23)

Kinetisch läßt sich zwischen beiden Möglichkeiten nicht entscheiden. Verwendet man aber mit ^{18}O angereichertes Wasser, dann wird man die ^{18}O-Markierung in der entstehenden Essigsäure wiederfinden, wenn Acyl-Sauerstoff-Spaltung [1] stattfindet, im Amylalkohol bei Alkyl-Sauerstoff-Spaltung [2]:

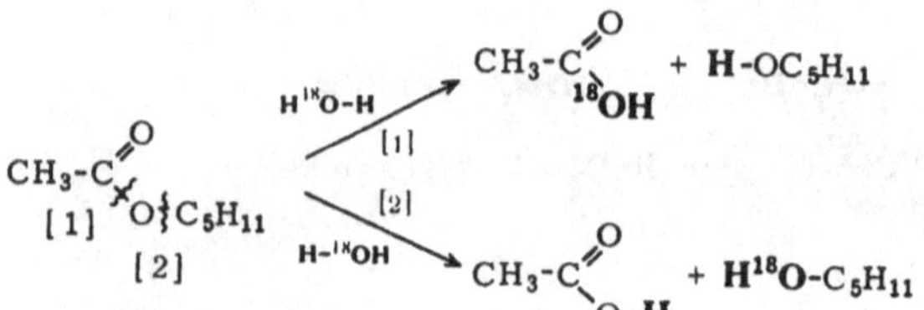

(23)

Sollten schließlich beide Arten der Spaltung gleichzeitig zum Zuge kommen, dann muß ^{18}O sowohl in der Säure als auch im Alkohol zu finden sein. Nach sorgfältiger chemischer Trennung von Säure und Alkohol ergab sich, daß der Amylalkohol tatsächlich keinerlei ^{18}O enthielt und daß die Hydrolyse unter diesen Bedingungen ausschließlich auf dem Wege der Acyl-Sauerstoff-Spaltung [1] verlief.

Die Ergebnisse sind hier ganz eindeutig, aber es müssen dazu bei Experimenten dieser Art zwei Bedingungen erfüllt sein. Zum ersten dürfen die Zwischenprodukte – im Beispiel: Säure und Alkohol – nicht nach ihrer Entstehung noch nachträglich ^{18}O-Austausch mit dem überschüssigen ^{18}O-angereicherten Wasser eingehen; diese Bedingung ist hier nachweislich erfüllt. Zum zweiten müssen Säure und Alkohol sehr sorgfältig getrennt werden, so daß die Möglichkeit der Verunreinigung des einen Produkts durch Spuren des anderen ausgeschlossen werden kann. Im vorliegenden Fall läßt sich dies ohne besondere Schwierigkeit erreichen. Es bleibt aber noch die Frage, wie eigentlich die ^{18}O-Anreicherung im einen oder anderen der getrennten Produkte gemessen werden soll. Als dieses Experiment (im Jahre 1934) durchgeführt wurde, geschah dies durch Verbrennung der Produkte und nachfolgende sehr genaue Bestimmung der Dichte des entstehenden Verbrennungswassers; heute setzt man dafür sehr viel bequemer die Massenspektrometrie ein.

Mit ^{18}O angereichertes Wasser wurde auch dazu benutzt, das Hydratations-Gleichgewicht von Carbonylverbindungen zu untersuchen:

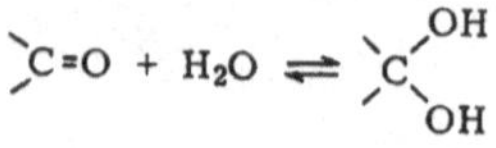

(24)

Im Falle von Formaldehyd und Acetaldehyd kann man die Hydratation spektroskopisch nachweisen und zeigen, daß das Gleichgewicht im ersteren Falle zu praktisch 100% auf der Seite des Hydrats (*24*) liegt, im letzteren Falle zu 58%. Im Gegensatz dazu kann man unter gleichen Bedingungen bei Aceton (*25*) überhaupt keine Gleichgewichtskonzentration des Hydrats (*24*) nachweisen, und man kann sich fragen, ob hier auch ein Hydratationsgleichgewicht existiert oder nicht. Löst man Aceton (*25*) in Gegenwart einer Spur eines sauren oder basischen Katalysators in ^{18}O-angereichertem Wasser, so stellt man fest, daß ein rascher ^{18}O-Einbau in die Carbonylgruppe stattfindet:

$$\underset{(25)}{(CH_3)_2\overset{\delta+}{C}{=}\overset{\delta-}{O}} + H_2{}^{18}O \rightleftharpoons \underset{(24a)}{(CH_3)_2C(OH)({}^{18}OH)} \rightleftharpoons (CH_3)_2C{=}{}^{18}O + H_2O$$

Im Falle des Acetons (*25*) stellt sich also ebenso wie bei den einfachen Aldehyden ein Hydratationsgleichgewicht ein, das sich aber nicht direkt nachweisen läßt, da die Konzentration des Hydrats (*24a*) nur sehr klein bleibt.

Ein anderes Gebiet, auf dem mit Hilfe der ^{18}O-Markierung wichtige Einsichten gewonnen werden können, ist – kaum überraschend – das der Oxidation. Im besonderen kann man feststellen, ob das oder die Sauerstoffatom(e) in einem Oxidationsprodukt von einem sauerstoffhaltigen Oxidationsmittel oder einem sauerstoffhaltigen Lösungsmittel (z. B. Wasser) oder von beiden stammen. Beispielsweise kann man zeigen, daß bei der Oxidation von Benzaldehyd (*26*) mit wäßrigem Permanganat unter sauren oder neutralen Bedingungen eines der Sauerstoffatome in der entstehenden Benzoesäure (*27*) vom (^{18}O-angereicherten) Permanganat stammt:

$$\underset{(26)}{Ph{-}C({=}O)H} + Mn^{18}O_4^{\ominus} \xrightarrow{H_2O} \underset{(27)}{Ph{-}C({=}O)({}^{18}OH)}$$

Es mag den Anschein haben, daß man hier das Selbstverständliche – oder jedenfalls das Erwartete – unnötigerweise betont. Aber die Dinge liegen nicht immer so einfach, wie sich sogleich zeigt, wenn man das vorige Experiment unter alkalischen Bedingungen wiederholt. Dann wird nämlich nur sehr wenig ^{18}O in die Benzoesäure eingebaut. Unter diesen Bedingungen muß also der eingebaute Sauerstoff im wesentlichen vom Wasser stammen! Dabei sollte vielleicht noch gesagt werden, daß man beim Einbau von ^{18}O in Benzoesäure natürlich nicht unterscheiden kann, ob der Sauerstoff als „Carbonyl"- oder „Hydroxyl"-Sauerstoff aufgenommen wird, da ja das dynamische Gleichgewicht

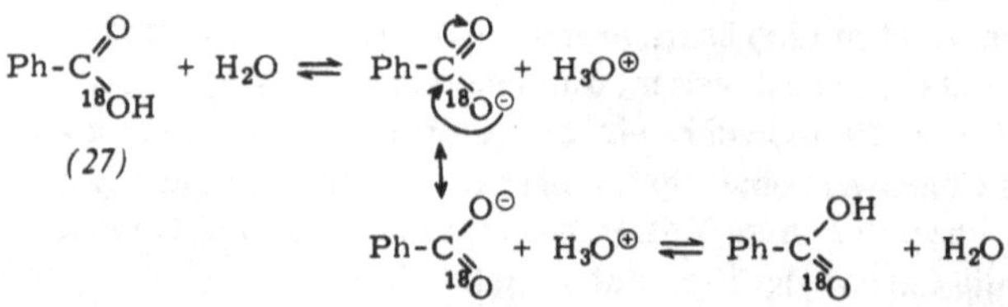

(27) *(27a)*

besteht.

Ein weiteres Beispiel der Verwendung von $Mn^{18}O_4^{\ominus}$ zur Aufklärung einer Oxidationsreaktion und damit auch einer Reaktionszwischenstufe wird später (s. S. 165) behandelt. Schließlich wird die ^{18}O-Markierung dazu benutzt, die Stereochemie eines Reaktionszwischenprodukts zu untersuchen (s. S. 252).

2.2.2. Deuterium

Die weitverbreitete nicht-kinetische Verwendung von Deuterium zum Zwecke der Isotopenmarkierung ist sicher zu einem guten Teil darin begründet, daß D_2O preiswert zur Verfügung steht. Ein Anwendungsbeispiel ist die Cannizzaro-Reaktion des Benzaldehyds (*28*),

$$\underset{(28)}{2PhCHO} + HO^{\ominus} \xrightarrow{H_2O} PhCO_2^{\ominus} + \underset{(29)}{PhCH_2OH}$$

bei der die Frage gestellt werden kann, ob das zweite Wasserstoffatom in der CH_2-Gruppe des Benzylalkohols (*29*) von einem zweiten Molekül des ursprünglich eingesetzten Benzaldehyds (*28*), einem Molekül des Lösungsmittels (Wasser) oder – weniger wahrscheinlich – einem Hydroxid-Ion stammt. Führt man die Reaktion in D_2O aus (was auch bedeutet, daß die Base jetzt $DO^{\ominus}$ ist), so erweist sich, daß *kein* Deuterium in die Methylengruppe des Benzylalkohols (*29*) eingebaut wird, obwohl die Hydroxygruppe D enthält. Das zweite Wasserstoffatom der Methylengruppe muß folglich von einem weiteren Molekül Benzaldehyd (*28*) zur Verfügung gestellt und so übertragen werden, daß es in keiner Phase frei wird, weder als $H^{\oplus}$, H· noch $H^{\ominus}$; andernfalls könnte es mit dem großen Überschuß von D_2O austauschen, und es wäre letztlich $D^{\oplus}$,

D· oder $D^{\ominus}$, das in die Methylengruppe des Benzylalkohols (*29*) eingebaut würde. Nimmt man das für die Reaktion ermittelte Geschwindigkeitsgesetz

$$r = k[\mathrm{PhCHO}]^2[\mathrm{HO}^{\ominus}]$$

hinzu, so erscheint der folgende Reaktionsablauf als wahrscheinlich:

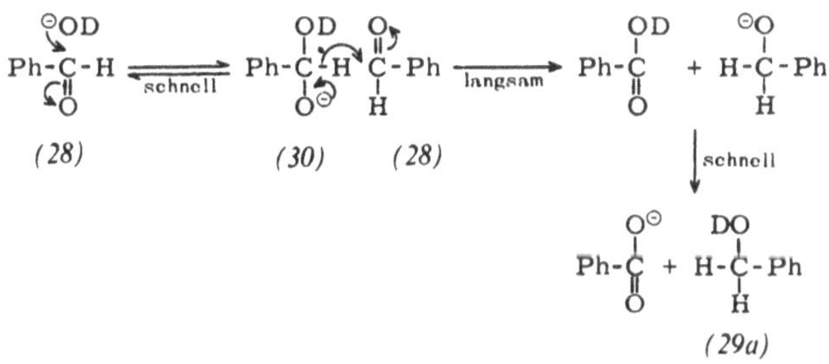

Hier folgt auf die reversible Anlagerung von $DO^{\ominus}$ (oder $HO^{\ominus}$) an ein Molekül Benzaldehyd (*28*) die Übertragung von H zusammen mit seinem Elektronenpaar (d. h. also als $H^{\ominus}$) *unmittelbar* vom Addukt (*30*) auf ein zweites Molekül Benzaldehyd im langsamen, geschwindigkeitsbestimmenden Schritt der Reaktion. Zum Übergangszustand gehören demnach zwei Moleküle Benzaldehyd und ein Hydroxid-Ion, wie vom Geschwindigkeitsgesetz gefordert wird. Die Reaktion wird dann durch rasche Übertragung eines Protons (Deuterons) – vermutlich auf dem Wege über das Lösungsmittel – abgeschlossen, wodurch die zunächst entstandenen Produkte Säure + Alkoholat-Anion in das stabilere Paar Säure-Anion + Alkohol verwandelt werden.

Durch Ausführung der komplementären Reaktion, bei der der Deuterium-markierte Benzaldehyd (*28a*) (s. S. 52) in (normalem) Wasser umgesetzt wird, kann man den vorgeschlagenen Reaktionsmechanismus weiter stützen:

$$\underset{(28a)}{2\mathrm{PhCDO}} + \mathrm{HO}^{\ominus} \xrightarrow{\mathrm{H_2O}} \mathrm{PhCO_2}^{\ominus} + \underset{(29a)}{\mathrm{PhCD_2OH}}$$

Wie erwartet werden muß, findet sich das gesamte Deuterium in der Methylengruppe des Benzylalkohols (*29*) wieder. In diesen beiden Experimenten kann man das Vorkommen oder Fehlen von Deuterium in der Methylengruppe sehr leicht mit Hilfe der IR-Spektroskopie (C–H-

Streckfrequenz der CH_2-Gruppe bei 2850 cm^{-1}, C–D-Streckfrequenz der CD_2-Gruppe bei 2120 cm^{-1}) oder der NMR-Spektroskopie (H in CH_2 bei 5,4 τ, D in CD_2 ohne Signal) nachweisen.

2.2.3. Stickstoff-15

Dieses Isotop des Stickstoffs ist nicht radioaktiv und kann auf Grund seines natürlichen Vorkommens in einfachen Stickstoffverbindungen durch Destillation, Diffusion usw. angereichert werden. Besonders leicht läßt sich hoch angereichertes $^{15}NH_3$ (95% und mehr ^{15}N) gewinnen. Es ist für Markierungszwecke in der Aminosäure- und Peptid-Chemie ebenso wie auch zur Untersuchung N-haltiger Heterocyclen eingesetzt worden. Beispielshalber liefert das quartäre Isothiazolium-Salz (*31*) bei der Behandlung mit Ammoniak unter Dealkylierung das betreffende Isothiazol (*32*):

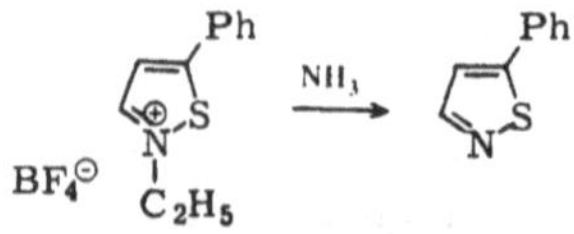

(31) *(32)*

Man nahm hier begreiflicherweise an, daß es sich um eine einfache Übertragung der Äthylgruppe vom Isothiazolium-Stickstoff auf das angreifende Ammoniakmolekül handle – einen Prozeß, der ähnlich von vielen anderen Beispielen bekannt ist – bis man das Experiment mit $^{15}NH_3$ wiederholte. (Genauer: Mit Ammoniak, das zu 97,8% mit ^{15}N angereichert war.) Man war dann sehr überrascht festzustellen, daß das Isothiazol (*32a*) die ^{15}N-Markierung praktisch unverdünnt enthält:

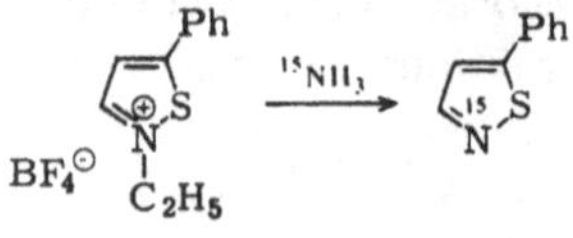

(31) *(32a)*

Offensichtlich geht die Reaktion nicht als direkte Dealkylierung vonstatten. Stattdessen darf man annehmen, daß NH_3 zunächst angelagert und der Ring dadurch geöffnet wird, woraufhin neuerlicher Ringschluß mit selektiver Eliminierung des ursprünglichen Ring-Stickstoffatoms – möglicherweise nach dem folgenden Mechanismus – stattfindet:

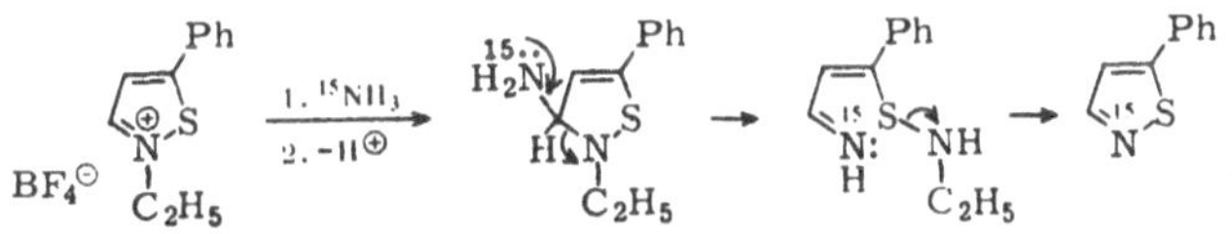

(31) (32a)

Das Ausmaß, bis zu dem ^{15}N in das Isothiazol (*32a*) eingebaut wird, kann leicht durch die massenspektrometrische Untersuchung des hoch gereinigten Produkts ermittelt werden; dazu vergleicht man die relativen Intensitäten der Signale bei m/e 161 und 162, die den Molekülionen aus (*32*) (^{14}N) und (*32a*) (^{15}N) entsprechen.

2.2.4. Schwefel-35

Im Gegensatz zum zuvor behandelten Stickstoffisotop ist ^{35}S radioaktiv mit einer Halbwertszeit von 87,1 Tagen. Dadurch eignet es sich ausgezeichnet für die Durchführung von Experimenten mit der üblichen Dauer von einigen Stunden. Ein interessantes Anwendungsbeispiel ist die wechselseitige Umwandlung (s. S. 41) von Naphthalin-1- und Napthalin-2-sulfonsäure (*33*) bzw. (*34*):

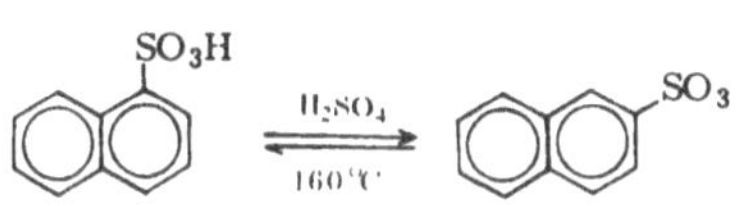

(33) (34)

Jede der beiden reinen isomeren Sulfonsäuren wird beim Erhitzen in Schwefelsäure bei 160 °C in dasselbe Gleichgewichtsgemisch umgewandelt, das 80% (*34*) und 20% (*33*) enthält. Hier interessiert, ob dies durch unmittelbare Wanderung (ohne zwischenzeitliche Ablösung) der SO_3H-Gruppe von einer Position zur anderen geschieht, oder durch Desulfonierung zu Naphthalin (*35*) und nachfolgende Resulfonierung zum jeweils anderen Isomeren:

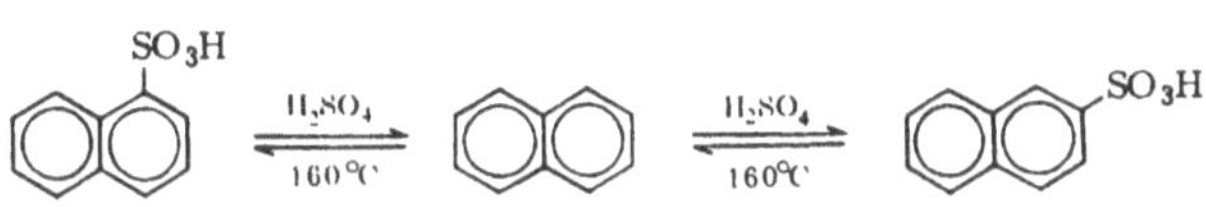

(33) (35) (34)

Es sollte möglich sein, zwischen diesen beiden Alternativen zu unterscheiden, indem man das Experiment mit einer der beiden reinen Sulfonsäuren bei 160 °C in $H_2{}^{35}SO_4$ durchführt. Wenn die Einstellung des Gleichgewichts auf dem Wege über die Desulfonierung/Resulfonierung zustande kommt, dann sollte ^{35}S in die entstehenden Sulfonsäuren eingebaut werden (aus $H_2{}^{35}SO_4$ während der Resulfonierung); würde sie andererseits als direkte Wanderung der SO_3H-Gruppe von einer Position zur anderen ablaufen, dann sollte kein ^{35}S-Einbau stattfinden. Das Experiment erweist einigermaßen überraschend, daß ^{35}S tatsächlich in die entstehenden Sulfonsäuren eingebaut wird, aber daß dies langsamer geschieht als die Umlagerung voranschreitet. Mit anderen Worten: Das theoretisch scheinbar so eindeutig angelegte Markierungsexperiment liefert keine klare Antwort! Es kommen dafür eine Reihe von Erklärungen in Frage. Beispielsweise können beide vorgeschlagenen Reaktionsabläufe gleichzeitig beschritten werden, oder es könnte sein, daß nach der Desulfonierung zum Naphthalin (*35*) zum Teil Resulfonierung durch zuvor abgespaltenes H_2SO_4 stattfindet, weil dieses sich näher am Reaktionsort befindet, und nicht durch die zahlreicheren $H_2{}^{35}SO_4$-Moleküle der Umgebung. Es gibt auch noch andere Deutungsversuche – aber die wirkliche Antwort weiß man noch nicht.

2.2.5. Kohlenstoff-13 und Kohlenstoff-14

Mit Kohlenstoff sind mehr Markierungsexperimente als mit irgendeinem anderen Element durchgeführt worden, was im Hinblick auf die Riesenzahl von organisch-chemischen Prozessen, in denen Bindungen geschlossen oder gelöst werden, nicht wunder nimmt. Die Verbindungen markiert man an einer oder mehreren Positionen entweder mit ^{14}C, einem radioaktiven Isotop mit einer Halbwertszeit von 5730 Jahren, oder mit ^{13}C, einem nicht-radioaktiven Isotop (das sich nur massenspektrometrisch messen läßt, s. S. 53). Die von ^{14}C ausgehende β-Strahlung läßt sich zwar leicht nachweisen und registrieren, aber sie ist nicht ausgesprochen gefährlich, so daß man damit markierte Verbindungen bei gebotener Vorsicht ohne aufwendige Spezialeinrichtungen im Laboratorium handhaben kann. ^{14}C hat auch den Vorteil einer so langen Lebensdauer, daß Korrekturen wegen des natürlichen Zerfalls selbst bei Langzeitexperimenten nicht notwendig sind, ja daß man damit markierte Verbindungen – ausreichende chemische Beständigkeit vorausgesetzt – vor der Verwendung längere Zeit aufbewahren kann.

Es wird unterschiedlich stark mit ^{14}C markiert, aber bei den spezifischen Radioaktivitäten, wie sie gewöhnlich gehandhabt werden, kommt auf ca. 10000 C-Atome einer Markierungsstelle in einer einfach markierten Verbindung ein ^{14}C-Atom. Im Gegensatz dazu enthält normaler Kohlenstoff schon eine natürliche Konzentration von einem ^{13}C-Atom auf ca. 100 Atome, und es ist erforderlich, darüber hinaus anzureichern, wenn man eine Markierung erreichen will. Die Anreicherung kann so weit gehen, daß von je zwei C-Atomen an einer Markierungsstelle eines ein ^{13}C-Atom ist. Sowohl ^{14}C als auch ^{13}C – vor allem aber das erstere – sind in mehr reaktionsmechanistischen Untersuchungen eingesetzt worden als irgendein anderes Isotop, und wir werden jetzt einige Beispiele erörtern.

2.2.5.1. Inter- bzw. Intramolekularität von Umlagerungen

Bei molekularen Umlagerungen möchte man oft wissen, ob die beiden Fragmente, die durch die Trennung einer Bindung entstehen, im Zuge der Strukturänderung jemals wirklich frei werden, also unabhängig voneinander existieren, bevor sie sich unter Bindungsschließung zum umgelagerten Produkt vereinigen, oder ob dies nicht der Fall ist. (Vgl. dazu das weiter oben diskutierte Beispiel der Naphthalin-sulfonsäuren, S. 63.) Im ersten Fall spricht man von einer *intermolekularen* Umlagerung, im letzten Fall von einer *intramolekularen*. Ein gut untersuchtes Beispiel ist die Säure-katalysierte Umlagerung von Hydrazobenzol (*36*) in Benzidin (*37*), die gewöhnlich als Benzidin-Umlagerung bezeichnet wird. Sie wird von einer großen Vielzahl von N, N'-Diarylhydrazinen eingegangen:

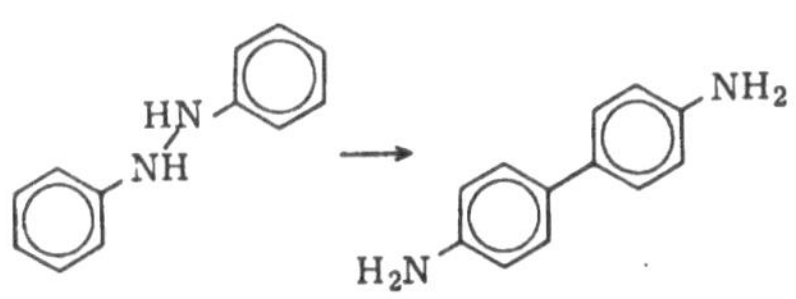

(*36*) (*37*)

Gewöhnlich prüft man auf Inter- oder Intramolekularität mit Hilfe eines „Kreuzungsexperiments" (s. S. 118). Dazu lagert man zwei verschiedene, wenngleich nahe verwandte und durch ähnliche Umlagerungsgeschwindigkeiten gekennzeichnete Verbindungen wie (*38*) und (*39*) gemeinsam um, d. h. mit vergleichbaren Konzentrationen in derselben Lösung. Man prüft dann, ob zusätzlich zu den normalen Umlagerungsprodukten – im Beispiel (*40*) und (*41*) – auch das sog. gemischte Umlagerungsprodukt (Kreuzungsprodukt) entstanden ist:

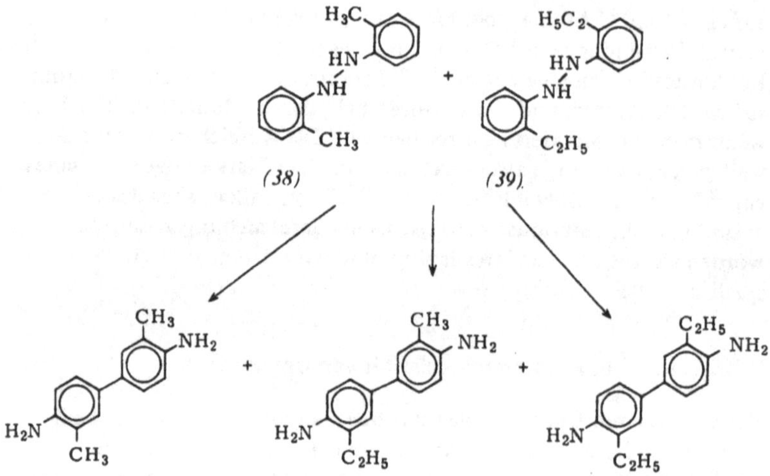

(38) (39) → (40) + (42) + (41)

Wenn das Kreuzungsprodukt (*42*) gefunden wird, dann muß die Umlagerung – zumindest teilweise – intermolekular sein. Die Fragmente, die bei der Trennung der N–N-Bindungen von *(38)* und *(39)* entstehen, müssen also eine gewisse unabhängige Existenz erlangen, damit sie „über Kreuz" kombinieren können und nicht nur Rekombination der schon vorher miteinander verknüpften Fragmente eintritt. Wenn man bei einem solchen Experiment kein gemischtes Umlagerungsprodukt findet, so kann dies allerdings auch daran liegen, daß es vielleicht nur nicht gelang, eine in geringen Anteilen vorhandene Substanz neben großen Mengen zweier anderer Verbindungen mit sehr ähnlichen Eigenschaften nachzuweisen.

Eine von daher rührende Ungewißheit kann man ausräumen, indem man in einer Lösung z. B. das Hydrazin (*38*) zusammen mit der unsymmetrisch durch ^{14}C markierten Verbindung (*43*) umlagert, woraus die normalen Umlagerungsprodukte (*40*) und (*44*) sowie evtl. die beiden gemischten Produkte (*40a*) und (*44a*) resultieren können:

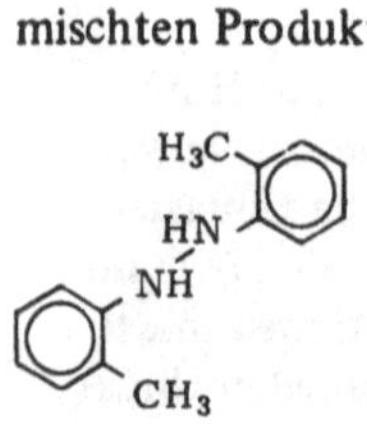

(38)

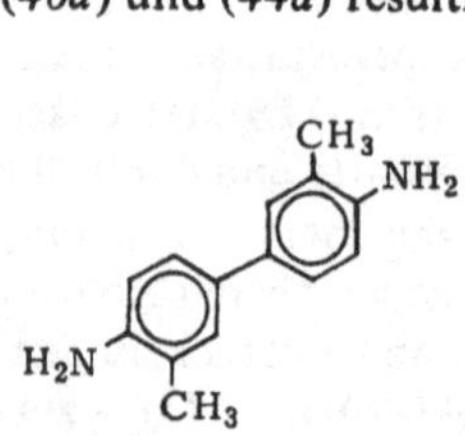

(40)

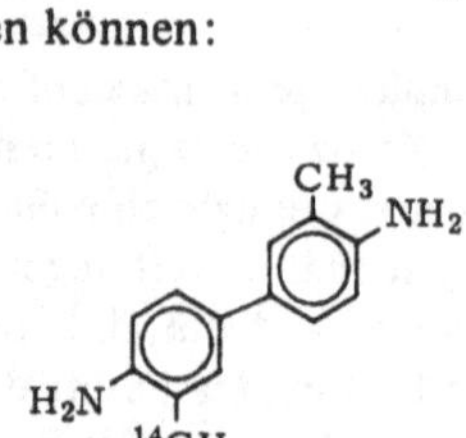

(40a)

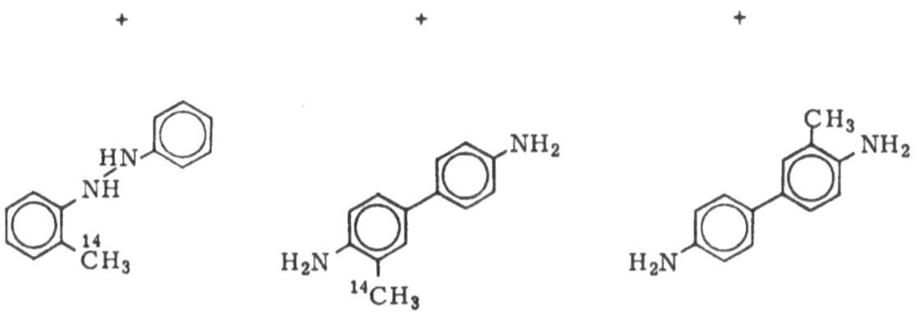

(43) (44) (44a)

Man sieht, daß eines der möglichen „gemischten“ Produkte, nämlich (*40a*), chemisch mit dem normalen Umlagerungsprodukt (*40*) identisch ist, während das andere – (*44a*) – chemisch mit dem zweiten normalen Umlagerungsprodukt (*44*) identisch ist. Man muß also nicht versuchen, eine in geringer Menge vorhandene Komponente abzutrennen; vielmehr ist es nur notwendig, die beiden Produkte (*40*) und (*44*) – z. B. durch Säulenchromatographie – zu trennen, worauf man die spezifische Aktivität beider Verbindungen mißt. Man findet dann, daß die spezifische Aktivität von (*44*) mit derjenigen von (*43*) identisch ist, d. h. daß keine Verdünnung der ^{14}C-Markierung bei der Umlagerung eintritt. Ebenso enthält (*40*) innerhalb der Grenzen des experimentellen Fehlers keine Spur von ^{14}C, es sind also keine Kreuzungsprodukte entstanden und die Umlagerung ist unzweifelhaft intramolekular. Einige andere Aspekte dieser viel untersuchten Umlagerung werden später behandelt werden (s. S. 238).

2.2.5.2. Bestimmung der relativen Wanderungsfähigkeit

In der Benzilsäure-Umlagerung eines Benzil-Derivats (*45*), in welchem einer der beiden Benzolringe einen Substituenten trägt,

$$\underset{(45)}{\mathrm{PhCOCOAr}} \xrightarrow{\mathrm{HO}^{\ominus}} \underset{(46)}{\mathrm{Ph\text{-}}\overset{\mathrm{OH}}{\underset{\mathrm{Ar}}{\mathrm{C}}}\mathrm{\text{-}CO_2^{\ominus}}}$$

könnte das entstehende Benzilsäure-Anion (*46*) durch die Wanderung jedes der beiden Arylreste entstehen:

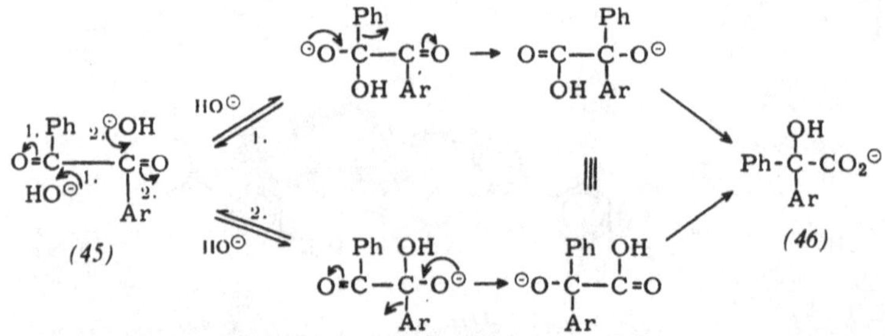

(45) (46)

Man kann sich hier fragen, ob immer nur eine Gruppe wandert, oder, wenn beide Gruppen (natürlich in verschiedenen Molekülen) wandern – was eher anzunehmen ist – welches dann die relativen Wanderungsfähigkeiten von Ph und Ar sind. Wieviel vom gesamten Produkt (*46*) ist durch Wanderung von Ar und wieviel durch Wanderung von Ph entstanden?

Man kann diese Frage beantworten, wenn man das ^{14}C-markierte Diketon (*45a*) synthetisiert und umlagert, denn die entstehenden Benzilsäure-Anionen (*46a*) und (*46b*) unterscheiden sich jetzt in der Position, in der sie die Markierung tragen, je nachdem, ob Ar oder Ph gewandert ist:

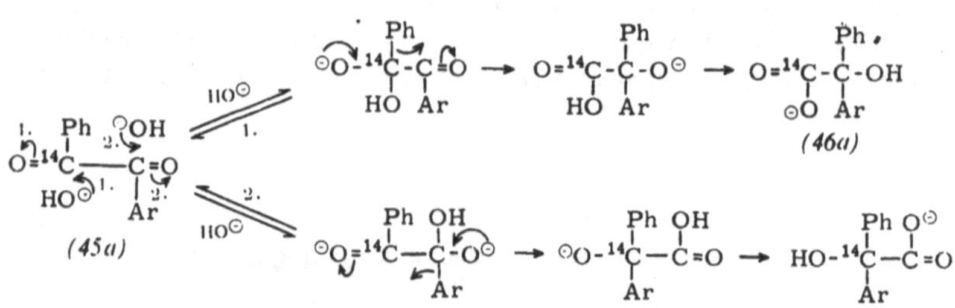

(45a) (46a) (46b)

Man baut dann das Benzilat-Anion (*46a* + *46b*) in der Kälte zu PhCOAr (*47*) ab, isoliert und reinigt es und vergleicht seine spezifische Aktivität mit der des ursprünglichen Diketons (*45a*):

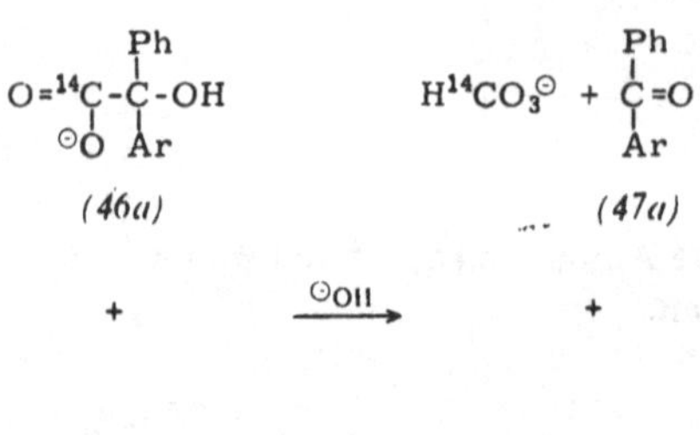

(46a) (47a)

(46b) *(47b)*

Man erhält dadurch ein Maß für die Anteile von *(47)*, die durch Wanderung von Ar (Produkt *(47b)*, Reaktionsweg 2.) bzw. durch Wanderung von Ph (Produkt *(47a)*, Reaktionsweg 1.) entstanden sind. Somit kann man für eine Reihe von Ar-Substituenten relative Wanderungsfähigkeiten W_{rel} = % Wanderung von Ar/% Wanderung von Ph bestimmen:

Ar	W_{rel}
p-MeC_6H_4	0,63
o-MeC_6H_4	0,03
p-ClC_6H_4	2,05
m-ClC_6H_4	4,10
o-ClC_6H_4	0,46
p-$MeOC_6H_4$	0,46

2.2.5.3. Hinweise auf Zwischenprodukte der Reaktion

Auf Zwischenprodukte wird man oft aufmerksam, wenn man das Schicksal eines bestimmten Kohlenstoffatoms während einer ganzen Reaktion (durch Markierungsexperimente) aufzuklären versucht. Ein Beispiel ist die Claisen-Umlagerung phenolischer Allyläther vom Typ *(48)*:

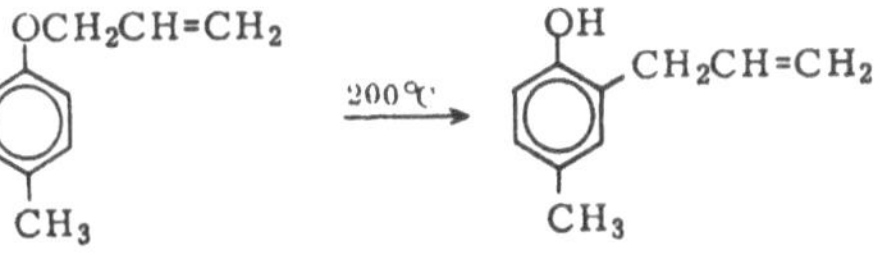

(48) *(49)*

Man weiß durch völlig negativ verlaufene Kreuzungsexperimente der oben beschriebenen Art (s. S. 65), daß diese Umlagerung streng intramolekular ist. Offen bleibt noch die Frage, ob es das in *(48)* ursprünglich an Sauerstoff gebundene Kohlenstoffatom der Allyl-Gruppe ist, das an den Benzolkern in *(49)* gebunden wird, oder nicht. Man könnte diese Frage natürlich dadurch entscheiden, daß man dieses C-Atom markiert, aber ebensogut kann man auch ein anderes C-Atom markieren, das zum ersteren in einer eindeutigen räumlichen Beziehung steht. Diese Möglichkeit, mit der Markierung auf andere Stellen des Moleküls auszuweichen, kann von Bedeutung sein. Denn bei solchen Experimenten kommt es oft sehr wesentlich darauf an, wie leicht sich eine eindeutige Synthese des Ausgangsmaterials durchführen läßt (durch die die Markierung unmißverständlich in eine bestimmte Stelle des Moleküls eingeführt wird) und wie gut man die neue Position der Markierung nachher, d. h. nach der Umlagerung, ermitteln kann. Auf Grundlage solcher Überlegungen entschloß man sich daher zur Synthese der Verbindung (*48a*), bei der die ^{14}C-Markierung im terminalen Ende der Allyl-Gruppe, also abgewandt vom Sauerstoff, untergebracht ist. (Im folgenden sind die Ausbeuten bei jedem Schritt angegeben.)

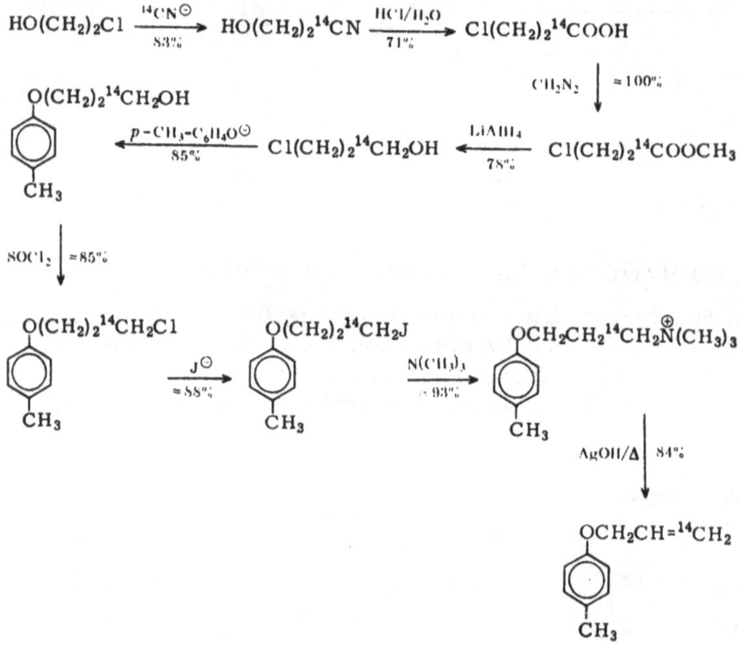

(*48a*)

Die Umlagerung von (*48a*) ergab das Phenol (*49a*) in 85-proz. Ausbeute:

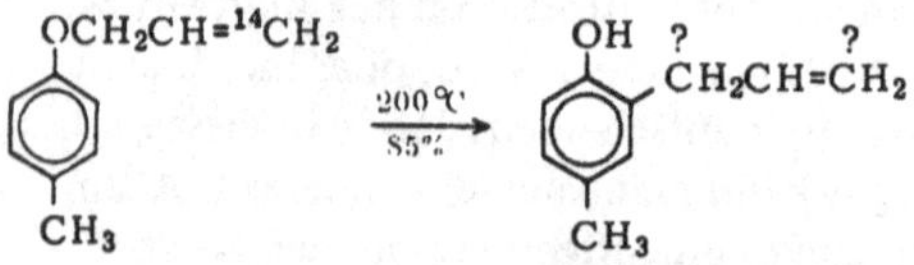

(*48a*) (*49a*)

Es bleibt noch die Einbaustelle des ^{14}C im Umlagerungsprodukt (*49a*) zu bestimmen. Sie ist an C-1 oder C-3 der Allyl-Gruppe – die Positionen sind im Reaktionsschema durch Fragezeichen gekennzeichnet – zu erwarten, je nachdem, an welchem Ende sie sich mit dem Benzolkern verbunden hat. Eine Entscheidung kann durch selektive Oxidation herbeigeführt werden. (Die eingangs durchgeführte Methylierung der phenolischen Hydroxy-Gruppe hat den Zweck, die unselektive Oxidation im Benzolkern des freien Phenols, die andernfalls eintreten würde, zu verhindern.)

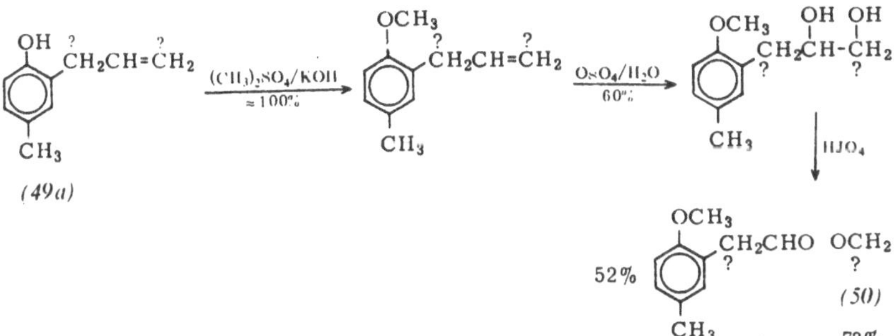

(*49a*) (*50*) (*51*)

Bei der Isolierung des entstehenden Formaldehyds (*50*) (in Form eines festen Derivats) erwies sich dieser als *vollkommen* frei von ^{14}C. Die Markierung muß daher im Aldehyd (*51*) liegen, der auch tatsächlich, wie durch seine Isolierung gezeigt wurde, das gesamte ^{14}C enthält.

Das terminale C-Atom der Allyl-Gruppe, das im Ausgangsmaterial (*48a*) am weitesten vom Sauerstoff entfernt war, ist also im Umlagerungsprodukt (*49b*) unmittelbar an den Kohlenstoff des Rings gebunden:

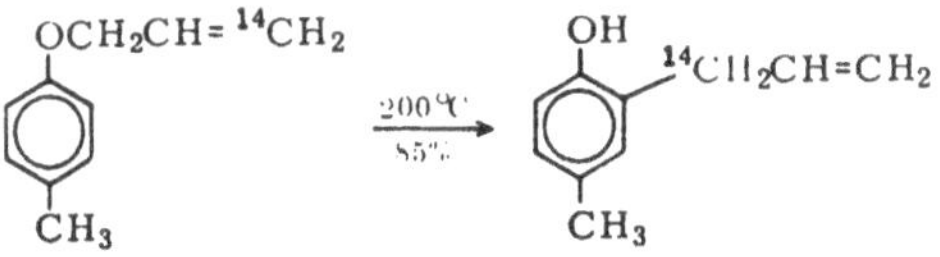

(*48a*) (*49b*)

Die Umlagerung nimmt demnach nicht ihren einfachsten denkbaren Verlauf, der in der unmittelbaren Übertragung eines Allyl-Kohlenstoffatoms vom Sauerstoff zum *o*-Ringkohlenstoff des Benzols bestanden hätte. Am besten mit aller bisherigen Kenntnis steht der folgende Umlagerungsmechanismus in Einklang:

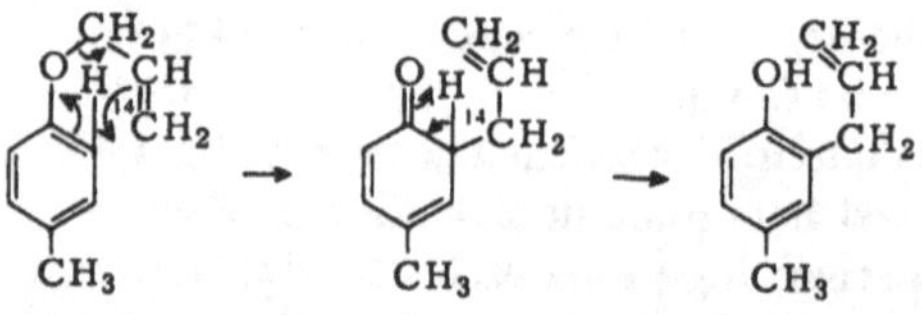

(48a) (50) (49b)

Dieser Vorschlag erscheint keineswegs unvernünftig, denn die für die Reaktion erforderliche spezifische Konformation in (*48a*) kann, was die Bindungswinkel, Bindungslängen usw. angeht, von der Seitenkette leicht eingenommen werden. Außerdem ist es energetisch sehr vorteilhaft, daß die für die Lösung der C–O-Bindung (*48a*) erforderliche Energie zum Teil durch die gleichzeitige Schließung der C–C-Bindung in (*49b*) wieder eingebracht werden kann, indem ein sterisch ohne weiteres denkbarer Übergangszustand (*51*) mit Sechsring-Struktur durchlaufen wird:

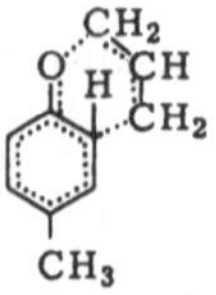

(51)

Auch das Fehlen jeglicher Verteilung der ^{14}C-Markierung ist ein zusätzlicher zwingender Hinweis auf die Intramolekularität der Umlagerung. Würde die Allyl-Gruppe nämlich jemals frei werden, dann müßte man erwarten, daß sie sich mit jedem von den beiden terminalen Kohlenstoffatomen an den Benzolring binden könnte, wobei die ^{14}C-Markierung entsprechend aufgeteilt würde.

Sind beide *o*-Positionen in einem O-Allylphenol blockiert, wie z. B. in (*52*), dann wandert die Allyl-Gruppe beim Erhitzen in die *p*-Position unter Bildung von (*53*). Trägt das ursprüngliche O-Allylphenol (*52*) eine ^{14}C-Markierung am terminalen (vom Sauerstoff abgewandten) Ende der Allylgruppe wie in (*52a*) (vgl. auch (*48a*)), dann findet man nach der Umlagerung – im Gegensatz zu (*49b*) oben – die *gesamte* Markierung immer noch im terminalen Kohlenstoff der Allylgruppe des Umlagerungsprodukts (*53a*):

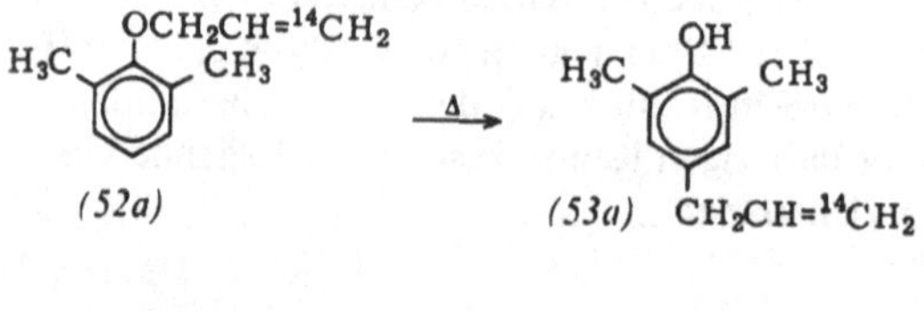

(52a) (53a)

Der hierbei durchlaufene Übergangszustand kann also kein unmittelbares p-Äquivalent von (*51*) sein.

Nun ist die Wanderung der Allylgruppe zur o-Position über einen zu (*51*) ähnlichen Übergangszustand im Falle von (*52a*) keineswegs verhindert. Aber das resultierende Dienon (*54*) kann natürlich nicht, wie das Zwischenprodukt (*50*), in den aromatischen Zustand zurückkehren, da kein ablösbares Proton in der tetraedrisch gewordenen o-Position zur Verfügung steht:

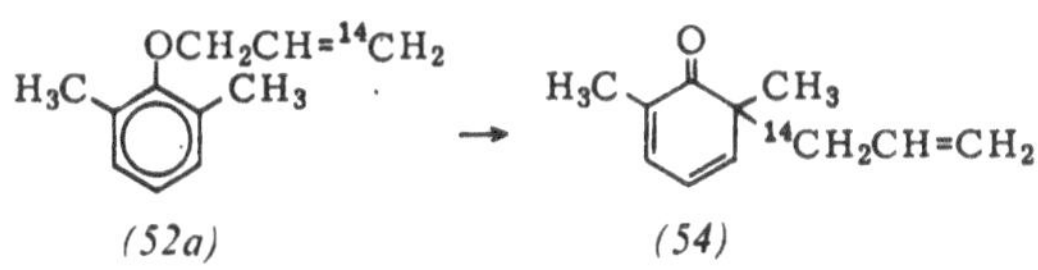

Die Allylgruppe befindet sich jetzt aber in Reichweite der p-Position, die ein solches Proton trägt. Man kann die ermittelten Befunde also auf eine Wanderung der Allylgruppe im Dienon (*54*) zurückführen, wobei über einen weiteren cyclischen Übergangszustand (*55*) die p-Position erreicht wird. Es entsteht das Dienon-Zwischenprodukt (*56*), das schließlich – vgl. (*50*) – unter Protonwanderung in das aromatische Endprodukt (*53a*) übergehen kann:

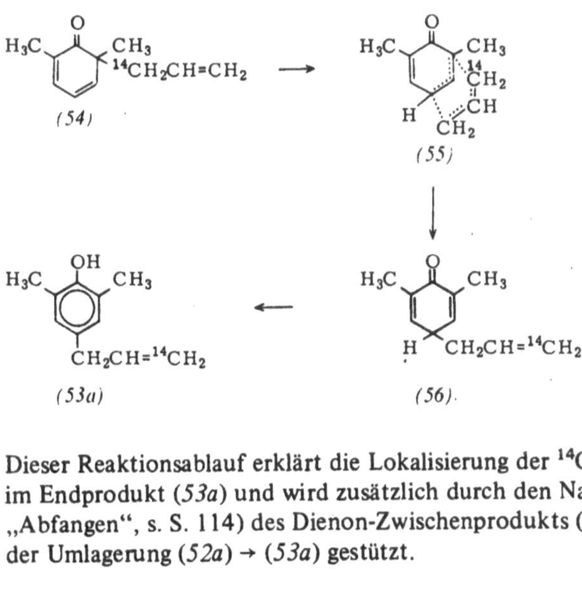

Dieser Reaktionsablauf erklärt die Lokalisierung der ^{14}C-Markierung im Endprodukt (*53a*) und wird zusätzlich durch den Nachweis (durch „Abfangen", s. S. 114) des Dienon-Zwischenprodukts (*54*) während der Umlagerung (*52a*) → (*53a*) gestützt.

2.2.5.4. Nachweis symmetrischer Zwischenprodukte

Im Gegensatz zum vorigen Beispiel, bei dem keinerlei „Verteilung" der Markierung stattfindet, sind umgekehrt Fälle mit vollständiger Verteilung bekannt. Die ursprünglich im Ausgangsmaterial auf ein Kohlenstoffatom beschränkte Markierung findet sich also im Endprodukt gleichmäßig über alle Kohlenstoffatome ausgebreitet. Das ist z. B. der Fall, wenn man Cycloheptatrien (*57*), das am gesättigten Kohlenstoffatom mit ^{14}C markiert ist – die photochemisch induzierte Synthese wird im nachstehenden Reaktionsschema gezeigt –, mit CrO_3 zu Benzoesäure (*58*) oxidiert:

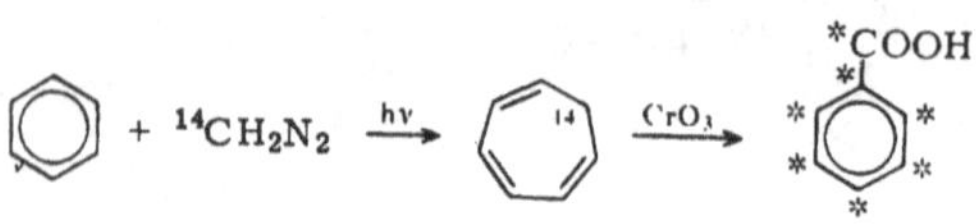

(*57*) (*58*)

Das Verteilungsschema der ^{14}C-Markeirung im Produkt (*58*) ergibt sich aus dessen Abbau nach Schmidt (mit Stickstoffwasserstoffsäure, HN_3) zu Anilin (*59*) und Kohlendioxid:

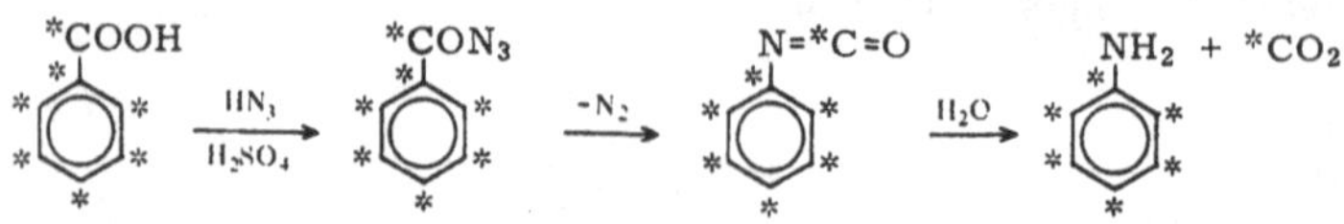

(*58*) (*59*)

Man findet dabei, daß sich genau 1/7 der ursprünglichen Aktivität des Diazomethans ($^{14}CH_2N_2$) bzw. der markierten Position in Cycloheptatrien (*57*) im Kohlendioxid befindet oder in der Carboxygruppe der Benzoesäure (*58*), während sich 6/7 der ursprünglichen Aktivität auf die Ringkohlenstoffatome des Anilins (*59*) verteilen.

Es sollte ganz klar sein, was unter „Verteilung" hier gemeint ist. Wenn (*58*) der Bequemlichkeit halber mit einem (*) an jedem Kohlenstoffatom geschrieben worden ist, so bedeutet das natürlich nicht, daß *jedes* einzelne Molekül von (*58*) sieben ^{14}C-Atome enthielte. Vielmehr werden die meisten Moleküle von (*58*) überhaupt kein ^{14}C enthalten, und in den Molekülen, die ^{14}C enthalten, kommt nur ein Atom davon vor. Wir sprechen also eigentlich von einer Mischung von nicht- und einfachmarkierten Verbindungen, von denen die letzteren das ^{14}C-Atom in verschiedenen Positionen tragen:

(58a)

(58b)

(58c)

(58d)

(58e)

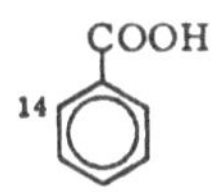
(58f)

(58g)

Betrachtet man also die Gesamtmenge der einfach markierten Verbindungen, so befindet sich 1/7 der ursprünglichen Aktivität im Kohlenstoffatom der Carboxygruppe und die anderen 6/7 in den Kohlenstoffatomen des Benzolrings, d. h. „Verteilung" bedeutet hier eine statistische Ausbreitung der ursprünglichen Aktivität zwischen allen verfügbaren Kohlenstoffatomen des Produkts.

Das ist nur möglich, wenn alle 7 Kohlenstoffatome in irgendeiner Phase der Oxidation (*57*) → (*58*) äquivalent gewesen sind, was mit anderen Worten heißt, daß die Reaktion über ein symmetrisches Zwischenprodukt verlaufen sein muß. Als dieses Zwischenprodukt wird das Tropylium-Kation (*60*) vorgeschlagen, das von anderen Untersuchungen her wohlbekannt ist:

(57) (60) (58)

Es gibt auch weniger weitgehende Fälle von Isotopenverteilung. Manchmal sind es nur zwei Kohlenstoffatome, die irgendwann während der Reaktion äquivalent werden (s. S. 231), aber in jedem Falle werfen derartige Beobachtungen ein bezeichnendes Licht auf die Struktur der möglichen Zwischenprodukte der Reaktion.

2.2.5.5. Biochemische Methoden

Eine weitere, äußerst wichtige Anwendung der Isotopenmarkierung besteht in der Untersuchung der von lebenden Organismen und Enzymen bewirkten Synthesen und Abbauprozesse. Soweit die Photosynthese der grünen Pflanzen heute als aufgeklärt gelten kann, ist das, wie man wohl ohne Übertreibung sagen darf, weitgehend der Verwendung von $^{14}CO_2$ zu danken, durch die die Aufeinanderfolge der molekularen Spezies auf dem Weg der Kohlenhydrat-Bildung festgelegt werden konnte. Mit der Methode der Kohlenstoff-Markierung werden auch umgekehrt gerichtete Prozesse verfolgt, nämlich der metabolische Abbau von Fremdmolekülen (z. B. Arzneimitteln oder potentiell chemotherapeutisch wirksamen Stoffen) in kleinere molekulare Spezies; man stellt so sicher, daß nicht etwa toxisch wirkende Metabolite auf dem Weg zu den Spezies, die letztlich wieder ausgeschieden werden, gebildet werden.

Die weitläufigsten Anwendungen der Kohlenstoffmarkierung liegen jedoch auf dem Gebiet der Biogenese, wo die Aufgabe besteht, die Reaktionswege aufzuklären, auf denen die Pflanzen große und komplizierte Moleküle wie Fettsäuren, Steroide, Alkaloide, Antibiotika usw. aus einfachen Ausgangsmaterialien synthetisieren. Ein hervorragendes Beispiel ist die Verwendung von markiertem Acetat *(61)*, denn man weiß schon lange, daß Acetat als Zwischenprodukt einer Vielzahl biochemischer Prozesse fungiert. Acetat wird zunächst mit Coenzym A verbunden und kann in dieser aktiven Form *(62)* eine Reihe von C–C-verknüpfenden Prozessen mit sich selbst und mit anderen einfachen Metaboliten eingehen. Indem man eine geeignete Pflanze, einen Pilz usw. mit ^{14}C-markiertem Acetat *(61)* füttert und dann durch die üblichen chemischen Abbaureaktionen die Position der ^{14}C-markierten Kohlenstoffatome in den daraus isolierten Molekülen ermittelt, kann man die allgemeinen biosynthetischen Reaktionsabläufe aufklären. Ein hierher gehörendes Beispiel ist das Antibiotikum Griseofulvin *(63)*, das von einem der Stämme des Pilzes *Penicillium griseofulvum* hervorgebracht wird.

$$CH_3{}^{14}COOH + CoA\text{-}SH \rightarrow CH_3{}^{14}COS\text{-}CoA \rightsquigarrow$$

(61) *(62)*

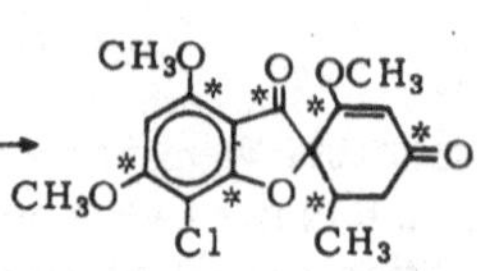

(63)

Die Verbindung enthält nicht weniger als sieben markierte Kohlenstoffpositionen, wie im Reaktionsschema angezeigt ist. Aus ihren Lagebeziehungen kann man ein mögliches biosynthetisches Schema ableiten, das man dann weiter prüfen kann.

Im Laufe dieses Kapitels ist wiederholt von Zwischenprodukten von Reaktionen die Rede gewesen, auf die im folgenden näher eingegangen werden soll.

2.3. Weiterführende Literatur

H. R. V. Arnstein und R. Bentley, "Isotopic Tracer Technique", Quart. Rev. *4*, 172 (1950).
R. L. Burwell, "Deuterium as a Tracer in Reactions of Hydrocarbons on Metallic Catalysts", Accounts chem. Res. *2*, 289 (1969).
C. J. Collins, "Isotopes and Organic Reaction Mechanisms", Adv. Phys. Org. Chem. *2*, 1 (1964).
C. J. Collins und N. S. Bowman (eds.), Isotope Effects in Chemical Reactions. Van Nostrand, New York 1970.
V. Gold, "Applications of Isotope Effects", Chem. in Britain *6*, 292 (1970).
E. A. Halevi, "Secondary Isotope Effects", Progr. Phys. Org. Chem. *1*, 109 (1963).
L. Melander, Isotope Effects on Reaction Rates. Ronald Press, New York 1960.
W. H. Saunders, "Kinetic Isotope Effects", Surv. Progr. Chem. *3*, 109 (1966).
H. Simon und D. Palm, "Isotopeneffekte in der organischen Chemie und Biochemie", Angew. Chem. *78*, 993 (1966).
F. H. Westheimer, "The Magnitude of the Primary Kinetic Isotope Effect for Compounds of Hydrogen and Deuterium", Chem. Rev. *61*, 265 (1961).
F. Weygand und H. Simon in Houben-Weyl, Methoden der Organischen Chemie, Bd. IV/2, S. 539f. ("Herstellung isotopenhaltiger organischer Verbindungen"). Georg Thieme Verlag, Stuttgart 1955.
H. Zollinger, "Hydrogen Isotope Effects in Aromatic Substitution Reactions", Adv. Phys. Org. Chem. *2*, 163 (1964).

3. Die Untersuchung reaktiver Zwischenprodukte

Die meisten organischen Reaktionen sind keine (einstufigen) Elementarreaktionen, sondern (mehrstufige) komplexe Reaktionen, was zwangsläufig bedeutet, daß sie über ein oder mehrere Zwischenprodukte ablaufen (Abb. 3–1).

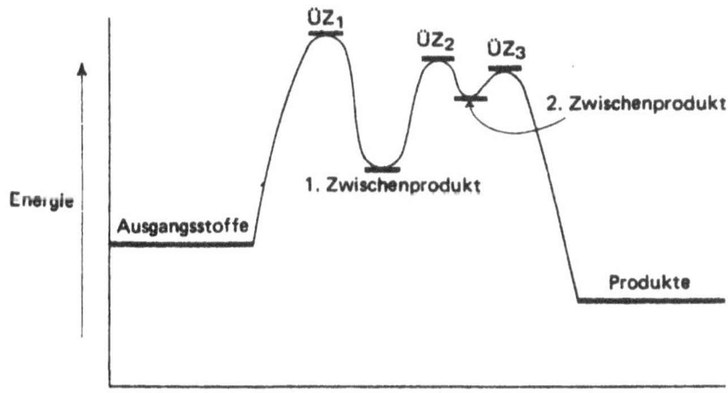

Abb. 3–1

Wertvollen und möglicherweise entscheidenden Einblick in den Gesamtablauf der Reaktion kann man gewinnen, indem man solche Zwischenprodukte nachweist und identifiziert. Dies kann geschehen, indem man entweder die Reaktionsmischung sorgfältig auf alle vorhandenen Verbindungen untersucht (s. aber die Bemerkung unten) oder indem man Zwischenprodukte bestimmter Struktur auf Grund kinetischer und anderer Hinweise postuliert. Es ist dann nach Beweisen zu suchen, daß diese tatsächlich vorhanden und mit dem Reaktionsgeschehen verknüpft sind.

Die Stabilität und damit die Chance für die Isolierung eines Zwischenprodukts hängt von der Tiefe der Minima im Energieprofil (s. Abb. 3–1) ab. Entspricht das Zwischenprodukt einem niedrigen Energieniveau im Vergleich zu den Maxima der Übergangszustände zu beiden Seiten, dann besteht eine gute Chance, daß seine Stabilität für eine Isolierung ausreicht. Ist dies aber – wie häufig – nicht der Fall und entspricht das Zwischenprodukt nur einer flachen Mulde im Energieprofil, so wird es nur eine sehr flüchtige Existenz haben. An eine Isolierung kann man dann kaum mehr denken, aber es kann doch noch gelingen, solch ein Zwischenprodukt mit physikalischen Methoden (z. B. spektroskopischen) nachzuweisen. Stattdessen kann man auch eine Verbindung einführen, von der man erwarten kann, daß sie mit dem Zwischenprodukt besonders rasch reagiert, wodurch dieses aus dem Reaktionsgemisch *abgefangen* wird.

Auf eines muß aber hingewiesen werden: Wenn man eine bestimmte Verbindung aus einem Reaktionsgemisch isolieren kann, so beweist das noch nicht, daß sie Zwischenprodukt der Reaktion ist. Sie könnte vielmehr auch ein konkurrierendes Endprodukt der Reaktion sein. Beispielshalber kann man aus der Hydrolyse von tert.-Butychlorid (*1*) außer tert.-Butanol (*3*) auch noch 2-Methyl-propen (Isobuten) (*2*) isolieren:

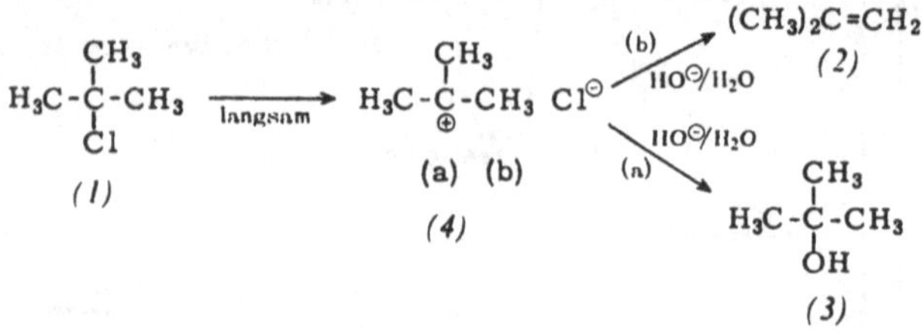

Das Alken (*2*) ist nicht sehr wahrscheinlich als Zwischenprodukt, schon weil es sich während der Reaktion dauernd anreichert und am Ende der Reaktion in der größten Menge vorhanden ist. Vielmehr weist seine Bildung auf das Ionenpaar (*4*) als wirkliches Reaktionszwischenprodukt hin. Angriff von $HO^{\ominus}$ (oder H_2O) auf das Kohlenstoffatom in Position (a) des Carboniumions (*4*) führt zu (*3*), wobei $HO^{\ominus}$ als Nucleophil wirkt; Angriff auf ein Wasserstoffatom in Position (b) liefert dagegen (2), indem $HO^{\ominus}$ seine Basenwirkung entfaltet.

Jedes postulierte oder isolierte Zwischenprodukt muß eine wesentliche Bedingung erfüllen. Es muß unter den Bedingungen der Reaktion mit einer Geschwindigkeit, die mindestens so groß ist wie die der Gesamtreaktion unter denselben Bedingungen, in die normalen Produkte übergehen. Auch damit ist noch nicht absolut streng bewiesen, daß eine bestimmte Spezies wirklich als Zwischenprodukt fungiert, aber man hat damit doch eine sehr starke Stütze für diese Annahme.

3.1. Die wichtigsten Typen von Reaktionszwischenprodukten

Eine Reihe von Spezies sind so oft als Zwischenprodukte in organischen Reaktionen vorgeschlagen und auch nachgewiesen worden, daß man ihre Existenz ganz allgemein als gegeben annehmen darf und daß ihr Vorkommen keine besondere Verwunderung mehr auslösen muß. Hierzu zählen die Carboniumionen, $R_3C^{\oplus}$, die Carbanionen, $R_3C:^{\ominus}$ – beide gewöhnlich als Bestandteile von Ionenpaaren – ferner die Radikale $R_3C\cdot$, Carbene R_2C: (welche keine Ladung tragen, aber wegen der Sextett-Außenschale am Kohlenstoff ausgeprägte Elektronenmangelstrukturen sind), die Arine

und – weniger häufig – die Nitrene, $R\ddot{N}$; dazuhin gibt es natürlich eine Reihe anderer Spezies von weniger allgemeinem Charakter, die nur für eine kleine Gruppe von Reaktionen oder sogar nur für eine einzige Reaktion typisch sind.

Aus der Erfahrung haben sich einige Regeln ergeben, auf Grund derer man absehen kann, welche Arten von Zwischenprodukten in einer bestimmten Reaktion vorkommen können und welche nicht. Beispielsweise treten in Reaktionen, die in der Gasphase oder in Lösungsmitteln niedriger Polarität verlaufen, meistens keine polaren Zwischenprodukte wie Ionenpaare auf. Der Hauptgrund dafür ist, daß es in der Gasphase oder in einem wenig polaren Medium i. a. mehr Energie kostet, eine Bindung *heterolytisch* unter Bildung eines Ionenpaares als *homolytisch* unter Bildung von Radikalen zu lösen. Beispielsweise sind die ΔH-Werte für Methylchlorid in der Gasphase,

$$CH_3\text{-}Cl \rightarrow CH_3\cdot\ \cdot Cl \qquad \Delta H = +\ 334\ \text{kJ/mol}$$

$$CH_3\text{-}Cl \rightarrow CH_3^{\oplus}\ Cl^{\ominus} \qquad \Delta H = +\ 949\ \text{kJ/mol}$$

während für die heterolytische Trennung in wäßriger Lösung nur ein Wert von 263 kJ/mol berechnet worden ist. Der sehr hohe Differenzbetrag ist auf die große Energiemenge zurückzuführen, die bei der Solvatation des Ionenpaares in dem hoch polaren Lösungsmittel, Wasser, frei wird. Der Unterschied ist für $(CH_3)_3C$-Cl noch ausgeprägter, dessen Reaktionen in polaren Lösungsmitteln, wie wir bereits gesehen haben (s. S. 26), tatsächlich über Ionenpaare verlaufen. Diese Art der Mitwirkung bei der Bindungslösung durch polare Lösungsmittel entfällt nicht nur in der Gasphase, sondern auch beispielsweise in Kohlenwasserstoff-Solventien, und die Wahrscheinlichkeit, daß hier Radikalreaktionen ablaufen, steigt entsprechend.

Reaktionen, die über radikalische Zwischenprodukte vonstattengehen, sind durch eine Reihe anderer Eigenschaften ausgezeichnet, durch die sie sich in charakteristischer Weise von Reaktionen über Ionenpaare unterscheiden. Beispielsweise müssen sie gewöhnlich durch Zugabe einer Substanz, die besonders leicht Radikale bildet (z. B. Peroxide wie Benzoylperoxid)

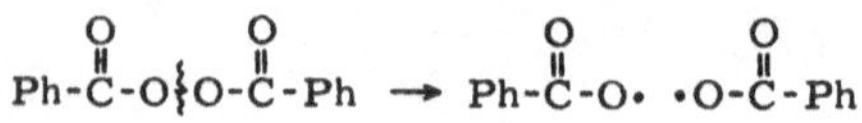

oder durch Erhitzen

$$Pb(C_2H_5)_4 \xrightarrow{\Delta} Pb + 4\,C_2H_5$$

oder photochemisch

$$Br{-}Br \xrightarrow{h\nu} Br\cdot\ \cdot Br$$

gestartet werden. Nach erfolgtem Start sind solche Reaktionen oft sehr schnell, da eine sich selbst erhaltende Reaktionskette gebildet wird, in der zunächst ein Starter-Radikal ein Molekül des Ausgangsstoffs angreift und dabei ein neues Radikal entstehen läßt, das dann seinerseits die Reaktion fortführen kann, usw.; ein Beispiel ist die Bromierung von Methan:

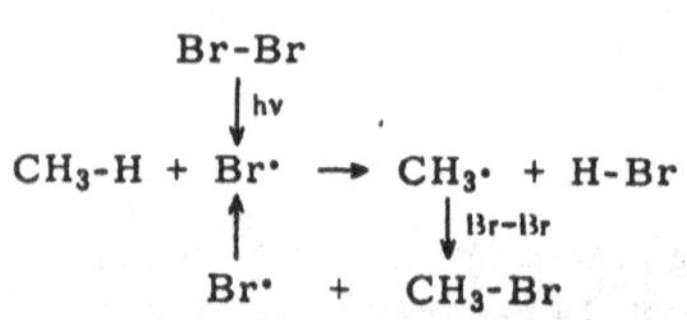

Solche Reaktionen sind sehr empfindlich gegen *Inhibitoren*, nämlich Substanzen wie Phenole, Diphenylamin u. a., die selbst besonders leicht mit Radikalen reagieren und dadurch eine bereits in Gang befindliche Kettenreaktion beendigen oder ihren Start von vornherein unterbinden können. Aus dem letzteren Grund sind viele Radikalreaktionen durch eine *Induktionsperiode* gekennzeichnet, d. h. eine zeitliche Verzögerung des eigentlichen Reaktionsbeginns nach erfolgter Initiierung. Die zugesetzten oder sonstwie erzeugten Radikale werden nämlich von bereits zufällig vorhandenen Inhibitor-Substanzen abgefangen, bis die letzteren völlig verbraucht sind; erst danach werden Radikale verfügbar, die die eigentliche Reaktion vorantreiben können.

3.2. Isolierung von Zwischenprodukten

Nichts vermag die Gegenwart eines reaktiven Zwischenprodukts überzeugender darzutun als seine Isolierung, verknüpft mit dem Nachweis, daß die betreffende Spezies in die Endprodukte übergeführt werden kann mit einer Geschwindigkeit, die mindestens ebenso groß ist wie die der Gesamtreaktion unter denselben Bedingungen. Voraussetzung dafür ist, daß dem Zwischenprodukt ein ausreichend tiefes Energietal in Abb. 3–1 zukommt (s. S. 79).

Ein gut untersuchtes Beispiel bietet die Hofmann-Reaktion der Säureamide:

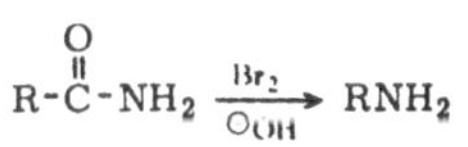

Unter geeigneten Bedingungen gelingt es bei manchen Amiden, die Verbindungen RCONHBr, $RCON^{\ominus}BrNa^{\oplus}$ und RN=C=O zu isolieren und zu zeigen, daß jede wirklich ein echtes Zwischenprodukt ist. Damit sind ungewöhnlicherweise gleich mehrere Punkte festgelegt, durch die jeder vorgeschlagene Reaktionsablauf führen muß. Wenn man so viele Informationen allein schon von den Reaktionszwischenprodukten her zur Verfügung hat, kann man sogleich einen Ablauf wie folgt vorschlagen:

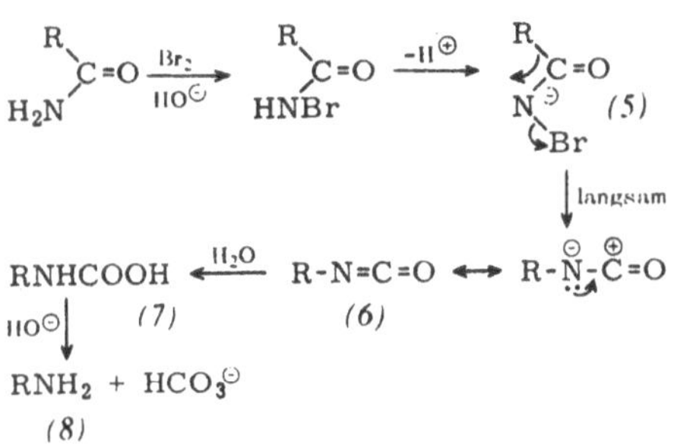

Nach den kinetischen Befunden besteht der langsame, geschwindigkeitsbestimmende Schritt der Reaktion in der Abtrennung eines Bromid-Ions aus (*5*). Es gibt deutliche, wenn auch vielleicht nicht zwingende Hinweise darauf, daß diese Abtrennung und die Wanderung der R-Gruppe gleichzeitig stattfinden und nicht in einem zweistufigen Prozeß über ein Carbonylnitren, RCO-N. So hat man niemals Produkte gefunden, die aus dem Angriff anderer in der Reaktionsmischung vorhandener Spezies auf dieses Nitren hervorgehen müßten, z. B. RCON + H_2O → RCONHOH.

Die R-Gruppe dürfte unmittelbar von C nach N wandern, ohne jemals frei zu werden; denn im Falle einer optisch aktiven Verbindung (*5a*) geht die Konfiguration in R während der Wanderung nicht verloren (s. S. 180):

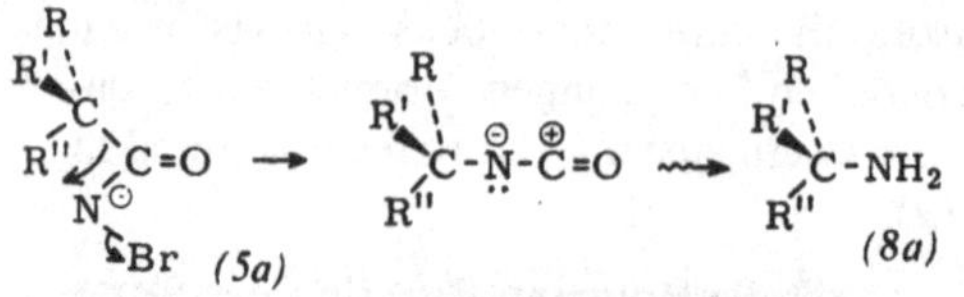

(*5a*) (*8a*)

Im übrigen ist die Hydratation von Isocyanaten wie (*6*) zu Carbaminsäuren (*7*) wohlbekannt, desgleichen deren rascher Zerfall im alkalischen Medium unter Abspaltung von Kohlendioxid und Bildung des Amins (*8*).

3.2.1. Elektrophile aromatische Substitution

Die Hofmann-Reaktion mit ihrer Möglichkeit, mehrere aufeinanderfolgende Zwischenprodukte zu isolieren, ist recht ungewöhnlich; viel häufiger ist es so, daß man glücklich sein muß, auch nur ein Zwischenprodukt zu isolieren! Selbst dazu muß man oft die Reaktionspartner etwas modifizieren oder die Reaktion unter veränderten Bedingungen ablaufen lassen. Häufig senkt man die Temperatur, sofern das möglich ist, weil man annehmen darf, daß das reaktive Zwischenprodukt bei niedrigerer Temperatur relativ stabiler ist.

Im Bereich der elektrophilen aromatischen Substitution zeigt das Beispiel der Nitrierung von Trifluormethyl-benzol (*9*) mittels Nitrosylfluorid und Bortrifluorid, NO_2F/BF_3 (einem etwas ungewöhnlichen Nitrierungsmittel), sehr gut das Besondere des Verfahrens. Es entsteht in dieser Reaktion das *m*-Nitroderivat. Führt man die Reaktion unterhalb −50 °C durch, so erhält man aber zunächst eine in fester Form sich abscheidende Verbindung, die sich oberhalb −50 °C zersetzt (ohne zu schmelzen) und das normale Endprodukt in quantitativer Ausbeute liefert. Die feste Verbindung hat nachweislich die Struktur (*10*) und ist ganz offensichtlich Reaktionszwischenprodukt:

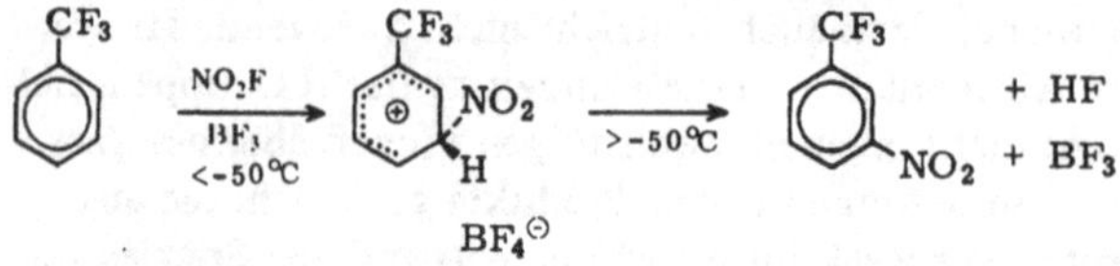

(*9*) (*10*)

Ebenfalls bei tiefer Temperatur (–80 °C) liefert die Friedel-Crafts-Alkylierung von 1,3,5-Trimethylbenzol (*11*) mit Äthylfluorid als Alkylierungsmittel und Bortrifluorid als Lewis-Katalysator das Zwischenprodukt (*12*) als orangefarbenen festen Stoff vom Schmp. –15 °C:

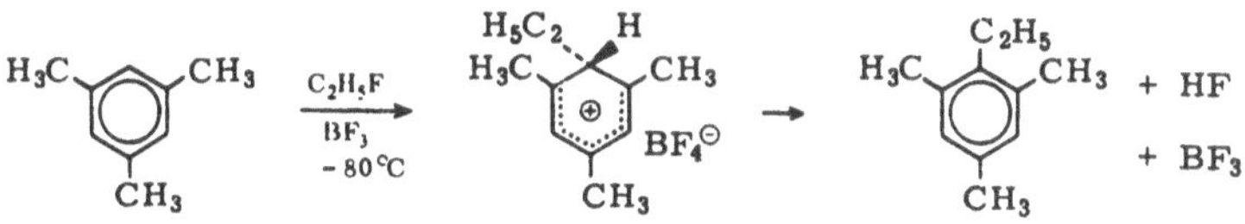

(*11*) (*12*)

Auch hier wird das Zwischenprodukt in hoher Ausbeute in das normale Alkylierungsprodukt umgewandelt, wenn man die Temperatur erhöht. Auch ist die Geschwindigkeit der Umwandlung von (*12*) in das Endprodukt mindestens so groß wie die der Gesamtreaktion unter vergleichbaren Bedingungen – was ja ein wesentliches Kriterium ist, dem ein reaktives Zwischenprodukt genügen muß.

Natürlich beweist das noch nicht, daß ähnliche, weniger stabile Zwischenprodukte auch in den bekannteren Beispielen der elektrophilen aromatischen Substitution, z. B. der Nitrierung von Benzol mit Nitriersäure, beteiligt sind. Aber wenn die Bildung eines solchen Zwischenprodukts – man spricht von σ-Komplexen – mit den kinetischen Daten verträglich ist (was der Fall ist) und wenn sie ferner mit Isotopen-Experimenten in Einklang steht (s. S. 45), kann man sie zumindest als in jeder Hinsicht glaubhaft ansehen. In den geschilderten Beispielen nimmt man mit gutem Grund an, daß die auffallende besondere Stabilität des σ-Komplexes zum Teil mit der Gegenwart des besonders stabilen Anions $BF_4^{\ominus}$ im Ionenpaar in Zusammenhang steht. Allerdings ist $BF_4^{\ominus}$ nicht unerläßlich, denn bei der erschöpfenden Methylierung von Benzol oder methylierten Benzolen mit Methylchlorid und Aluminiumchlorid als Lewis-Katalysator erhält man ebenfalls einen sehr stabilen σ-Komplex:

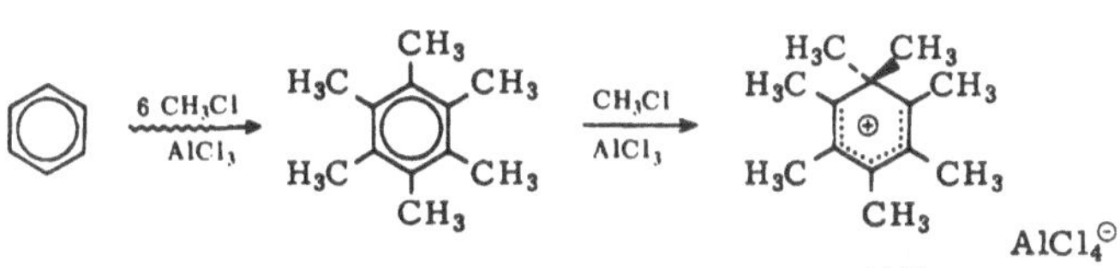

(*13*)

Die Verbindung (*13*) ist ein gelber, kristalliner Festkörper, dessen Struktur durch NMR-Spektroskopie (s. S. 93) und andere Methoden gesichert worden ist. Natürlich unterscheidet sie sich von den zuvor beschriebenen σ-Komplexen insofern, als sie nicht durch Verlust eines Protons in eine aromatische Verbindung als Endprodukt übergehen kann. Sie kann jedoch ein Proton abspalten, wobei eine neutrale Verbindung entsteht, deren Struktur nach massenspektrometrischen und NMR-spektroskopischen Untersuchungen durch (*14*) wiederzugeben ist:

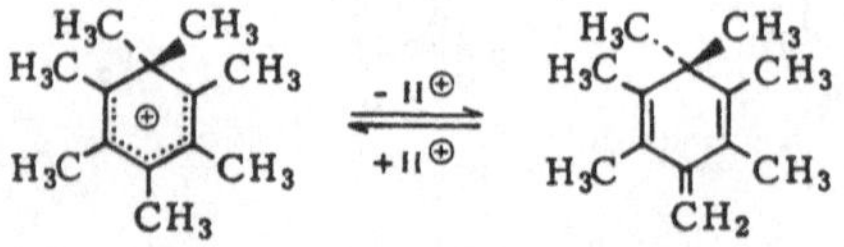

(*13*) (*14*)

Das Trien (*14*) ist so basisch (d. h. es nimmt so willig ein Proton auf), daß man es aus Pentan mit wäßriger Salzsäure (> 4M) extrahieren kann, ein für einen ungesättigten Kohlenwasserstoff sehr ungewöhnliches Verhalten, durch das die besondere Stabilität des Kations (*13*) augenfällig belegt wird.

Noch überraschendere σ-Komplexe können mit Hilfe der „Supersäuren" von Olah erzeugt werden; so entstehen mit SbF_5 in flüssigem SO_2 die bicyclischen Verbindungen (*15*) und (*16*) mit ihren charakteristischen NMR-Spektren:

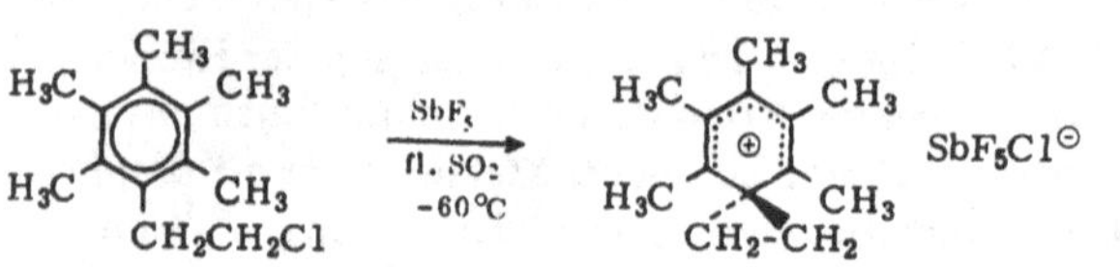

(*15*)

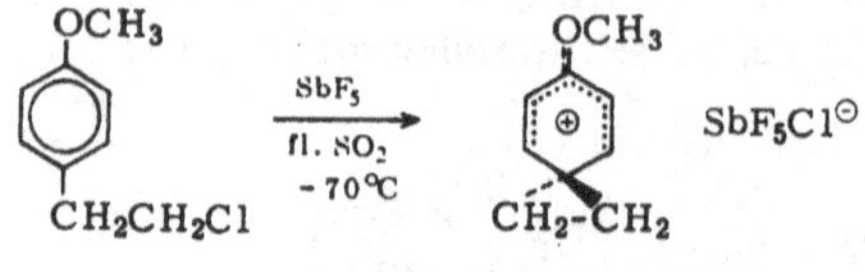

(*16*)

3.2.2. Nucleophile aromatische Substitution

Im Gegensatz zu einfachen aliphatischen Halogeniden wie z. B. 1-Chlorpropan wird Chlorbenzol durch Nucleophile wie $HO^{\ominus}$, R_2NH usw. nur sehr schwierig angegriffen. Dafür ist eine Reihe von Ursachen verantwortlich. Das Kohlenstoffatom, an welches das Chloratom gebunden ist, ist sp^2-hybridisiert und dadurch weniger elektropositiv und auch dem Angriff durch ein Nucleophil weniger zugänglich als das sp^3-hybridisierte Kohlenstoffatom eines Alkylhalogenids. Auch dürfte das π-Orbitalsystem des aromatischen Kerns die Annäherung eines Nucleophils erschweren. Wird der aromatische Kern jedoch mit elektronenanziehenden Gruppen substituiert – vor allem in *o*- und *p*-Stellung zum Halogen-tragenden Kohlenstoff – so wird der Angriff des Nucleophils erheblich erleichtert. So ist Pikrylchlorid *(17)* gegenüber Nucleophilen fast so reaktiv wie ein Säurechlorid:

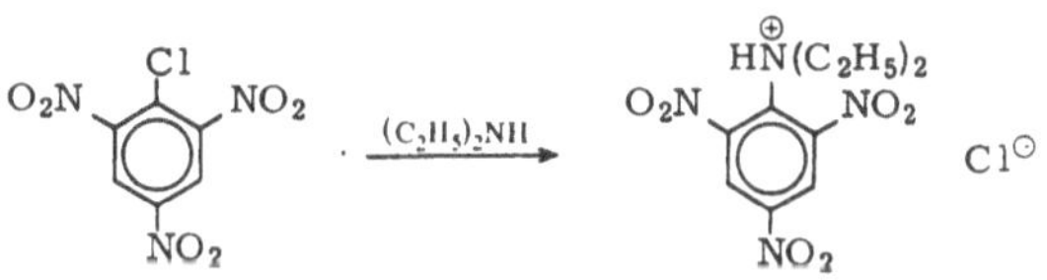

(17)

Für solche Reaktionen aktivierter Arylhalogenide findet man das Geschwindigkeitsgesetz

$r = k[\mathrm{ArCl}][\mathrm{Nucleophil}]$

das an den entsprechenden Ausdruck für die S_N2-Substitution einfacher Alkylhalogenide erinnert (s. S. 24). Es bestehen aber zwischen beiden eindeutige Unterschiede; zunächst einmal wird im einen Fall ein sp^2-, im anderen ein sp^3-hybridisiertes Kohlenstoffatom angegriffen, und dazuhin kann ein rückwärtiger Angriff aus der Verlängerung der C–Halogen-Bindung, wie er für S_N2-Reaktionen charakteristisch ist, hier nicht stattfinden, da der Kern mit seiner Elektronenwolke eine Annäherung aus dieser Richtung verhindert:

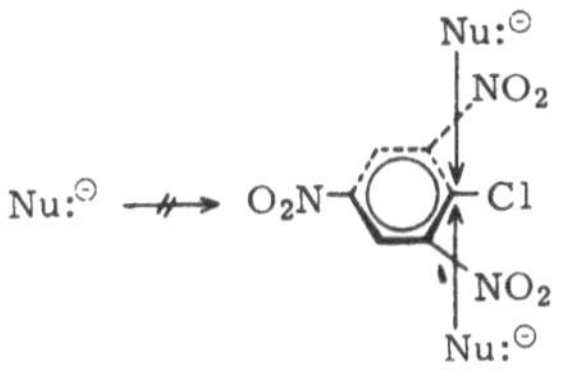

Der Angriff muß also seitlich (in der obigen Darstellung von oberhalb oder unterhalb der Papierebene) mehr oder weniger im rechten Winkel zur Ebene des aromatischen Rings erfolgen.

Nun kann aber bei einem sp^2-hybridisierten Kohlenstoffatom, um dessen Verhalten es hier geht, die Ausbildung einer neuen Bindung (Nu–C) vollständig abgeschlossen werden, bevor die Lösung der alten Bindung (C–Cl) beginnt – eine Möglichkeit, die einem sp^3-hybridisierten Kohlenstoffatom nicht offensteht. Es wäre daher als Alternative zu einem einstufigen Prozeß über einen einzigen Übergangszustand (wie im S_N2-Fall) denkbar, daß zunächst ein Zwischenprodukt wie z. B. (*18*) gebildet und anschließend zu den Endprodukten zersetzt wird:

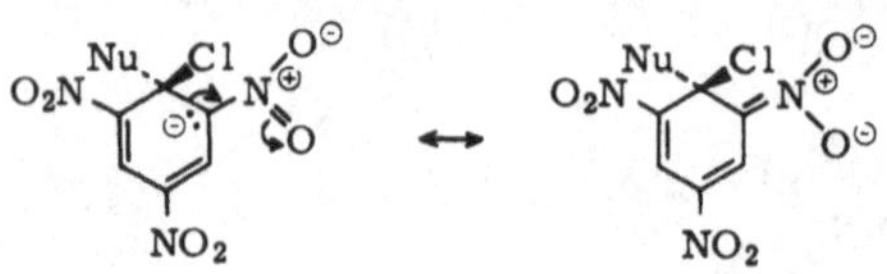

(*18*) (*18a*)

Elektronenanziehende Gruppen in 2- und 4-Stellung eignen sich besonders dazu, ein solches Zwischenprodukt durch Delokalisierung seiner negativen Ladung (*18* ↔ *18a*) zu stabilisieren. Verbindungen, die im wesentlichen analog zu (*18*) gebaut sind, konnten isoliert werden, beispielshalber Salze mit dem Anion (*19*):

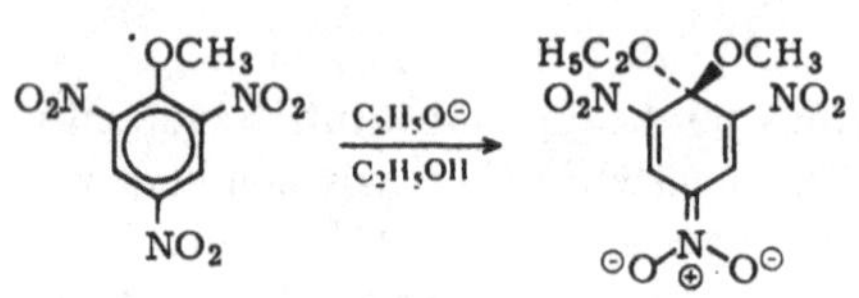

(*19*)

Verbindungen mit der genauen Zusammensetzung von (*18*), die also Halogen enthalten, sind bisher nicht in Substanz gefaßt worden, doch weisen kinetische und andere Befunde eindeutig auf ihre Rolle als Zwischenprodukte bei der Verdrängungsreaktion hin. Wenn es damit seine Richtigkeit hat, so könnten immer noch – in Übereinstimmung mit dem weiter oben formulierten allgemeinen Geschwindigkeitsgesetz – entweder a) die Bildung, oder b) die Zersetzung der Komplexe den geschwindigkeitsbestimmenden Schritt der Gesamtreaktion ausmachen:

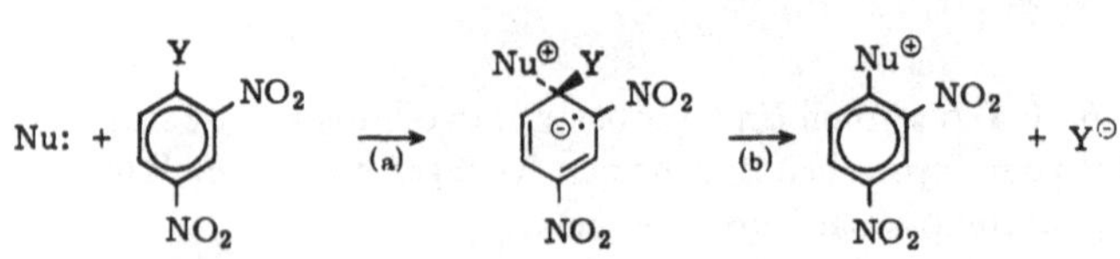

(*20*)

Für den Angriff von Piperidin (Nu = 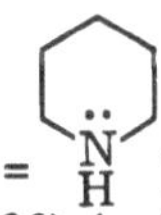) auf eine Reihe von Verbindungen der allgemeinen Struktur (*20*), in denen Y unter anderem Cl, Br und J war, wurde gezeigt, daß die Geschwindigkeit der Gesamtreaktion nicht merklich variierte. Offensichtlich war die Lösung der C–Y-Bindung in diesen Fällen nicht in nennenswertem Ausmaß am geschwindigkeitsbestimmenden Schritt der Gesamtreaktion beteiligt, der somit in der Herstellung der C–Nu-Bindung gemäß (a) bestehen muß. Aber das gilt nicht allgemein, und es könnte sehr wohl sein, daß in anderen Fällen Schritt (b) geschwindigkeitsbestimmend ist.

Selbst scheinbar einfache S_N2-Verdrängungsreaktionen wie

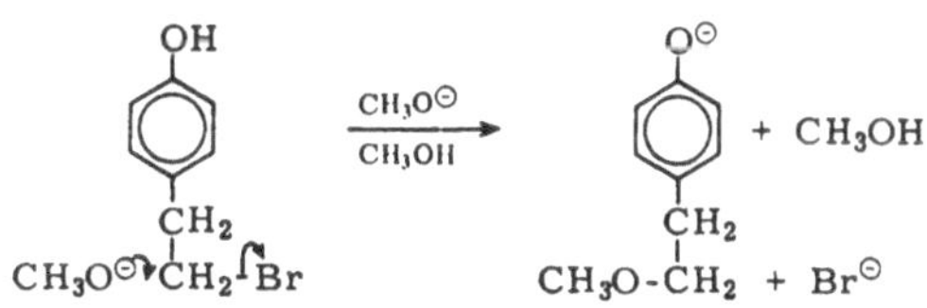

brauchen nicht unbedingt in der erwarteten Weise abzulaufen. Arbeitet man bei dieser Reaktion unter sorgfältig kontrollierten Bedingungen, so kann man die Verbindung (*21*)

(21)

isolieren und zeigen, daß sie unter den Reaktionsbedingungen mit mindestens der Geschwindigkeit der Gesamtreaktion zu den üblichen Produkten umgesetzt wird. Wahrscheinlich ist der wirkliche Reaktionsablauf wie folgt wiederzugeben:

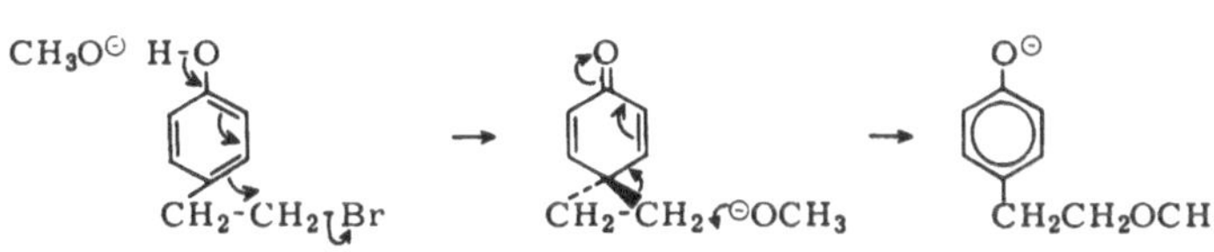

3.3. Nachweis von Zwischenprodukten

Letzten Endes sind die Fälle, in denen reaktive Zwischenprodukte tatsächlich isoliert werden können, selten, und um unsere Kenntnis der Reaktionsabläufe wäre es schlecht bestellt, wenn diese Methode die wichtigste Informationsquelle wäre. Glücklicherweise hat in jüngerer Zeit die Entwicklung physikalischer, insbesondere spektroskopischer Methoden eine Fülle ins einzelne gehender und eindeutiger Aussagen über instabile und kurzlebige Spezies, die im Laufe der Reaktionen erzeugt werden, hervorgebracht.

3.3.1. Spektroskopische Methoden

3.3.1.1. IR

Außer durch ihre unmittelbare Identifizierung kann man auf Zwischenprodukte und andere Spezies, die in einer Reaktionsmischung zugegen sind, aus dem Vergehen und Entstehen bestimmter Gruppierungen, Bindungen usw. in Reaktanden und Produkten schließen, und man kann daraus Vorstellungen über ihre möglichen Strukturen entwickeln. Beispielsweise wurde festgestellt (s. S. 11), daß in der Reaktion von Carbonylverbindungen mit Ammoniak-Derivaten wie Hydroxylamin und Semicarbazid in neutraler Lösung

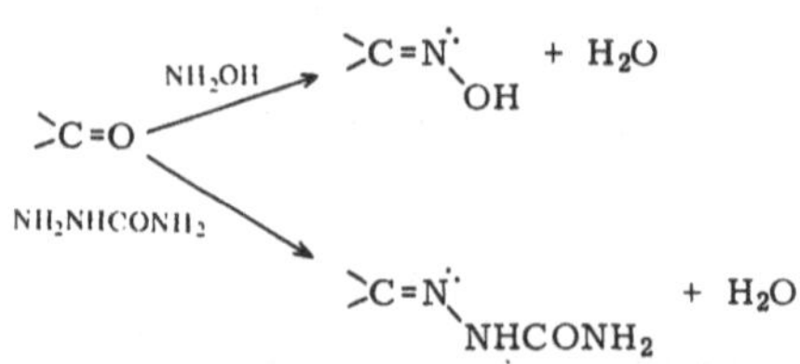

die für das Ausgangsmaterial charakteristische C=O-Absorption im IR-Spektrum rasch verschwindet (< 2 min), während die dem Produkt zugehörige C=N-Absorption nur sehr viel langsamer erscheint. Die ursprüngliche Carbonyl-Verbindung kann folglich nicht *unmittelbar* in das Oxim bzw. Semicarbazon umgewandelt werden, vielmehr müssen eine oder mehrere Zwischenstufen durchlaufen werden. Auf Grund der allgemeinen chemischen Kenntnis kann man für sie Strukturvorschläge machen. Da die C=O-Doppelbindung gemäß (*22*) polarisiert ist, ist ein nucleophiler Angriff durch das Elektronenpaar des basischen Stickstoffatoms der Ammoniak-Verbindung auf das Kohlenstoffatom zu erwarten; die dabei entstehende dipolare Spezies (*23*) könnte ein

Proton austauschen – wahrscheinlich über das hydroxylische Lösungsmittel, nicht direkt – und dabei das Carbinolamin (*24*) ergeben:

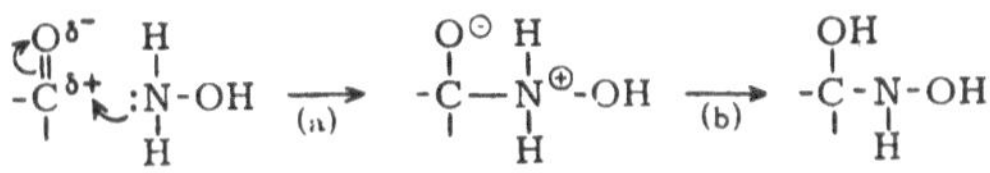

(22) *(23)* *(24)*

Eine solche Folge ist keineswegs unwahrscheinlich, wie aus der erfolgreichen Isolierung von Verbindungen wie (*24a*) bei der Reaktion von Ammoniak-Derivaten mit bestimmten Carbonyl-Verbindungen – im Beispiel Trichloracetaldehyd (Chloral) – hervorgeht:

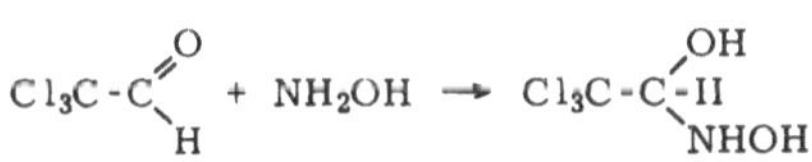

(24a)

Um die Produktbildung aus dem Zwischenprodukt (*24*) zu vervollständigen, muß eine Dehydratation erfolgen, ein Prozeß, der häufig durch Säure katalysiert wird (vgl. die Dehydratation Alkohol → Alken). Man kann sich also vorstellen, daß folgendes geschieht:

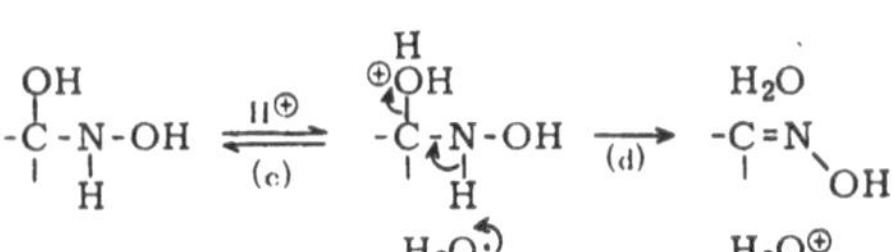

(24)

Was die Reaktion in neutraler Lösung angeht, so ist von den spektroskopischen Befunden her bekannt, daß Schritt (a), das Verschwinden der C=O-Doppelbindung, schnell ist; Schritt (b), der Protonaustausch, ist sehr wahrscheinlich ebenfalls rasch, so daß der langsame Schritt der Reaktion die Säure-katalysierte Dehydratation ist, durch die die Endprodukte gebildet werden, d. h. die Schritte (c) + (d), entsprechend dem langsamen Erscheinen der C=N-Absorption.

Man sollte diesen Vorschlag für den Reaktionsablauf dadurch prüfen können, daß man die Reaktionslösung stärker sauer macht, denn dadurch sollte der langsame (Säure-katalysierte) Schritt der Dehydratation beschleunigt werden. Genau diese Beobachtung kann man tatsächlich mit Hilfe der Spektroskopie machen, wobei man noch feststellt, daß die C=O-Absorption gemäß Schritt (a) jetzt nicht mehr so schnell verschwindet, ja, daß dieser Schritt geschwindigkeitsbestimmend werden kann. Diese Verlangsamung ist auf die zunehmende Protonierung des basischen Stickstoffatoms des Hydroxylamins mit steigender Acidität der Lösung zurückzuführen:

$$H_3O^{\oplus} + :NH_2OH \rightleftharpoons H_2O: + H\text{-}\overset{\oplus}{N}H_2OH$$

Die protonierte Form kann nicht als Nucleophil wirken und greift die C=O-Doppelbindung nicht an; die Konzentration an wirksamem Nucleophil :NH_2OH wird auf diese Weise zunehmend herabgesetzt. Alles zusammen bedeutet dies, daß es einen optimalen pH-Wert für die Gesamtreaktion gibt, bei dem die Geschwindigkeit ihr Maximum erreicht. Bei welchem pH das Geschwindigkeitsmaximum liegt, hängt sowohl von der Natur der Carbonyl-Verbindung (s. S. 194) als auch von dem angreifenden Nucleophil ab.

Eine ähnliche Situation ergibt sich beim nucleophilen Angriff auf die Carbonyl-Gruppe von Carbonsäure-Derivaten, z. B. in der Umesterung:

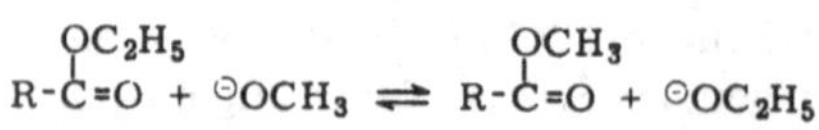

Diese Reaktionen befolgen ein Geschwindigkeitsgesetz 2. Ordnung und könnten daher entweder als einstufige Verdrängungsreaktion

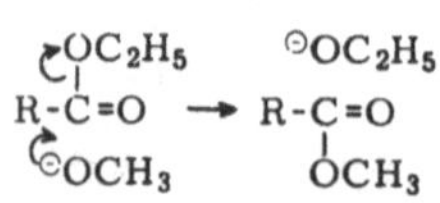

oder als zweistufiger Prozeß über ein tetraedrisches (sp^3) Zwischenprodukt (*25*) verlaufen:

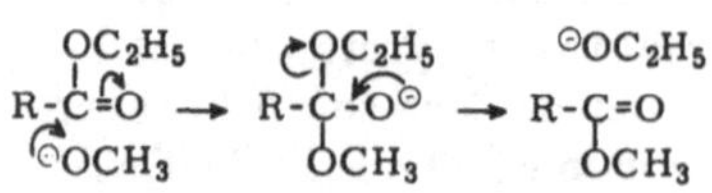

(*25*)

Zwischenprodukte vom Typ (*25*) sind aber weder isoliert worden, noch konnten sie – in solchen einfachen Systemen – unmittelbar nachgewiesen werden.

Im Hinblick auf das Chloral-Addukt (*24a*) konnte man jedoch hoffen, zu stabileren Carbonester-Addukten zu gelangen, wenn R eine stark elektronenanziehende Gruppe ist. Beobachtet man das IR-Spektrum von $CF_3COOC_2H_5$ in Lösung in Dibutyläther, so stellt man fest, daß die C=O-Absorption (1790 cm^{-1}) sehr rasch (und vollständig) verschwindet, wenn man Natriummethanolat oder -äthanolat zusetz. Wasser oder Äthylalkohol führen nicht zum Verschwinden der Bande, ebensowenig Natriummethanolat in Methanol. ($CH_3O^{\ominus}$ ist darin ein viel schwächeres Nucleophil wegen Solvatation durch CH_3OH-Moleküle.) Der Trifluoressigsäure-äthylester kann nach Zugabe von gasförmigem Chlorwasserstoff quantitativ zurückgewonnen werden. Ähnlich verschwindet auch die C=O-Absorption (1750 cm^{-1}) bei CF_3CONH_2, aber nur bis auf ca. 50%. Diese letztere Beobachtung ist wichtig, denn wenn selbst bei einer so stark elektronenanziehenden Gruppe wie Trifluormethyl die C=O-Gruppe nur zu 50% in das Addukt übergeführt wird, wundert es nicht, daß man bei Verbindungen wie $CH_3COOC_2H_5$ oder CH_3CONH_2 keine nachweisbare Konzentration an Addukt antrifft. Die Bildung von (*25a*)

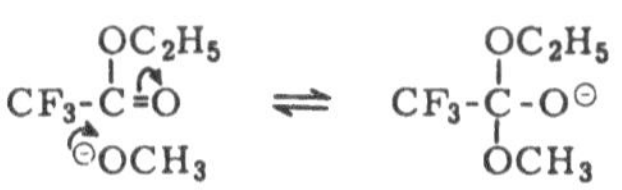

(*25a*)

läßt aber vermuten, daß tetraedrische Zwischenprodukte vom Typ (*25*) auch während der normalen nucleophilen Substitution von Carbonsäure-Derivaten gebildet und wieder zersetzt werden, wenngleich ihre Gleichgewichtskonzentration sicher sehr klein ist.

3.3.1.2. NMR

Führt man die Addition eines Halogens (z. B. Brom) an ein Alken unter polaren Bedingungen

$$CH_2{=}CH_2 + Br_2 \longrightarrow BrCH_2\text{-}CH_2Br$$

in Gegenwart eines Nucleophils $Y^{\ominus}$ (z. B. $Cl^{\ominus}$, $NO_3^{\ominus}$ usw.) durch, so entstehen, wie man schon lange weiß, außer dem Dibromid zusätzliche Produkte, obwohl die Gesamtgeschwindigkeit der Reaktion nicht geändert wird:

$$CH_2{=}CH_2 \xrightarrow[Y^{\ominus}]{Br_2} BrCH_2\text{-}CH_2Br + BrCH_2\text{-}CH_2Y$$

Die Geschwindigkeit, mit der diese Verbindungen entstehen, ist größer als die der Reaktion von $Y^{\ominus}$ mit zunächst gebildetem $BrCH_2CH_2Br$ unter gleichen Bedingungen. Wir haben es daher mit einer Parallelreaktion – vermutlich über ein gemeinsames Zwischenprodukt – zu tun. Die Addition von Brom kann demnach nicht in der folgenden Weise vollzogen werden:

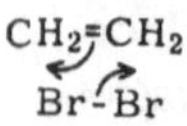

Der Reaktionsablauf muß vielmehr der Bildung des gemischten Produkts Rechnung tragen. Ein Vorschlag sieht die wechselseitige Polarisierung der Reaktanden gemäß (*27*), Herstellung einer Kohlenstoff-Halogen-Bindung in (*26*) und schließlich Bildung des Endprodukts durch Angriff von $Br^{\ominus}$ (oder $Y^{\ominus}$) auf (*26*) vor:

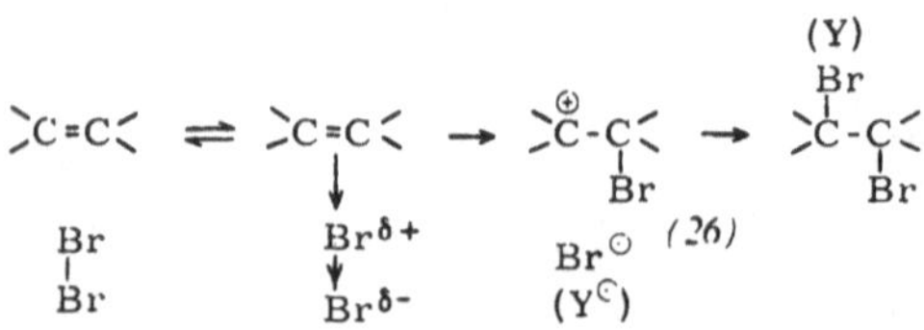

(*26*)

(*27*)

Damit wird verständlich, weshalb in Gegenwart von $Y^{\ominus}$ neben $BrCH_2CH_2Br$ auch $BrCH_2CH_2Y$ entsteht, denn $Br^{\ominus}$ ist gegenüber $Y^{\ominus}$, was den Angriff auf (*26*) angeht, in keiner Weise bevorzugt. Noch nicht erklärt ist zunächst aber die Tatsache, daß derartige polare Additionen, jedenfalls in einfachen Systemen, nahezu vollständig TRANS erfolgen (s. S. 153). Beispielsweise liefert Maleinsäure (*cis*-HOOC-CH=CH-COOH) ausschließlich (±) 1,2-Dibrom-bernsteinsäure (HOOC-CHBrCHBr-COOH; dem Leser wird empfohlen, das Beispiel selbständig auszuarbeiten), und Cyclopenten (*28*) liefert nur das *trans*-Dibromid (*29*):

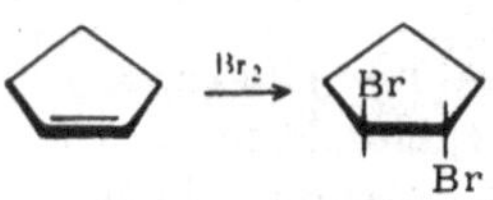

(*28*) (*29*)

Um dieser Stereospezifität Rechnung zu tragen, wurde vorgeschlagen, daß die Reaktion nicht über ein Carboniumion-artiges Zwischenprodukt vom Typ (*26*) verläuft, sondern über ein cyclisches Halonium(z. B. Bromonium)-Ion vom Typ (*30*). Dieses könnte unter der Mitwirkung eines Elektronenpaares am Bromatom aus zuerst gebildetem (*26*)

(26) (30)

oder auch direkt entstehen:

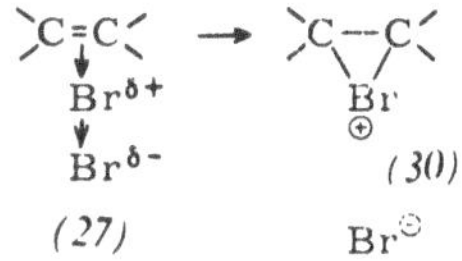

(27) (30)

Anschließend würde dann das Bromonium-Ion ausschließlich auf der vom voluminösen Bromatom abgewandten Seite von einem Anion (z. B. $Br^{\ominus}$, $Y^{\ominus}$) angegriffen werden, wodurch die beobachtete Stereospezifität erklärt wäre:

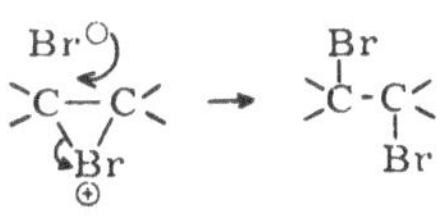

(30)

Das cyclische Bromonium-Ion wurde ursprünglich *ad hoc* eingeführt in der besonderen Absicht, die beobachtete Stereochemie der Additionsreaktion zu erklären. In der Folge ergaben sich zusätzliche Hinweise aus verschiedenen Bereichen, die seine Existenz erhärteten, aber nichts, was man einen „direkten" Nachweis hätte nennen können.

Schließlich wurden aber 1,2-Dibromide und andere 1,2-Dihalogenide wie z. B. (*31*) in „supersauren" Lösungen (SbF_5 in fl. SO_2 bei –60 °C) in Ionenpaare übergeführt:

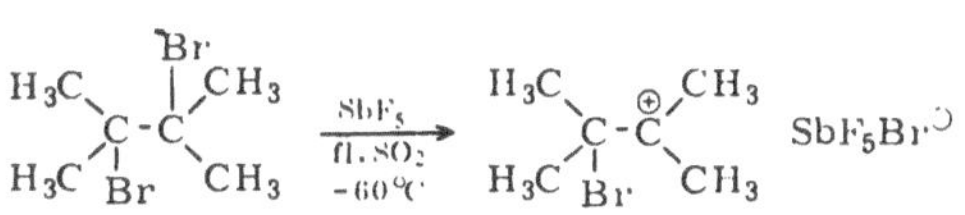

(31) (32)

Das Signal (8,0 τ) im ^{1}H-NMR-Spektrum des Ausgangsmaterials (*31*) findet sich im resultierenden Ion nach niedrigem Feld verschoben (7,1 τ), wie zu erwarten ist, aber man bekommt nicht das 2-Signal-Spektrum, das für (*32*) zu fordern ist (aus den getrennten Signalen zweier nicht-äquivalenter Paare von Methylgruppen), sondern nur ein einziges

Protonsignal: Alle vier Methylgruppen müssen also äquivalent sein! Dies ließe sich möglicherweise durch eine schnelle, im Gleichgewicht erfolgende Verschiebung gemäß

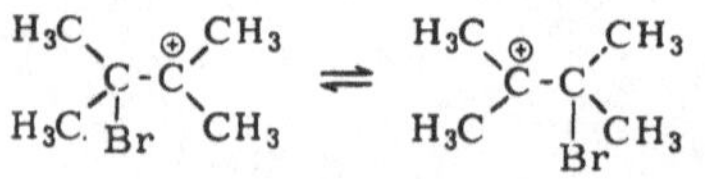

(32) *(32a)*

erklären, die, wenn sie nur rasch genug erfolgte, zu einem einzigen, über die Zeit gemittelten Signal führen würde. Es tritt aber keine signifikante Änderung des NMR-Spektrums ein, wenn man die Temperatur bis −120 °C senkt, in einen Bereich also, wo die Verschiebung (*32* ⇌ *32a*) ganz sicher so langsam geworden sein sollte, daß man zwei Signale beobachten müßte. Es kann danach praktisch als gesichert gelten, daß man bei der Ionenpaar-Bildung aus (*31*) tatsächlich unmittelbar die Entstehung des Bromonium-Ions (*30a*) beobachtet:

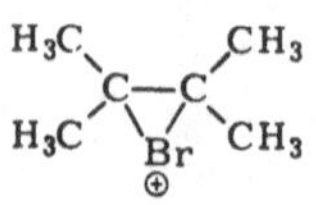

(30a)

Natürlich beweist die Erzeugung von Ionen wie (*30a*) unter so ganz anderen Bedingungen nicht ihre Beteiligung als Zwischenprodukte in der Addition von Brom an Alkene, aber zumindest wird den letzteren ihr ad-hoc-Charakter genommen, ihre Glaubwürdigkeit wird wesentlich verbessert.

Die NMR-Spektroskopie hat sich als besonders wertvoll für den direkten Nachweis von Carboniumionen erwiesen. Löst man beispielsweise das tertiäre Halogenid, 2-Fluor-2-methylpropan (*33*) (tert.-Butylfluorid), in überschüssigem Antimonpentafluorid auf, so wird die Protonenresonanz nach niedrigerem Feld verschoben, und es tritt ein einziges Signal bei 5,3 τ auf, das von den 9 äquivalenten Protonen im tert.-Butyl-Kation (*34*) rührt:

$$\underset{(33)}{(CH_3)_3C\text{-}F} + SbF_5 \rightleftharpoons \underset{(34)}{(CH_3)_3C^{\oplus}SbF_6^{\ominus}}$$

In dem noch stärker sauren System FSO_3H/SbF_5 werden auch Alkohole ionisiert:

$$(CH_3)_3C\text{-}OH \xrightleftharpoons{FSO_3H} (CH_3)_3C\text{-}\overset{\oplus}{O}H_2 \xrightleftharpoons[SbF_5]{FSO_3H} \underset{(34)}{(CH_3)_3C^{\oplus}SbF_5FSO_3^{\ominus}} + H_3O^{\oplus}$$

Bemerkenswerterweise sind die NMR-Spektren von primären und sekundären Alkoholen in FSO_3H/SbF_5 oft zeitabhängig, wodurch Umlagerung des zunächst gebildeten Kations angezeigt wird; wo irgendmöglich, führt diese letztlich zu einem besonders stabilen, tertiären Kation wie z. B. (*34*):

$$CH_3CH_2CH_2CH_2OH \xrightleftharpoons[SbF_5]{FSO_3H} CH_3CH_2CH_2CH_2^{\oplus}SbF_5FSO_3^{\ominus} \rightsquigarrow \underset{(34)}{(CH_3)_3C^{\oplus}SbF_5FSO_3^{\ominus}}$$

Die Stabilität dieses Kations ist – unter den genannten Bedingungen – so groß, daß es sogar unter Hydridabspaltung aus einem Alkan entsteht:

$$(CH_3)_3C\text{-}H \xrightleftharpoons[SbF_5]{FSO_3H} \underset{(34)}{(CH_3)_3C^{\oplus}SbF_5FSO_3^{\ominus}} + H_2$$

Auch hier werden nicht wirklich Zwischenprodukte in bestimmten Reaktionen identifiziert, aber die Glaubwürdigkeit von Carboniumionen als wirklich existierenden Teilchen wird belegt: in dem Maße müssen sie auch als reaktive Zwischenprodukte plausibler erscheinen.

3.3.1.3. ESR

Es wurden bereits weiter oben (s. S. 82) einige Charakteristika aufgeführt, die den Radikalreaktionen zukommen, nämlich die Initiierung durch Licht oder zugefügte Radikale, die Terminierung durch Inhibitoren usw. Die direkteste Methode der Identifikation aber macht davon Gebrauch, daß Radikale ein ungepaartes Elektron enthalten und dadurch paramagnetisch sind. Der Spin eines solchen ungepaarten Elektrons bewirkt ein magnetisches Moment, das sich in oder gegen die Richtung eines äußeren Magnetfeldes ausrichten kann. Diese beiden Zustände entsprechen verschiedenen Energieniveaus, und Übergänge zwischen ihnen führen zu charakteristischen Absorptionslinien im Mikrowellen-Bereich des Spektrums. Die Auswertung dieser Signale ist als Elektronenspinresonanz (ESR)-Spektroskopie (oder paramagnetische Resonanzspektroskopie) bekannt. Man kann mit ihrer Hilfe radikalische Zwischenprodukte in Konzentrationen bis herab zu 10^{-12}M nachweisen und wichtige Aussagen über ihre Struktur gewinnen.

Diese letztere Anwendungsmöglichkeit rührt daher, daß die beobachteten Signale auf Grund der Wechselwirkung des ungepaarten Elektrons mit solchen Kernen, die über ein magnetisches Moment verfügen – also z. B. mit ^{1}H und ^{13}C, aber nicht mit ^{12}C – eine Feinstruktur zeigen. Während das ESR-Spektrum von Methylradikalen keine Unterscheidung zwischen den Strukturen (*35a*) und (*35b*) gestattet,

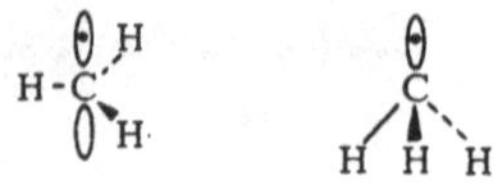

(*35a*) (*35b*)

zeigt die Untersuchung von $H_3{}^{13}C\cdot$, daß dieses Radikal – und demgemäß natürlich auch $H_3{}^{12}C\cdot$ – in der Tat (auf 5° genau) planar ist gemäß (*35a*). Die Planarität scheint allerdings kein wesentliches Charakteristikum zu sein, denn auch nicht-ebene Radikale sind keineswegs ungewöhnlich.

Eine Beschränkung der frühen Anwendungen der ESR-Spektroskopie bestand darin, daß man die Radikale wegen ihrer oft niedrigen Konzentrationen zur Messung einfangen und konservieren mußte, wozu sich feste Matrizen aus gefrorenem Krypton, Neon usw. mit ihren atomaren Hohlräumen eigneten. Das verhindert natürlich die Untersuchung von Reaktionszwischenprodukten. Neuerdings gewinnt aber die Messung in Lösung an Bedeutung, wie beispielsweise in der Untersuchung der Wasserstoff-Abstraktion aus Molekülen mit Hilfe von Hydroxyl-Radikalen. Beim Cycloheptatrien (*36*) ergab sich auf diese Weise ein Spektrum, das weit weniger kompliziert war als das für (*37*) erwartete:

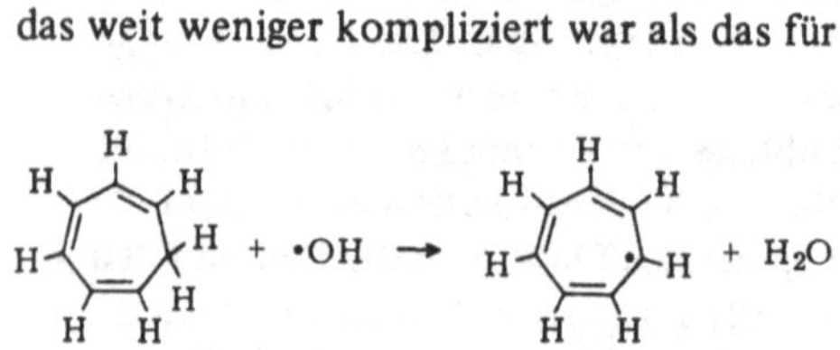

(*36*) (*37*)

Das Spektrum zeigt 8 äquidistante Linien, was auf eine symmetrische Struktur für das Cycloheptatrienyl-Radikal hinweist, in der der Spin des Elektrons mit 7 äquivalenten Protonen in Wechselwirkung steht. Die Struktur des Radikals muß demnach durch (*38*) wiedergegeben werden,

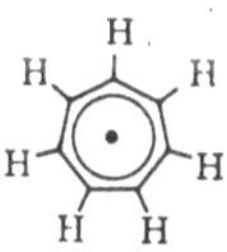

(38)

worin das Elektron unter Stabilisierung und Einebnung über alle 7 Kohlenstoffatome delokalisiert ist.

Mit diesen Beispielen soll nicht der Eindruck erweckt werden, als seien damit bereits alle Arten von spektroskopischen Techniken erwähnt worden, die zur Untersuchung von Reaktionszwischenprodukten erfolgreich eingesetzt worden sind. Beispielshalber ist noch die Raman-Spektroskopie herangezogen worden (s. unten, S. 100), und auch auf die Verwendung der UV-Spektroskopie (bei der Decarboxylierung von β-Ketosäuren, s. S. 111) sei verwiesen. Die Massenspektroskopie operiert in der Gasphase unter stark reduziertem Druck und ist dadurch eingeschränkt, aber auch dieses Verfahren ist in geistreichen Experimenten zur Untersuchung von Zwischenprodukten benutzt worden. Ein Beispiel, der Nachweis von Dehydrobenzol, wird später diskutiert (s. S. 109).

3.3.2. Andere physikalische Methoden

Die Untersuchung der Schmelzpunktserniedrigung von konzentrierter Schwefelsäure, die beim Auflösen von Verbindungen darin eintritt, zählt ebenfalls zu den physikalischen Messungen, die zu wertvollen Aussagen über die Natur reaktionsfähiger Spezies führten. Ein frühes Anwendungsbeispiel ergab sich im Zusammenhang mit der Rolle, die die Schwefelsäure als Bestandteil der „Nitriersäure" bei der aromatischen Nitrierung spielt:

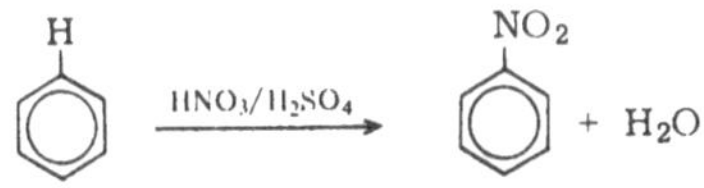

Bei der Auflösung bekannter Mengen konzentrierter Salpetersäure in konzentrierter Schwefelsäure erwies sich die Schmelzpunktserniedrigung als viermal so hoch wie erwartet, wodurch die Bildung von vier Teilchen (aus einem Molekül HNO_3) angezeigt wird. Da Schwefelsäure eine stärkere Säure ist als Salpetersäure, wird eine reversible Protonierung der letzteren durch die erstere als einleitende Wechselwirkung nahegelegt:

$$H_2SO_4 + H\ddot{O}{-}NO_2 \rightleftharpoons HSO_4^{\ominus} + H{-}\overset{\oplus}{O}(H){-}NO_2$$

(39)

Das würde jedoch erst zwei Teilchen pro zugefügtem HNO_3 ergeben. Durchaus plausibel wäre aber die Spaltung von (*39*) zu (*40*) und Wasser, das dann sofort wieder protoniert würde:

$$H\overset{\oplus}{O}(H){-}NO_2 \rightleftharpoons H_2O + {}^{\oplus}NO_2$$

(39) *(40)*

$$H_2O + H_2SO_4 \rightleftharpoons H_3O^{\oplus} + HSO_4^{\ominus}$$

Die Summierung dieser Teilreaktionen ergibt die Stöchiometrie,

$$HONO_2 + 2\,H_2SO_4 \rightleftharpoons {}^{\oplus}NO_2 + H_3O^{\oplus} + 2\,HSO_4^{\ominus}$$

(40)

und man sieht, daß tatsächlich vier Teilchen pro zugesetztem Molekül HNO_3 erzeugt werden. Diese Deutung hat noch den Vorteil, daß man für (*40*) stark elektrophile, und, im vorgegebenen Zusammenhang, nitrierende Eigenschaften erwarten kann. Eine gewisse Bestätigung kann in der Tatsache gesehen werden, daß auch die Mischung Salpetersäure/Perchlorsäure ein starkes Nitrierungsmittel ist, was bedeutet, daß Schwefelsäure kein notwendiger Bestandteil der Nitrierungsmischung ist. (Sie wird jedoch wegen ihrer guten Löseeigenschaften für aromatische Verbindungen weitläufig benutzt.) Was wirklich gebraucht wird, ist eine Säure, die die Acidität der Salpetersäure deutlich übertrifft und deren Protonierung herbeiführt.

Die Raman-Spektroskopie besteht in der Untersuchung der Strahlung, die von einer reinen Flüssigkeit oder einer konzentrierten Lösung bei Einstrahlung von möglichst monochromatischem Licht gestreut wird. Die Raman-Spektren der Lösungen von Salpetersäure in Schwefelsäure zeigen eine Bande bei 1400 cm^{-1}, die nach der Theorie nur von einem zweiatomigen oder einem symmetrischen, linearen dreiatomigen Molekül stammen kann. Die Bildung einer zweiatomigen Spezies kann man sich schwer vorstellen. Dieselbe Absorption zeigen auch Mischungen von Salpetersäure und Perchlorsäure und stabile Salze wie $NO_2^{\oplus}BF_4^{\ominus}$, $NO_2^{\oplus}ClO_4^{\ominus}$ usw. – deren Bindungsverhältnisse zum Teil einwandfrei durch die Röntgenstrukturanalyse ermittelt werden konnten – sowie, wenn auch schwach, Salpetersäure selbst (auf Grund einer geringfügigen Selbstprotonierung). Alles weist also darauf hin, daß die Absorption auf das Nitronium-Ion (*40*)

$O=\overset{\oplus}{N}=O$

(*40*)

zurückgeht und daß dieses Ion in Nitriersäure zugegen ist. Es kann danach kein vernünftiger Zweifel bestehen, daß es das eigentlich nitrierende Agens ist.

Ein weiteres Beispiel, wie man aus der Messung der Schmelzpunktserniedrigung Aussagen über Zwischenprodukte gewinnen kann, wird weiter unten diskutiert (s. S. 128).

3.4. Abfangen von Zwischenprodukten

Die Technik des Abfangens hat den Vorteil, daß sie unmittelbar auf das reagierende System angewandt wird. Einschränkend muß aber verlangt werden, daß der zugesetzte „Abfänger" den Ablauf der zu untersuchenden Reaktion nicht beeinflußt außer eben durch das „Herausschneiden" des reaktiven Zwischenprodukts. Der Abfänger darf also erst nach der Bildung des betreffenden Zwischenprodukts in das Reaktionsgeschehen eingreifen, was sich am besten dadurch sicherstellen läßt, daß man sich von der unveränderten Reaktionsgeschwindigkeit (Geschwindigkeit, mit der Ausgangsmaterial verschwindet) auch nach seiner Zugabe überzeugt. Auch muß man der Versuchung widerstehen, ein konkurrierendes Endprodukt der Reaktion als Zwischenprodukt anzusprechen, nur weil es vielleicht ebenfalls mit dem Abfangmittel reagiert.

3.4.1. Radikale

Die Möglichkeit, Radikalkettenreaktionen mit Inhibitoren zu stoppen, ist bereits erwähnt worden (s. S. 82). Man kann hierin einen Fall einer Abfangreaktion sehen, da die Inhibitoren ihre Wirkung der Leichtigkeit verdanken, mit der sie mit radikalischen Zwischenprodukten reagieren und diese dadurch „löschen". Ein solcher Inhibitor ist Hydrochinon (*45*), das als Antioxidans verwendet, d. h. Substanzen zugesetzt wird, um deren Oxidation durch den Sauerstoff der Luft (Autoxidation, die hauptsächliche Ursache der Zersetzung vieler organischer

Verbindungen) zu verhindern. Solche Autoxidationen sind gewöhnlich Radikalreaktionen, z. B. im Falle des Benzaldehyds, dessen Oxidation durch Licht, Spuren oxidierender Metall-Ionen (die gewöhnlich zugegen sind), Peroxide (ROOR) oder andere Radikalquellen initiiert wird:

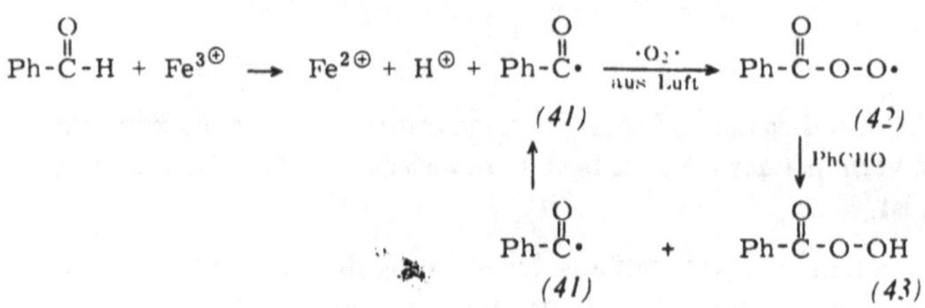

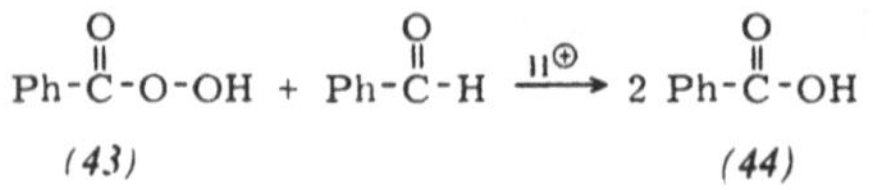

Molekularer Sauerstoff kann als wenig reaktionsfähiges Diradikal aufgefaßt werden, das normalerweise nicht in der Lage ist, andere Radikale – z. B. durch Abstraktion von Wasserstoff – zu erzeugen, das aber sehr leicht mit irgendwelchen anwesenden Radikalen, die anderweitig gebildet worden sind, reagiert, z. B. mit Benzoyl-Radikal (*41*). Das entstehende Perbenzoat-Radikal (*42*) ist reaktiv und kann Wasserstoff von einem zweiten Molekül Benzaldehyd abspalten, wobei Perbenzoesäure (*43*) und ein weiteres Benzoyl-Radikal (*41*) entsteht, das seinerseits den nächsten Oxidationszyklus initiiert. Auf diese Weise entsteht eine oxidative Kettenreaktion unter Beteiligung des Sauerstoffs der Luft, aus der Perbenzoesäure (*43*) hervorgeht. Zur Bildung des Endprodukts, Benzoesäure (*44*), kommt es dadurch, daß diese Perbenzoesäure ein weiteres Molekül Benzaldehyd in einem nicht-kettenartigen, Säure-katalysierten Prozeß angreift. Die Geschwindigkeit dieses letzteren Schrittes steigt daher in dem Maße, wie sich Benzoesäure anreichert, d. h. der Schritt ist autokatalytisch (s. S. 32).

Die Wirkung zugesetzten Hydrochinons (*45*) besteht darin, daß diese Verbindung bevorzugt mit den Benzoyl-Radikalen (*41*) reagiert

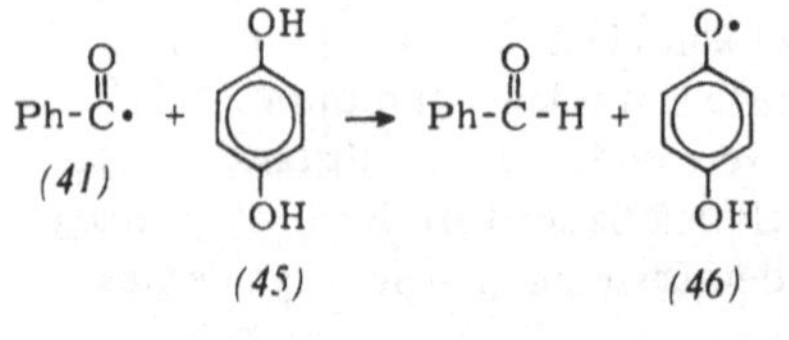

und dadurch die oxidative Kettenreaktion zum Erliegen bringt. Das entstehende Radikal (*46*) ist nämlich nicht reaktionsfähig genug, um die Kette fortzusetzen, wahrscheinlich wegen der Delokalisierung des ungepaarten Elektrons über das aromatische System und der damit verbundenen Stabilisierung. (*46*) kann jedoch ein weiteres Kettenunterhaltendes Radikal löschen, indem es selbst in Chinon (*47*) übergeht:

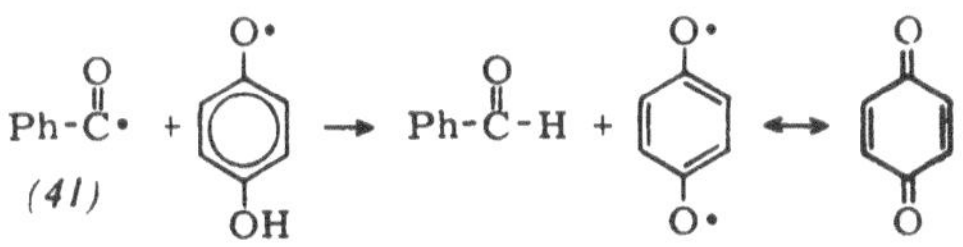

(*41*) (*46*) (*47*)

Man mag einwenden, daß man kaum davon sprechen kann, Hydrochinon (*45*) habe Zwischenprodukte „abgefangen", da das radikalische Zwischenprodukt nicht in Form einer Verbindung mit dem Abfänger-Molekül isoliert und dadurch identifiziert worden ist. Wir haben jedoch die Zwischenprodukte als Radikale identifiziert, und dem genannten Einwand kann in manchen Fällen sogar insofern begegnet werden, als das Chinon (*47*) ebenfalls als „Falle" für Radikale fungieren kann, jetzt aber unter deren Einbau:

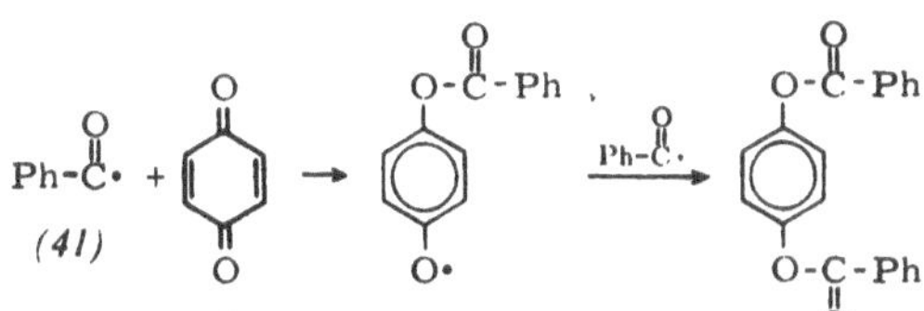

(*41*) (*47*)

Ein weiterer Test auf radikalische Zwischenprodukte beruht auf deren Fähigkeit, die Polymerisation leicht polymerisierbarer Verbindungen wie Styrol (*48*) auszulösen:

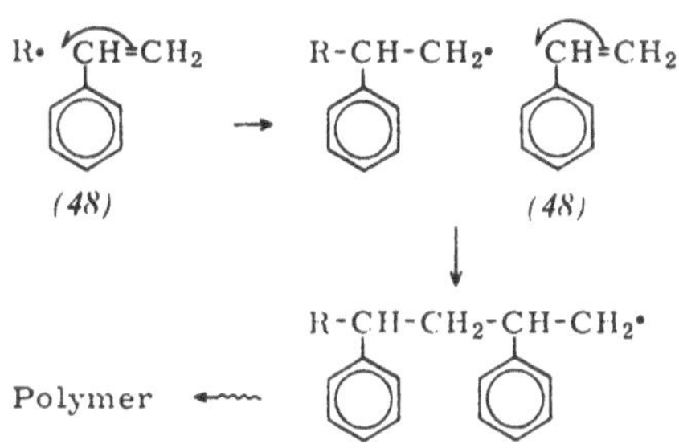

(*48*) (*48*)

Setzt man daher monomeres Styrol einer vermutlich radikalisch ablaufenden Reaktion zu, so entsteht Polystyrol unter Einbau des ursprünglichen radikalischen Zwischenprodukts als Endgruppe. In Polymeren nicht zu großer Kettenlänge kann man diese Endgruppe oft identifizieren.

3.4.2. Carbene

Zu den weniger weit verbreiteten reaktiven Zwischenprodukten gehören Carbene R_2C: und Nitrene RN, beide ungeladen aber in hohem Maße arm an Elektronen, da die C- bzw. N-Atome jeweils nur sechs Elektronen in ihren Außenschalen haben. Am bekanntesten in der erstgenannten Klasse sind Dihalogencarbene wie CCl_2, von dem man annimmt, daß es bei der Hydrolyse von Chloroform in Gegenwart starker Base entsteht:

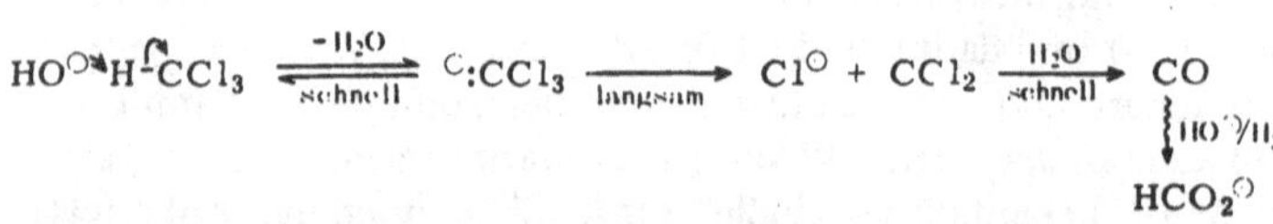

Die einleitende Entfernung eines Protons ist allem Anschein nach schnell, denn in deuterierten Lösungsmitteln wie D_2O ist die Hydrolyse langsam im Vergleich zu der Geschwindigkeit, mit der Deuterium in noch nicht hydrolysiertes Chloroform eingebaut wird. Vermutlich ist die Bildung des Dichlorcarbens der langsame, geschwindigkeitsbestimmende Schritt. Von einer solchen Elektronenmangel-Verbindung kann man stark elektrophile Eigenschaften erwarten, und tatsächlich führt die Zugabe von *cis*-2-Buten (*49*) als „Abfänger" unter geeigneten Bedingungen zur Bildung eines 1,1-Dichlor-cyclopropans (*50*), indem sich das elektrophile Dichlorcarben an die Doppelbindung anlagert:

(*49*) (*50*)

Ein plausibler Vorschlag für den Ablauf der Reimer-Tiemann-Reaktion von Phenol, Chloroform und einer starken Base zu Salicylaldehyd (*51*) besteht darin, daß im entscheidenden Schritt Dichlorcarben (das aus Chloroform und der Base gebildet worden ist) abgefangen wird:

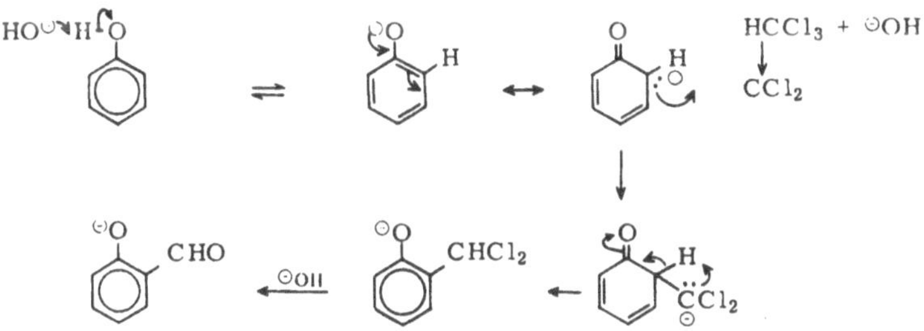

(51) (52)

Eine starke Stütze erfährt dieser Mechanismus durch die verwandte Reaktion mit dem Anion (*53*) des *p*-Cresols, aus der zusätzlich zum erwarteten *o*-Aldehyd (*54*) die Dichlorverbindung (*56*) hervorgeht:

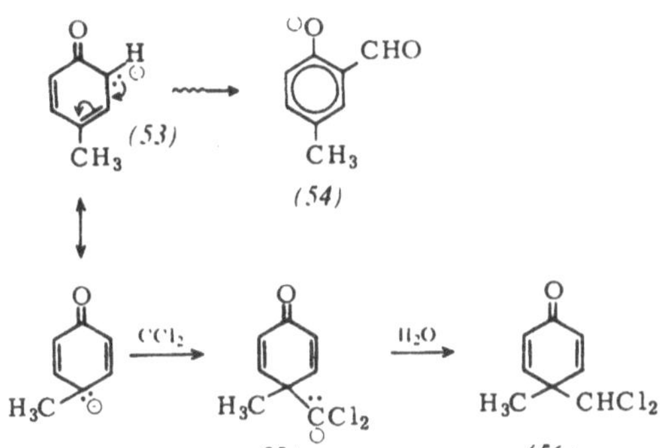

(53) (54) (55) (56)

Hier kann das Carben-Addukt (*55*) kein Proton eliminieren, um das aromatische System zurückzubilden – wie das im entsprechenden Addukt (*52*) aus Phenol der Fall war – und stabilisiert sich daher durch Abstraktion eines Protons aus dem Lösungsmittel unter Bildung des Endprodukts (*56*). Dieses überdauert die Hydrolyse teils wegen seiner geringen Löslichkeit im verwendeten wäßrigen Alkali, teils auch wegen der Neopentyl-artigen (s. S. 126) Umgebung der Halogenatome, die die Annäherung eines Hydroxid-Ions stark behindert.

Dichlorcarben und andere Carbene sind nicht nur Zwischenprodukte in der Hydrolyse von Haloformen, sondern sie werden auch in einer Reihe anderer Reaktionen gebildet, vor allem, wenn man diese in Abwesenheit hydroxylischer Verbindungen (Lösungsmittel oder Produkte) durchführt:

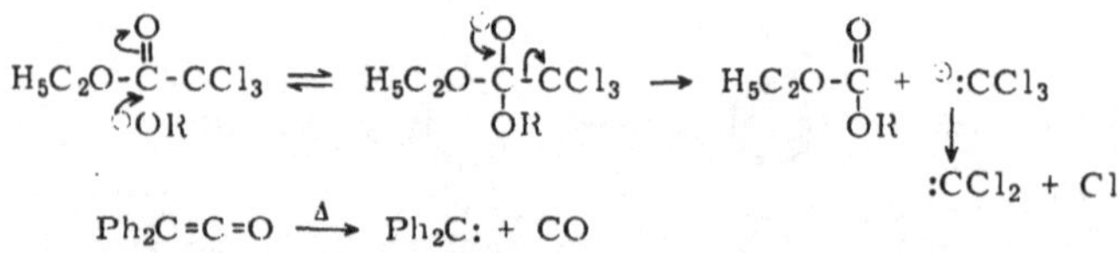

Man kann dann für präparative Zwecke ausreichende Konzentrationen an Carbenen erzeugen.

3.4.3. Nitrene

Nitrene $R\ddot{N}$ sind als Zwischenprodukte in einer Reihe von Reaktionen vorgeschlagen worden, darunter der Reduktion von aromatischen Nitro- und Nitroso-Verbindungen ($ArNO_2$ bzw. ArNO) mit trivalenten Phosphorverbindungen wie Triäthyl-phosphit. Als Beleg kann man den Arylrest Ar so wählen, daß er als eingebaute Falle für das intermediäre, stark elektrophile Nitren-Strukturelement fungiert:

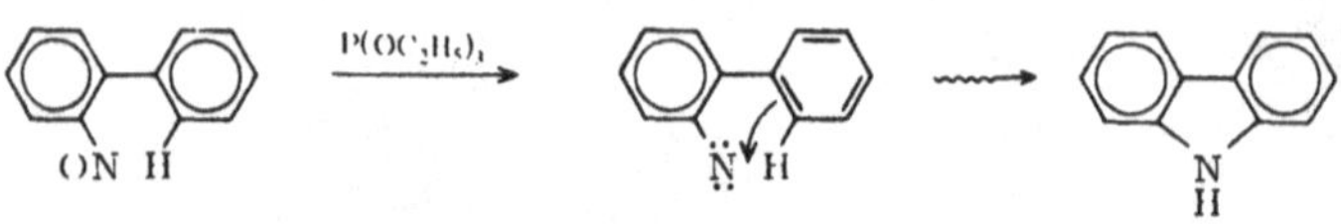

(57)

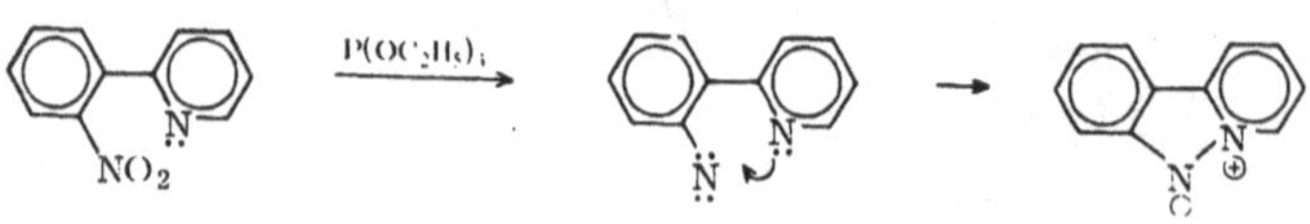

(58)

Die „Abfangprodukte" (*57*) und (*58*) werden in der Tat in hohen Ausbeuten gebildet. Wenn das auch nicht als eindeutiger Beweis für die Nitren-Zwischenstufe angesehen werden kann, so wird diese doch dadurch noch wahrscheinlicher gemacht, daß man ganz ähnliche Produktbildungen aus der Photolyse entsprechender Azide (*59*) bekommt, deren Zersetzung zu Nitrenen der Natur der Sache nach noch wahrscheinlicher ist und die auch noch besser fundiert ist:

$$Ar{-}\ddot{N}{-}\overset{\oplus}{N}{\equiv}N \xrightarrow{h\nu} Ar{-}\ddot{N} + N{\equiv}N \qquad (59)$$

3.4.4. Arine

Nicht-aktivierte Arylhalogenide wie 4-Chlor-toluol (*60*) reagieren mit Basen und Nucleophilen sowohl zu den erwarteten als auch zu unerwarteten Produkten, im Beispiel (*61*) bzw. (*62*):

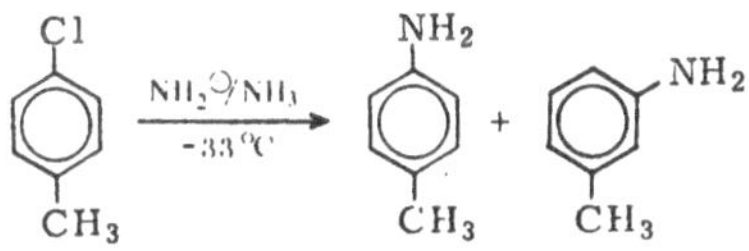

(60) *(61)* *(62)*

Diese Beobachtung zeigt, daß es sich hier nicht um einen einfachen Verdrängungsprozeß handelt, und führte dazu, Dehydroaromaten (Arine) vom Typ (*63*) als Zwischenprodukte vorzuschlagen. Die „Verdrängungsreaktion" ist danach in Wirklichkeit eine Eliminierung/Addition:

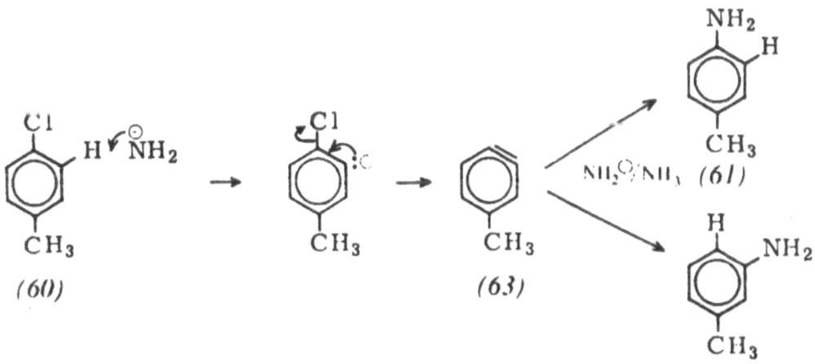

(60) *(63)* *(61)* *(62)*

Dieser Vorschlag wird zunächst durch die Tatsache gestützt, daß man niemals Produkte erhielt, in denen die Aminogruppe (allgemein: das Nucleophil) die Position *meta* zum Kohlenstoffatom einnahm, das ursprünglich das Halogenatom trug. Es sei darauf hingewiesen, daß Dehydrobenzol (Benz-in; engl.: benzyne) nicht als Acetylen aufgefaßt werden darf, dessen sp-Orbitale nämlich eine im wesentlichen lineare Anordnung der beiden durch die Dreifachbindung verknüpften und der beiden angrenzenden Kohlenstoffatome verlangen würde, sondern als ein aromatisches System mit zwei Hybridorbitalen in derselben Ebene:

Wegen der gegenseitigen Anordnung dieser beiden Orbitale kann die Überlappung zwischen ihnen nur minimal, die resultierende „Bindung" also nur schwach oder hoch reaktiv sein. Man sollte daher erwarten, daß Dehydrobenzol und seine Abkömmlinge sich leicht in einer Diels-

Alder-Reaktion an Diene addieren lassen. In der Tat findet man, daß sich Diene vorzüglich als Abfänger für Arine eignen:

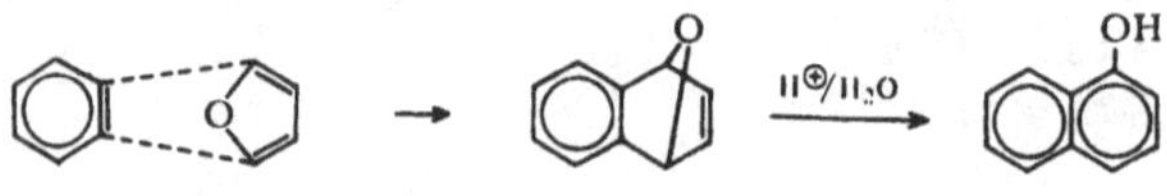

(64) (65) (66)

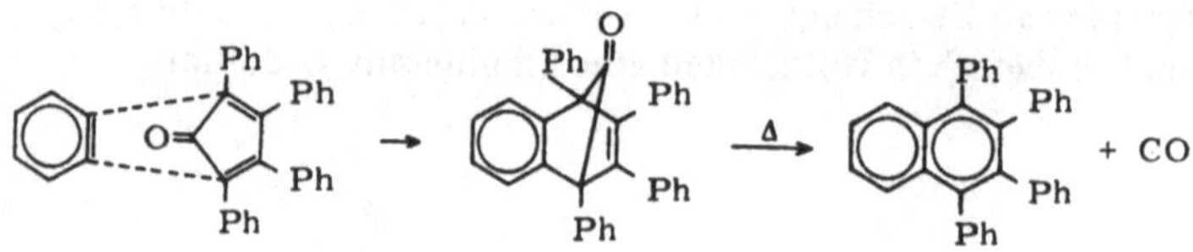

(67) (68) (69)

Mit Furan (*64*) entsteht das stabile Addukt (*65*), das durch Behandlung mit verdünnter Säure in das bekanntere α-Naphthol (*66*) umgewandelt wird. Das mit Tetraphenyl-cyclopentadienon (Tetracyclon, *67*) erhaltene Addukt (*68*) spaltet unter den Bedingungen der Reaktion leicht Kohlenmonoxid ab und liefert unmittelbar das Naphthalin-Derivat (*69*). Die Triebkraft für diese Abspaltung ist die mit der Aromatisierung verbundene Stabilisierung. Tetracyclon ist ein besonders gut geeigneter Abfänger, da die Verbindung tief purpurfarben ist, während die Addukte farblos sind, so daß man die Abfangreaktion kolorimetrisch oder sogar mit dem Auge verfolgen kann.

Die bei der Einwirkung von $NH_2^{\ominus}/NH_3$, $HO^{\ominus}$ usw. auf nichtaktivierte Arylhalogenide erzielbare Konzentration an Dehydroaromaten ist niedrig, da diese unmittelbar nach ihrer Bildung mit den in hoher Konzentration vorhandenen Nucleophilen reagieren. Weit höhere Konzentrationen an Dehydroaromaten kann man erzielen, wenn man von geeigneten Verbindungen ausgeht, die zu ihrer Zersetzung nicht der Gegenwart von Nucleophilen bedürfen, insbesondere wenn man Lösungsmittel geringer Polarität verwendet, z. B.:

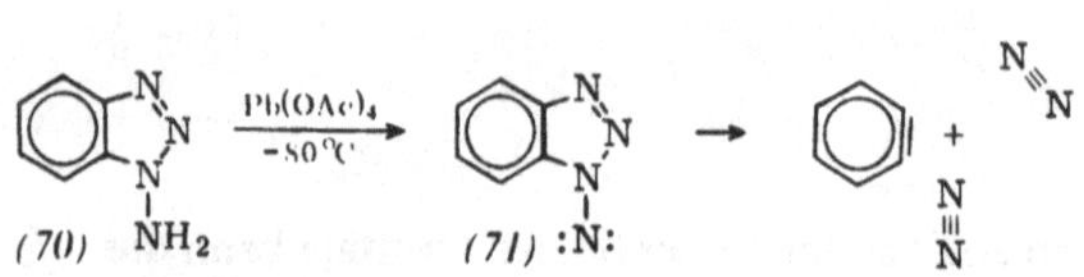

(70) (71)

Bemerkenswerterweise bekommt man bei der Oxidation von 1-Aminobenztriazol (*70*) mit Bleitetraacetat bei –80 °C als erstes Zwischenprodukt das Nitren (*71*), das dann zwei Moleküle Stickstoff (hohe Abspaltungstendenz!) verliert und Dehydrobenzol liefert. Die Ausbeuten an dem Arin-Zwischenprodukt sind so hoch, daß man davon ohne weiteres synthetischen Gebrauch im Sinne einer präparativen Abfangreaktion machen kann:

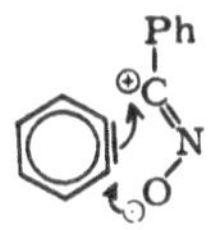

(*72*)

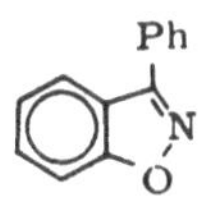

(*73*)

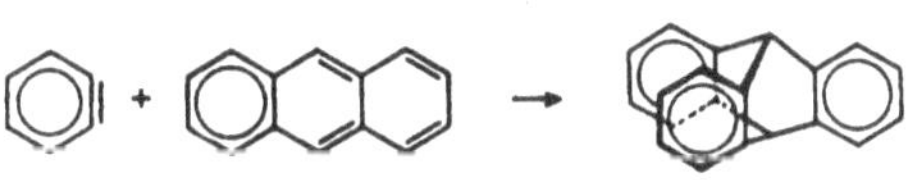

(*74*) (*75*)

So reagiert Benznitriloxid (*72*) als 1,3-Dipol zum Benzisoxazol (*73*), und mit Anthracen (*74*) entsteht der interessante, käfigartige Kohlenwasserstoff Triptycen (*75*). Sind keine abfangenden Substanzen zugegen, so unterliegen die in hoher Konzentration vorhandenen Dehydrobenzol-Moleküle einer Selbstaddition zu Biphenylen (*76*), das in guten Ausbeuten erhalten werden kann:

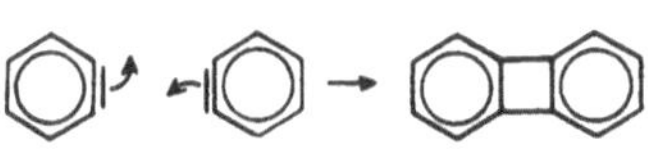

(*76*)

Ein sehr schöner Nachweis eines Arin-Zwischenprodukts gelingt, wenn man das Zwitterion (*78*) aus der Diazotierung von Anthranilsäure (*77*) im erhitzten Einlaßsystem eines Massenspektrometers zersetzt. Es entsteht ein sehr einfaches Massenspektrum, dessen Hauptlinien den Fragmenten *m/e* 28, 74 und 76 entsprechen:

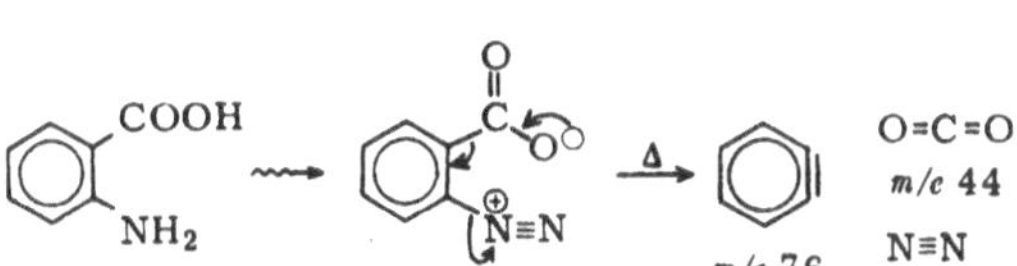

(*77*) (*78*)

Das Massenspektrum ist zeitabhängig, wobei das Signal bei *m/e* 76 rasch verschwindet und durch *m/e* 152 ersetzt wird, entsprechend einer fortschreitenden Dimerisierung von Dehydrobenzol zu Biphenylen (*76*).

Man hat die Frage geprüft, ob wirklich immer dieselbe Zwischenstufe, Dehydrobenzol, aus so verschiedenartigen Quellen – zusätzlich zu der „Verdrängungs"-Reaktion der nicht-aktivierten Arylhalogenide – gebildet wird. Dazu wurde dasselbe Gemisch zweier Diene – Furan und 1,3-Cyclohexadien – den fraglichen Systemen zugesetzt, in denen Dehydrobenzol aus einer Reihe von Vorläufern entstehen sollte. Tatsächlich wurde in jedem Fall dasselbe Verhältnis der Addukte aus beiden Dienen erhalten, womit klar erwiesen ist, daß es sich stets um dasselbe Zwischenprodukt handelt.

3.4.5. Carbanionen

Die wohlbekannte Decarboxylierung der Anionen von Carbonsäuren verläuft, wie man annimmt, zumindest in bestimmten Fällen über Carbanionen (*79*) als Zwischenprodukte:

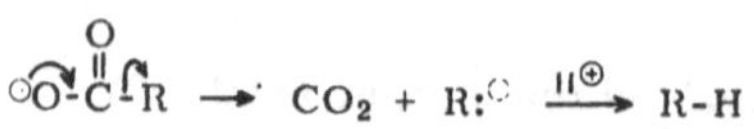

(*79*)

Es ist dann zu erwarten, daß elektronenanziehende Gruppen in R das carbanionische Zwischenprodukt stabilisieren und daß demzufolge die Decarboxylierung der Salze entsprechend substituierter Säuren besonders rasch verläuft. Dies ist auch der Fall, wie das Verhalten der β-Ketosäuren, $RCOCH_2COOH$, der Trihalogenessigsäuren, z. B. Cl_3CCOOH, und der α-Nitrosäuren (*80*), um nur einige Beispiele zu nennen, zeigt:

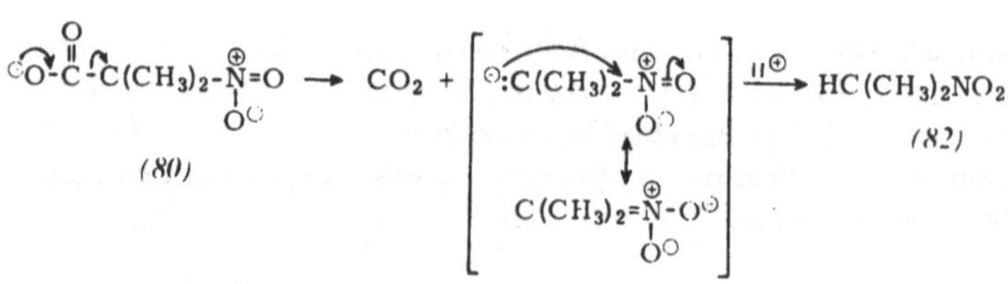

(*80*) (*81*) (*82*)

Stabilisierte (delokalisierte) Carbanionen wie (*81*) können abgefangen und identifiziert werden, indem man die Decarboxylierung in Gegenwart von Brom durchführt. Die Geschwindigkeit der Decarboxylierung wird dadurch nicht beeinflußt, aber Endprodukt ist jetzt nicht mehr das Nitroalkan (*82*), sondern das Bromderivat (*83*). Normales Endprodukt (*82*) und Ausgangsmaterial (*80*) werden unter diesen Bedingungen nur sehr langsam, wenn überhaupt, von Brom angegriffen, und da sich

(*83*) rasch bildet, muß es folglich aus einer reaktiven Vorstufe von (*82*) entstehen:

$$Br\text{-}Br \; {:}C(CH_3)_2NO_2 \longrightarrow Br^{\ominus} + BrC(CH_3)_2NO_2$$

(*81*) (*83*)

Nach kinetischen Untersuchungen sind an der Decarboxylierung von β-Ketosäuren sowohl die freie Säure als auch ihr Anion beteiligt,

$$r = k_1[RCOCH_2CO_2^{\ominus}] + k_2[RCOCH_2COOH]$$

wobei die relativen Anteile der beiden Beiträge von der Struktur der Säure und auch von den Reaktionsbedingungen abhängen. Die Zersetzung der freien Säure verläuft dabei wahrscheinlich über einen sechsgliedrigen Übergangszustand oder über ein solches Zwischenprodukt, und die Decarboxylierung kann hier – aber muß nicht – ein Synchronprozeß sein:

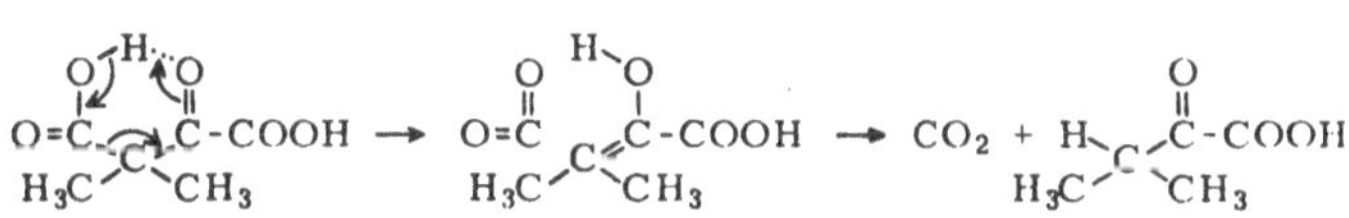

(*84*) (*85*) (*86*)

Im Falle der Säure (*84*) könnte die Decarboxylierung durch eine Protonverschiebung über eine Wasserstoffbrücken-Bindung eingeleitet werden. In diesem Fall wird der Reaktionsweg über das Enol (*85*) des Endprodukts führen. Die abschließende Enol → Keton-Umwandlung dürfte schnell erfolgen. Sofern keine besonderen Stabilisierungsfaktoren zugegen sind, pflegen solche Umwandlungen sehr weitgehend zum Keton zu führen. Im obigen Beispiel ist die Isomerisierung allerdings langsam, und man kann die Gesamtreaktion UV-spektroskopisch verfolgen. Die ursprüngliche Absorption von (*84*) bei 335 nm (ϵ = 38) verschwindet und wird durch eine Absorption bei 240 nm (ϵ = 7500) ersetzt, die man in Analogie zu anderen Spezies auf (*85*) zurückführt und die dann ihrerseits langsam in eine Absorption bei 310 nm, hervorgerufen durch (*86*), übergeht. Die Gegenwart des Enols (*85*) kann man auch durch seine Reaktion mit Brom nachweisen:

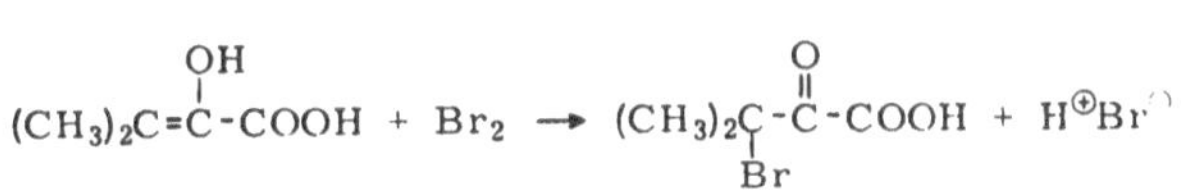

(*85*) (*87*)

Sie führt zum Bromderivat (*87*) des normalen Decarboxylierungsprodukts (*86*), das selbst ebensowenig wie die Ausgangsverbindung (*84*) unter den Reaktionsbedingungen von Brom angegriffen wird.

Wohlbekannt ist die Basen-induzierte Deprotonierung von Verbindungen zu ihren korrespondierenden Carbanionen, wenn diese – wie z. B. (*88*) – durch Delokalisation stabilisiert sind:

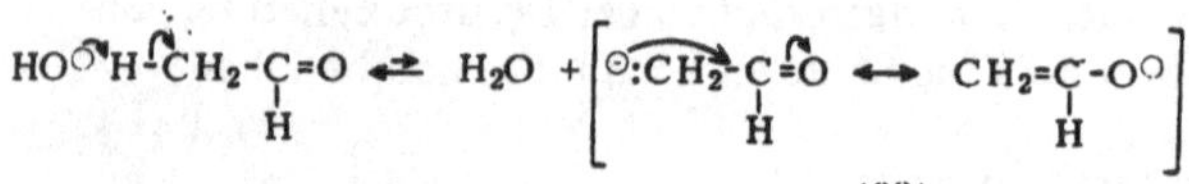

(*88*)

Tatsächlich werden solche Carbanionen in einer Reihe präparativ wertvoller Reaktionen vom Typ der Aldol-Kondensation gebildet und anschließend von noch nicht umgesetzter Ausgangsverbindung abgefangen:

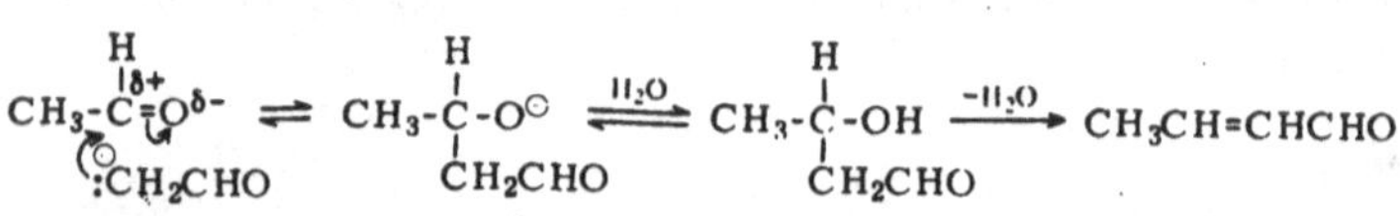

(*88*)

Das Verhalten von Verbindungen mit einer eingebauten „Falle" in Form eines dem Reaktionszentrum benachbarten Kohlenstoffatoms, das eine gute – d. h. leicht als Anion abspaltbare – Abgangsgruppe trägt, kann als weiterer Beleg für die Bildung solcher Carbanionen gelten. Beispielsweise führt der Angriff von Methanolat-Ion auf das α-Bromketon (*89*) nicht zum erwarteten Methyläther (*90*), sondern zum Methylester (*91*):

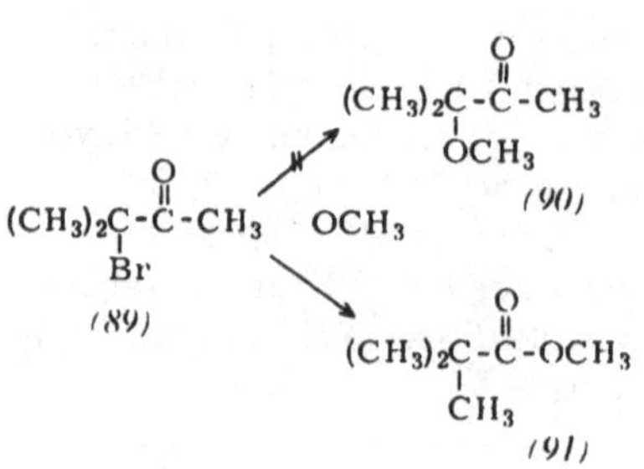

Man kann sich dieses überraschende Resultat durch einen Reaktionsablauf der folgenden Art erklären:

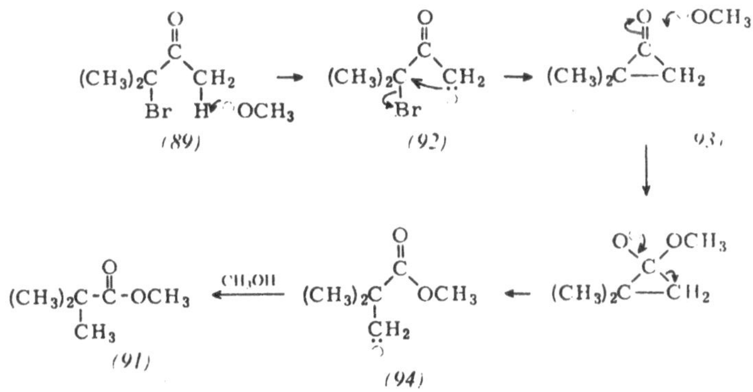

Darin wird das zuerst gebildete Carbanion (*92*) durch das dazu β-ständig angeordnete Kohlenstoffatom – unter gleichzeitigem Verlust von Bromid-Ion – zum Cyclopropanon (*93*) abgefangen. Dieses geht mit Methanolat-Anion Ringöffnung zu einem zweiten Carbanion (*94*) ein, das sich durch Abstraktion eines Protons aus dem Lösungsmittel zum beobachteten Endprodukt (*91*) stabilisiert. Umwandlungen dieser Art werden als Favorskii-Umlagerung bezeichnet. Weitere Argumente für den oben vorgeschlagenen Ablauf werden später diskutiert (s. S. 230).

3.4.6. in der Claisen-Umlagerung

Wie schon erwähnt (s. S. 72), wandert die Allylgruppe in der Claisen-Umlagerung von O-Allylphenolen (*95*) mit blockierten *o*-Positionen in die *p*-Position zum Phenol (*96*):

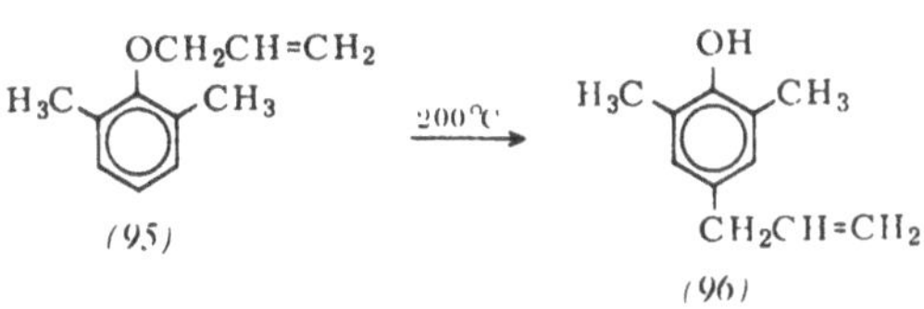

Auf Grund von Isotopenmarkierungsexperimenten (^{14}C) weiß man jedoch, daß die Allylgruppe nicht unmittelbar, sondern über ein *o*-Zwischenprodukt (*97*) in die *p*-Stellung gelangt:

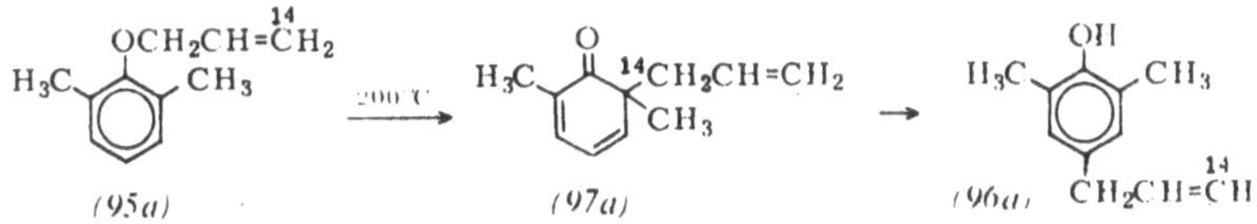

Zunächst war dies eine Schlußfolgerung mehr indirekter Art, doch ist es später gelungen, unter geeigneten Bedingungen das vermutete Dienon-Zwischenprodukt (*97*) durch 1,4-Addition von Maleinanhydrid an die konjugierten Doppelbindungen in einer Diels-Alder-Reaktion abzufangen und das Addukt (*98*) zu isolieren:

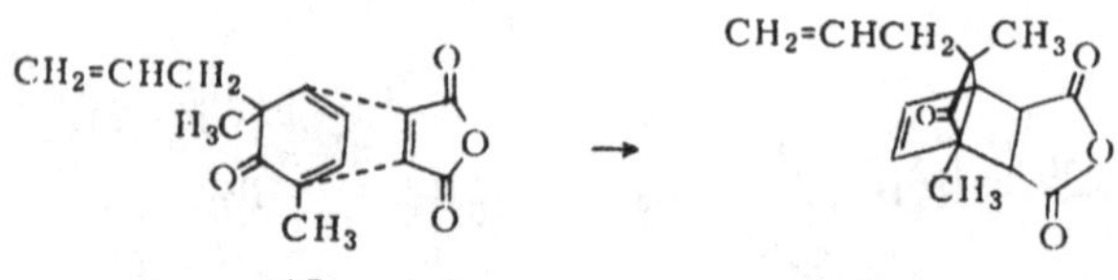

(*97*) (*98*)

Wenn man dieses Addukt (*98*) erhitzt, so wird die Diels-Alder-Reaktion rückgängig gemacht, aber unter den dafür erforderlichen Bedingungen wird das zurückgebildete (*97*) in das normale *p*-Allylphenol (*96*) als Endprodukt umgewandelt.

3.4.7. in der Ozonolyse

Die Addition von Ozon an Alkene unter Bildung von Ozoniden konnte lange Zeit wegen der Labilität der letzteren, die zur Explosion neigen und daher meist *in situ* zu den normalen Carbonyl-Endprodukten zersetzt werden, nicht näher untersucht werden:

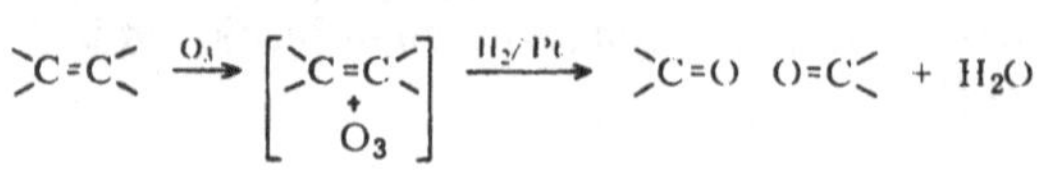

Ozonid

Man kann sich vorstellen, daß der Angriff des Ozons auf die Doppelbindung im Sinne der 1,3-dipolaren Addition vom elektrophilen Ende des Ozon-Dipols (*99*) eingeleitet wird:

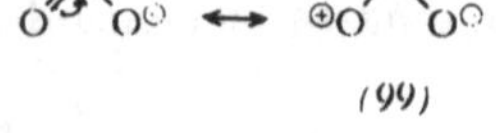

(*99*)

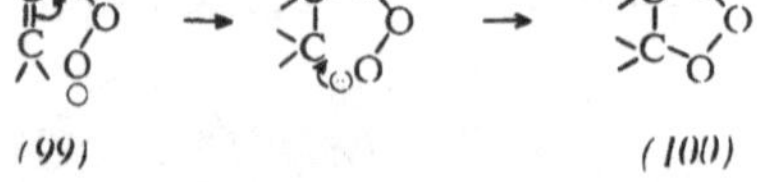

(*99*) (*100*)

Hierfür spricht auch die beobachtete Beschleunigung der Ozon-Anlagerung durch Lewis-Säuren wie BF_3. Es ist jedoch unwahrscheinlich, daß das normale Ozonid die Struktur (*100*) hat, denn man würde von einer solchen Verbindung nicht die tatsächlich beobachtete sehr rasche Zersetzung zu zwei Molekülen Carbonylverbindung bei Hydrolyse oder Hydrierung unter überaus milden Bedingungen erwarten. NMR-spektroskopisch konnte dann in einer Reihe von Fällen gezeigt werden, daß sich das zuerst gebildete Addukt („Primärozonid“) rasch in das normale Ozonid umwandelt. Schließlich wurde aus der Einwirkung von Ozon auf *trans*-2,2,5,5-Tetramethyl-hex-3-en (*101*) die Verbindung (*102*) unter sehr milden Bedingungen isoliert und dadurch die allgemeine Struktur (*100*) für das Primäraddukt bestätigt. Die Verbindung zeigt (neben den Methylsignalen) nur ein weiteres Protonsignal im NMR-Spektrum, d. h. die beiden C-H-Protonen sind symmetrisch angeordnet. Auch wurde gezeigt, daß die Reduktion des Addukts das 1,2-Diol (*103*) entstehen läßt, woraus zu schließen ist, daß die ursprüngliche C=C-Doppelbindung im Addukt noch nicht völlig gespalten ist:

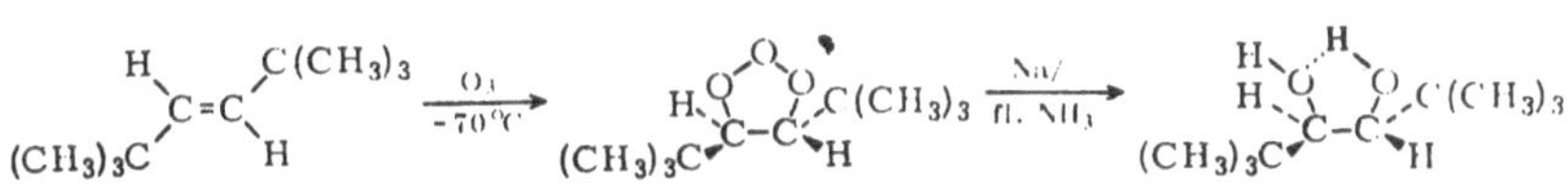

(*101*) (*102*) (*103*)

Nach der zuletzt genannten Beobachtung unterscheidet sich das Primäraddukt (*102*) eindeutig vom normalen Ozonid, denn dieses liefert bei der Reduktion zwei Moleküle Carbonyl-Verbindung. In der Tat nahm man schon lange an, daß die beiden ursprünglich olefinischen Kohlenstoffatome im Ozonid nicht mehr aneinander gebunden sind und daß dessen Struktur am besten durch (*104*) wiederzugeben ist:

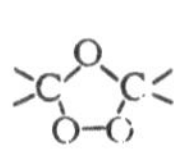

(*104*)

Es bleibt die Frage, wie denn das Primäraddukt (*100*) in das Ozonid (*104*) umgewandelt wird. Am meisten hat der folgende Vorschlag für sich:

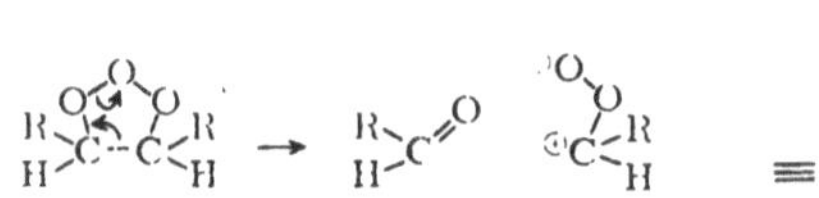

(*100*) (*105*) (*106*)

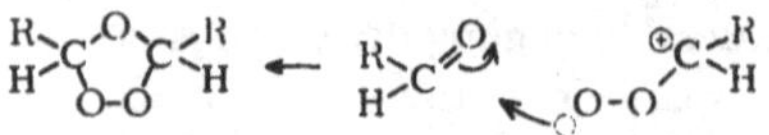

(104) (105) (106)

Danach wird (*100*) zunächst zu einer Carbonyl-Verbindung, hier einem Aldehyd (*105*), und einem Peroxy-Zwitterion (*106*) gespalten. Die durch nucleophilen Angriff des terminalen Sauerstoffatoms von (*106*) auf das Carbonyl-Kohlenstoffatom von (*105*) eingeleitete Rekombination dieser Fragmente liefert dann das normale Ozonid.

Im Einklang mit diesem Reaktionsablauf findet man bei der üblichen Ozonolyse von Alkenen von den Peroxy-Zwitterionen (*106*) ableitbare Nebenprodukte, nämlich cyclische Dimere (*107*) und Polymere (*108*).

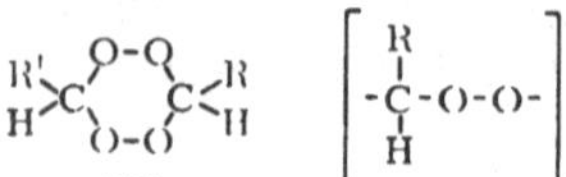

(107) (108)

Ein solcher Umlagerungsmechanismus sollte sich durch Abfangexperimente bestätigen lassen. Führt man nämlich die Ozonolyse in der Gegenwart eines „äußeren" Aldehyds R'CHO aus, so sollte – sofern sich dieser nicht zu sehr von RCHO unterscheidet – ein gemischtes Ozonid (*109*) entstehen, indem R'CHO mit dem Zwitterion (*106*) in Reaktion tritt. Daneben würde natürlich das normale, symmetrische Ozonid (*104*) aus dem „inneren" Aldehyd (*105*) hervorgehen.

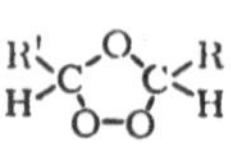

(109)

Solche gemischten Ozonide kann man tatsächlich nachweisen. Zusammen mit den erwähnten, vom Zwitterion abgeleiteten Nebenprodukten können sie als Belege dafür gelten, daß die Ozonid-Umwandlung, wie formuliert, über (*105*) und (*106*) als Zwischenprodukte verläuft.

Auch sollte es theoretisch möglich sein, bei der Ozonolyse eines unsymmetrischen Alkens zwei symmetrische Ozonide – zuzüglich zum erwarteten unsymmetrischen – und damit die Wirksamkeit eines „inneren Abfang-Mechanismus" nachzuweisen; das ist tatsächlich im Falle des 2-Pentens (*110*) gelungen:

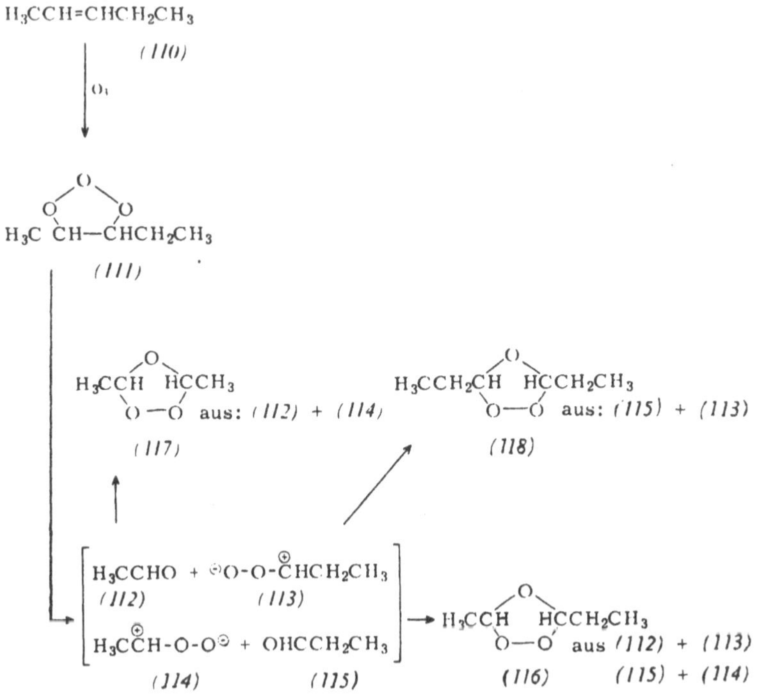

Man kann außer dem erwarteten Ozonid (*116*) des 2-Pentens auch noch die Ozonide von 2-Buten (*117*) und 3-Hexen (*118*) isolieren. Erwartungsgemäß nimmt der Anteil der „symmetrischen“ Ozonide mit steigender Verdünnung der Reaktionslösung ab: Die Aldehyd-Zwitterion-Fragmente (*112* + *113*) aus der Zersetzung eines Moleküls Primärozonid (*111*) treffen bei steigender Verdünnung mit immer geringerer Wahrscheinlichkeit auf die wahlweise zur Verfügung stehenden Fragmente (*114*) bzw. (*115*) eines anderen Moleküls und rekombinieren daher vorzugsweise mit sich selbst. Bei den üblicherweise für präparative oder diagnostische Zwecke angewandten Verdünnungen erbringt die Ozonolyse in der Tat nur sehr wenig Kreuzungsprodukt. Eine ähnliche Bildung von Kreuzungsprodukt kann auch bei der gemeinsamen Ozonolyse von zwei symmetrischen Alkenen (die gleichzeitig in derselben Lösung zugegen sind) beobachtet werden, wobei man jetzt natürlich nach dem „unsymmetrischen“ Ozonid sucht. Ein Beispiel ist die Ozonisierung eines Gemischs von 3-Hexen und 4-Octen, die eine geringe Menge von 3-Hepten-ozonid erbringt. Derartige „Kreuzungsexperimente“ (s. S. 65) sind erst durch den Einsatz der Gas-Flüssig-Verteilungschromatographie möglich geworden, die die Trennung nahe verwandter Ozonide gestattet.

Obwohl dieser Reaktionsablauf der Ozonolyse so weit befriedigend ist, vermag er doch nicht, wie abschließend betont werden soll, die Stereochemie der Reaktion im einzelnen zu erklären, nämlich die Beziehung zwischen der Stereochemie (*cis/trans*) des ursprünglichen Alkens und derjenigen der entstehenden Ozonide (*cis/trans*-Beziehung der Substituenten an den Kohlenstoffatomen, die später zu Carbonyl-Kohlenstoffatomen werden). Es wird daher notwendig sein, gewisse Modifikationen einzuführen, sobald entsprechende detaillierte Angaben zur Verfügung stehen.

3.4.8. in Kreuzungsexperimenten

Die vorstehend im Zusammenhang mit der Ozonolyse und früher anläßlich des Nachweises der Intramolekularität der Benzidin-Umlagerung (s. S. 65) besprochenen Kreuzungsexperimente dienen dazu, durch Abfangen „über Kreuz" die Bildung eines Zwischenprodukts anzuzeigen und Aussagen über die Natur des Zwischenprodukts zu liefern. Besonders eignen sie sich dazu zu entscheiden, ob Umlagerungsreaktionen *intermolekular* oder *intramolekular* (s. S. 65) sind, d. h. anzuzeigen, ob eine wandernde Gruppe tatsächlich frei wird während der Reaktion (*inter*) oder nicht (*intra*). Von der Benzidin-Umlagerung konnte man so zeigen, daß sie ausschließlich intramolekular abläuft, aber das kann man nicht ohne weiteres auf andere Umlagerungen übertragen. Beispielsweise erinnert die Fries-Umlagerung von Phenolestern (*119*) zu Hydroxyphenonen (*120*)(*121*)

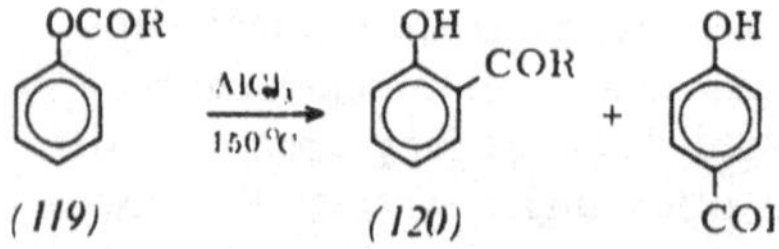

(*119*) (*120*) (*121*)

äußerlich an die Claisen-Umlagerung der O-Allylphenole (s. S. 69), unterscheidet sich aber doch von ihr durch ihre Intermolekularität. Zu diesem Ergebnis führt die Beobachtung, daß die Umlagerung der Ester (*122*) und (*123*) in derselben Lösung nicht nur zu den erwarteten Produkten (*124*) und (*125*), sondern auch zu den „Kreuzungsprodukten" (*126*) und (*127*) führt:

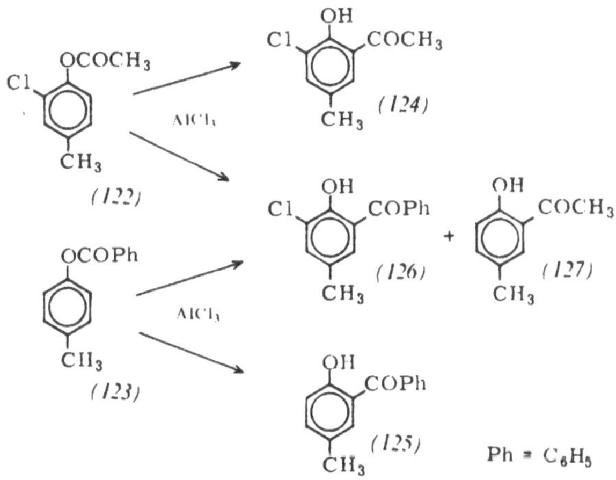

Aus der Natur des erforderlichen Katalysators – man benötigt $AlCl_3$, eine Lewis-Säure – und der nachgewiesenen Intermolekularität möchte man auf eine einleitende Zersetzung des Esters durch $AlCl_3$ (wie sie ähnlich auch von anderen Reaktionen bekannt ist) schließen; dieser dürfte sich dann die Friedel-Crafts-Acylierung des aktivierten Benzolkerns durch das extrem elektrophile Acylium-Kation (*128*) anschließen:

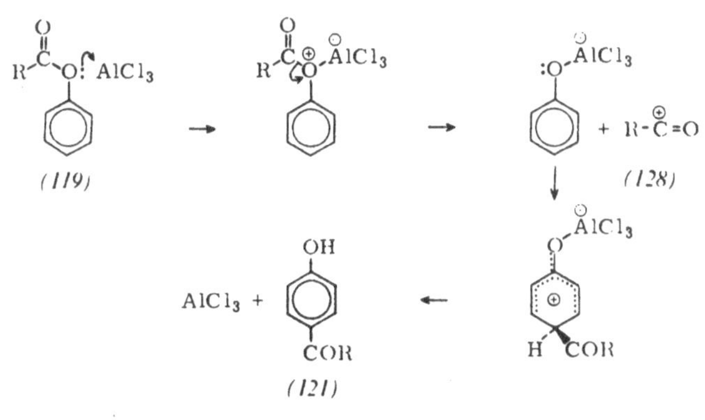

3.5. Zwischenprodukte als Modelle für Übergangszustände

Wie die vorangegangenen Beispiele gezeigt haben, führt der Nachweis bestimmter Spezies als Reaktionszwischenprodukte oft zu einer weitgehenden Aufklärung des genauen Reaktionsablaufs. Dennoch sind es eigentlich die Übergangszustände und nicht so sehr die Zwischenprodukte, die sich für die Beschreibung eines Reaktionsablaufs als entscheidende Faktoren erweisen, was in besonderem Maße für den Übergangszustand des langsamsten, geschwindigkeitsbestimmenden Schrittes ($ÜZ_1$ in Abb. 3–2) gilt:

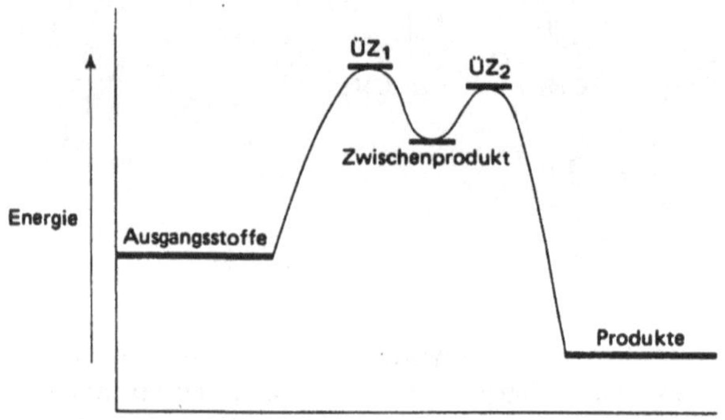

Abb. 3–2

Im Idealfall würde man gerne über eine genaue Kenntnis der Übergangszustände verfügen, aber solche ist schwierig oder überhaupt nicht zu erlangen. Man zieht dann oft die Zwischenprodukte, über die sich sehr viel leichter die gewünschten Aussagen gewinnen lassen, als Modelle für die jeweils unmittelbar vorausgehenden Übergangszustände ($ÜZ_1$ in Abb. 3–2), von denen sich die Zwischenprodukte ableiten, heran. Dabei geht man von der Annahme aus, daß aufeinanderfolgende Spezies in einem Reaktionsablauf, die sich in ihren Energieinhalten nahekommen, auch ähnliche Strukturen haben (Hammond-Prinzip). So scheint es nicht unberechtigt anzunehmen, daß das relativ energiereiche Zwischenprodukt in Abb. 3–2 ein besseres Modell für den vorausgehenden, noch energiereicheren Übergangszustand $ÜZ_1$ ist, als die sehr viel energieärmeren Ausgangsstoffe.

Danach scheint es angemessen, das Ionenpaar-Zwischenprodukt (*129*) in der unimolekularen Solvolyse von Halogeniden (S_N1) als Modell für den Übergangszustand (vgl. Abb. 3–2) zu nehmen:

$$(CH_3)_3C\text{-}Br \xrightarrow[\text{langsam}]{} [ÜZ_1] \rightarrow \underset{(129)}{(CH_3)_3C^{\oplus}Br^{\ominus}} \xrightarrow[\text{schnell (über } ÜZ_2)]{H_2O} (CH_3)_3C\text{-}OH + H^{\oplus}Br^{\ominus}$$

Man kann dann voraussagen, daß die Reaktivität – unter gleichartigen Bedingungen – in der Reihe

$(CH_3)_3C\text{-}Br < PhC(CH_3)_2\text{-}Br < Ph_2C(CH_3)\text{-}Br < Ph_3C\text{-}Br$

steigt, da sich die relative Stabilisierung (durch Ladungsdelokalisation) des Carboniumions im Ionenpaar-Zwischenprodukt wie folgt abstuft:

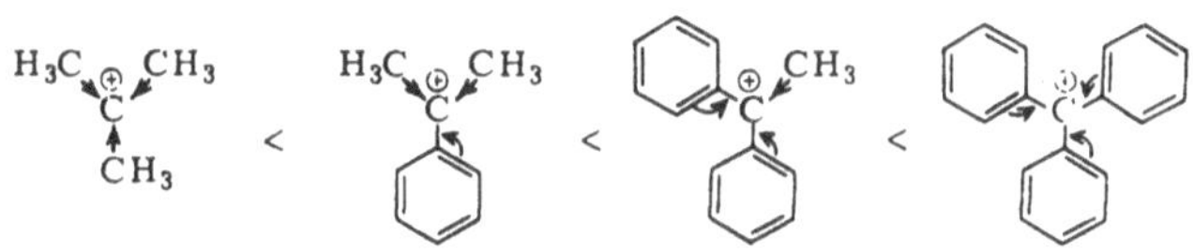

Die postulierte zunehmende Stabilisierung der entsprechenden Übergangszustände (d. h. die zunehmende Senkung der Energieniveaus) läßt dann erwarten, daß diese in demselben Maß leichter erreicht werden und daß die Reaktionsgeschwindigkeit beim Gang durch die Reihe entsprechend steigt.

Ein anderes Beispiel ist die Verwendung von σ-Komplexen, den Zwischenprodukten in der elektrophilen aromatischen Substitution, als Modellen für die entsprechenden Übergangszustände und die darauf begründete Voraussage der wahrscheinlichsten Produkte, z. B. in der Nitrierung von Anisol (Methoxybenzol). Grundsätzlich besteht die Möglichkeit, daß das Nitronium-Ion $NO_2^{\oplus}$ (s. S. 101) an drei verschiedenen Positionen angreift unter Bildung von *o*-, *m*- und *p*-Produkten, weshalb drei σ-Komplexe zu diskutieren sind:

o-: 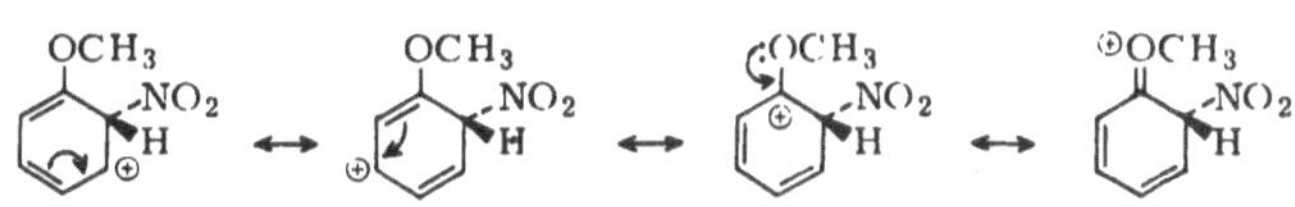

m-: 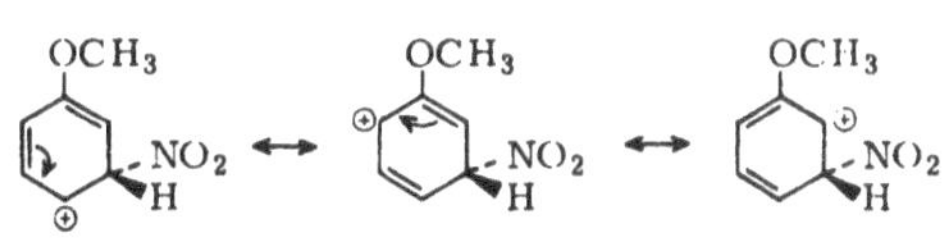

p-: 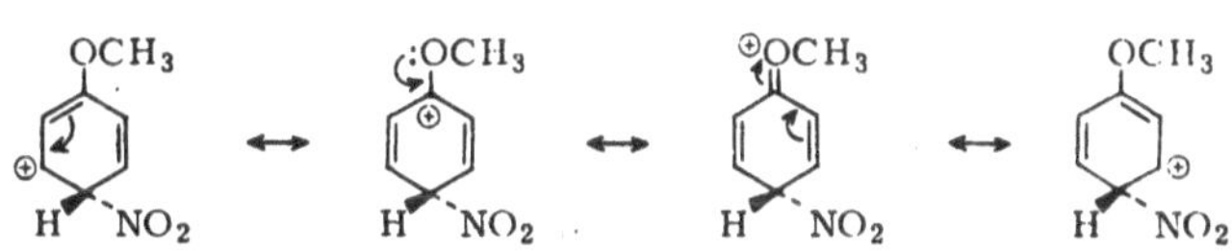

Betrachten wir die relativen Stabilisierungen dieser Zwischenprodukte durch Ladungsdelokalisation! Es ergibt sich, daß bei den Zwischenprodukten, die durch *o*- und *p*-Angriff (nicht *m*-) entstehen, eine zusätzliche Delokalisationsmöglichkeit besteht unter Einschaltung eines Elektronenpaars am Sauerstoffatom der Methoxy-Gruppe, wodurch diese beiden Spezies eine besondere Stabilisierung erfahren. Die Zwischenprodukte und – so wird nun gefolgert – die unmittelbar vorausgehenden Übergangszustände, die beim *o*- und *p*-Angriff entstehen, sind demnach stabiler (d. h. sie liegen auf einem niedrigeren Energieniveau) als die betreffenden Strukturen im Falle des *m*-Angriffs:

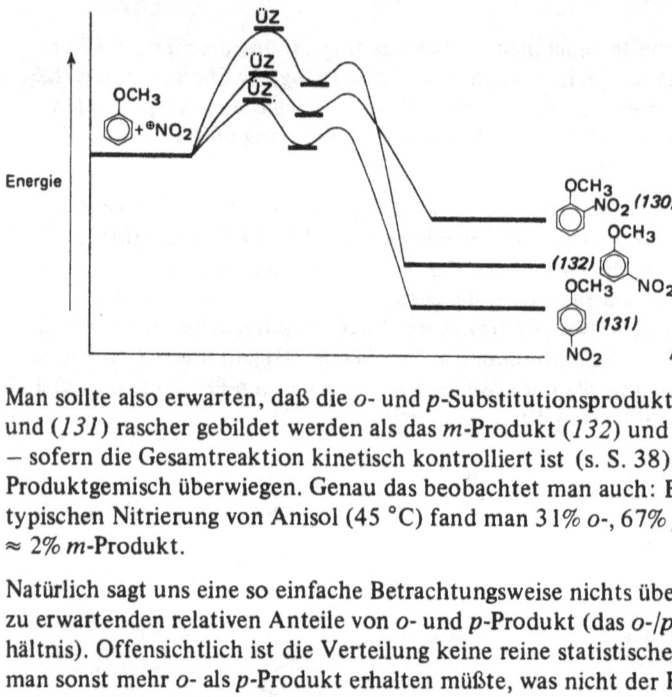

Abb. 3–3

Man sollte also erwarten, daß die *o*- und *p*-Substitutionsprodukte (*130*) und (*131*) rascher gebildet werden als das *m*-Produkt (*132*) und daß sie – sofern die Gesamtreaktion kinetisch kontrolliert ist (s. S. 38) – im Produktgemisch überwiegen. Genau das beobachtet man auch: Bei einer typischen Nitrierung von Anisol (45 °C) fand man 31% *o*-, 67% *p*- und ≈ 2% *m*-Produkt.

Natürlich sagt uns eine so einfache Betrachtungsweise nichts über die zu erwartenden relativen Anteile von *o*- und *p*-Produkt (das *o*-/*p*-Verhältnis). Offensichtlich ist die Verteilung keine reine statistische, weil man sonst mehr *o*- als *p*-Produkt erhalten müßte, was nicht der Fall ist. (Man beachte, daß sich zwei äquivalente *o*-Positionen, aber nur eine *p*-Position dem Angriff anbieten.) Zumindest unter den gewählten Bedingungen scheint das *p*-Zwischenprodukt (und der zugehörige Übergangszustand) stabiler zu sein als die entsprechenden *o*-Strukturen (wie in Abb. 3–3 dargestellt). Man kann das durch die Annahme erklären, daß das Zwischenprodukt (und der Übergangszustand) für den *o*-Angriff durch die anwesenden großen Gruppen stärker sterisch behindert und entsprechend gegenüber der Struktur bei *p*-Substitution destabilisiert ist. Das *o*-/*p*-Verhältnis hängt aber stark von den Reaktionsbedingungen ab und läßt sich nur schwer quantitativ voraussagen.

3.6. Weiterführende Literatur

D. Bethell und V. Gold, Carbonium Ions – An Introduction. Academic Press, New York 1970.
D. J. Cram, Fundamentals of Carbanion Chemistry. Academic Press, New York 1965.
T. L. Gilchrist und C. W. Rees, Carbene, Nitrene und Dehydroaromaten. Uni-Taschenbücher, Stuttgart 1971.
R. W. Hoffmann, Dehydrobenzene and Cycloalkines. Verlag Chemie, Weinheim, und Academic Press, New York, 1967.
R. Huisgen, „Zum kinetischen Nachweis reaktiver Zwischenstufen", Angew. Chem. *82*, 783 (1970).
W. Kirmse, Carbene, Carbenoide und Carbenanaloge. Verlag Chemie, Weinheim 1969.
W. Lwowski (ed.), Nitrenes. Interscience, New York 1970.
R. W. Murray, "The Mechanism of Ozonolysis", Accounts chem. Res. *1*, 313 (1968).
G. A. Olah und R. v. Schleyer (eds.), Carbonium Ions, Vol. 1, 2. Interscience, New York 1968, 1970.
W. A. Pryor, Radikalchemie. Verlag Chemie, Weinheim 1973.
C. Rüchardt und I. Mayer-Ruthardt, „Die Chemie freier Radikale", Chemie in unserer Zeit *3*, 41 (1969).

4. Stereochemische Kriterien

Wohl der bekannteste stereochemische Einfluß auf die Reaktionsabläufe besteht in der klassischen „sterischen Hinderung", in der Substituenten einfach auf Grund ihrer Größe die Annäherung von Reaktionspartnern an das Reaktionszentrum eines Moleküls behindern und die zur Bildung stark überladener – und somit energiereicher – Übergangszustände führt. Solche Reaktionen gehen sehr langsam oder überhaupt nicht vonstatten.

4.1. Die Größe von Gruppen

Wie sehr Substituenten auf Grund ihrer Raumerfüllung auf Reaktionen Einfluß nehmen können, geht aus den relativen Geschwindigkeiten der S_N2-Substitution der folgenden Halogenide (mit Äthanolat in Äthanol) hervor:

CH_3CH_2-Br	$CH_3CH_2CH_2$-Br	$(CH_3)_2CHCH_2$-Br	$(CH_3)_3CCH_2$-Br
(*1*)	(*2*)	(*3*)	(*4*)
1	$2{,}8 \cdot 10^{-1}$	$3{,}0 \cdot 10^{-2}$	$4{,}2 \cdot 10^{-6}$

In jedem Falle handelt es sich um ein primäres Halogenid, und kinetische Messungen zeigen, daß sich der Reaktionsmechanismus beim Durchlaufen der Reihe nicht ändert. Auch sollten elektronische Effekte, die mit der schrittweisen Einführung von Methylgruppen am β-Kohlenstoffatom in Zusammenhang stehen, schwach sein. Von besonderem Interesse ist es nun, daß sich die Geschwindigkeiten von (*1*) und (*2*) und von (*2*) und (*3*) jeweils um weniger als den Faktor 10 unterscheiden, daß aber bei den Geschwindigkeiten von (*3*) und (*4*) ein Faktor von nicht weniger als 10000 ins Spiel kommt! Die Geschwindigkeit fällt also beim Gang durch die Reihe plötzlich um einen enormen Betrag ab und nicht etwa in gleichmäßigen Schritten. Der Grund wird offensichtlich, wenn man sich vergegenwärtigt, wie sich das Äthanolat-Ion in Richtung der Kohlenstoff-Brom-Bindung, aber – gemäß den Erfordernissen eines S_N2-Prozesses (s. S. 138) – von der rückwärtigen Seite dem α-Kohlenstoffatom nähert. (Me und Ät stehen im Folgenden für Methyl bzw. Äthyl.)

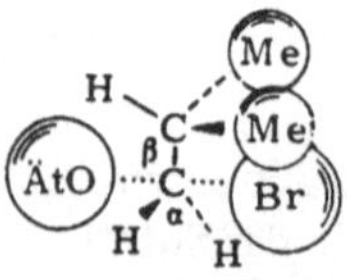

(5)

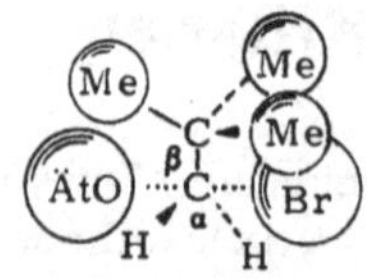

(6)

Me = CH_3
Ät = C_2H_5

Im Falle des Bromids (*3*) wird der S_N2-Übergangszustand zweifellos bis zu einem gewissen Grade überladen sein, aber durch Rotation um die $C_\alpha{-}C_\beta$-Bindung läßt sich eine Konformation (*5*) erreichen, in der die Annäherung des Äthanolat-Ions nur durch H, nicht durch Me (CH_3) behindert ist und in der daher die Behinderung bei der Ausbildung des Übergangszustandes noch auf ein Minimum gebracht werden kann. (Entsprechend gibt es zwei derartiger Konformationen bei (*2*), und im Falle von (*1*) sogar deren drei.) Im Gegensatz dazu steht bei (*4*) *keine* solche Konformation zur Verfügung, die Annäherung des Äthanolat-Ions wird daher äußerst schwierig und der Übergangszustand (*6*) von sehr viel höherer Energie sein. Dem sehr viel höheren $\Delta G^{\ddagger}$-Wert entspricht eine außerordentlich langsame Reaktion. Ein Fall eines ähnlich hohen Widerstandes gegenüber einer bimolekularen Verdrängungsreaktion in einem primären (Di)halogenid mit drei β-Substituenten ist uns bereits früher bei der Isolierung (aus stark alkalischer Lösung!) der Verbindung (*7*) in der Reimer-Tiemann-Reaktion von *p*-Kresol (s. S. 105) begegnet:

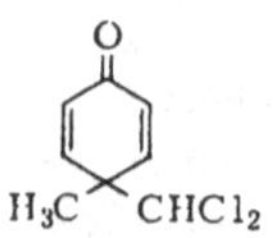

(7)

Eindeutig auf die Größe und Häufung von Gruppen geht auch die relativ geringe Reaktivität des blauen Radikals (*9*) zurück, das durch Ferricyanid-Oxidation des Phenols (*8*) erhalten wird:

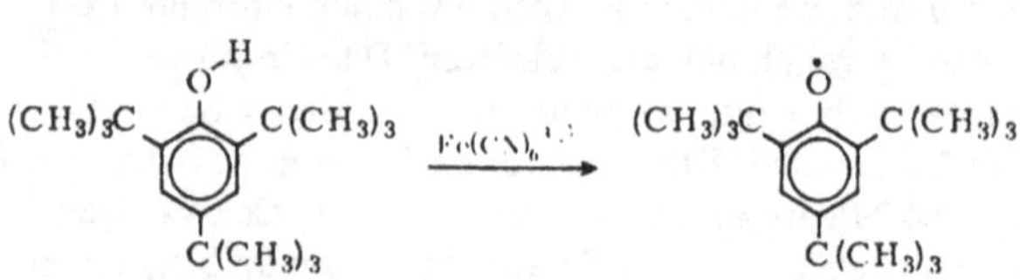

(8) (9)

Die sehr großen tert.-Butylgruppen in den beiden *o*-Positionen behindern die Annäherung von Reagentien an das radikalische Sauerstoffatom und bewahren dadurch das Radikal insbesondere auch vor der sonst üblichen Dimerisierung. Einen ähnlichen Effekt beobachtet man beispielsweise bei der Nitrierung einer Reihe von Alkylbenzolen (*10*)–(*13*) mit steigender Raumerfüllung der Alkylsubstituenten:

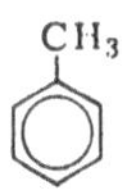

(*10*)

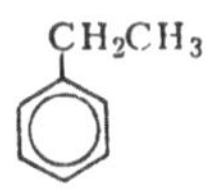

(*11*)

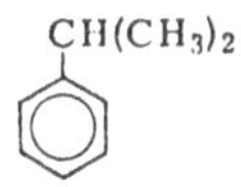

(*12*)

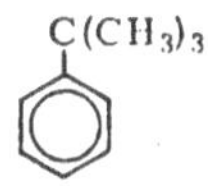

(*13*)

Der Anteil an *o*-Produkt fällt hier von 57% im Falle des Toluols (*10*) auf 12% bei tert.-Butylbenzol (*13*), während der Anteil an *p*-Produkt von 40% auf 80% steigt. Dabei dürften elektronische Effekte innerhalb der Reihe nur wenig differieren, so daß die beobachteten *o*-/*p*-Verhältnisse fast ganz auf die sterische Behinderung des Übergangszustandes im Falle der *o*-Substitution zurückgehen. Für die Nitrierung der Halogenbenzole (*14*)–(*17*) gelten andere Verhältnisse:

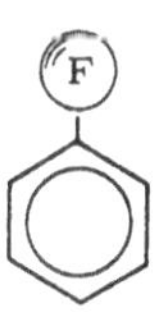

(*14*)

(*15*)

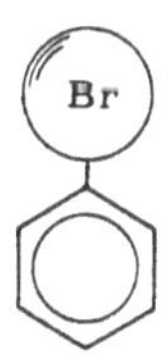

(*16*)

(*17*)

Hier steigt der Anteil an *o*-Produkt von 12% im Falle von (*14*) auf 38% im Falle von (*17*), obwohl der schon vorhandene Substituent größer wird. Hier überwiegen offensichtlich elektronische Faktoren.

Ein anderes wohlbekanntes Beispiel bietet die Mesitylencarbonsäure (2,4,6-Trimethyl-benzoesäure) (*18*), die sich unter normalen Bedingungen, d. h. in Gegenwart eines Überschusses von Alkohol und eines sauren Katalysators, auch bei beliebig langem Kochen unter Rückfluß nicht verestern läßt:

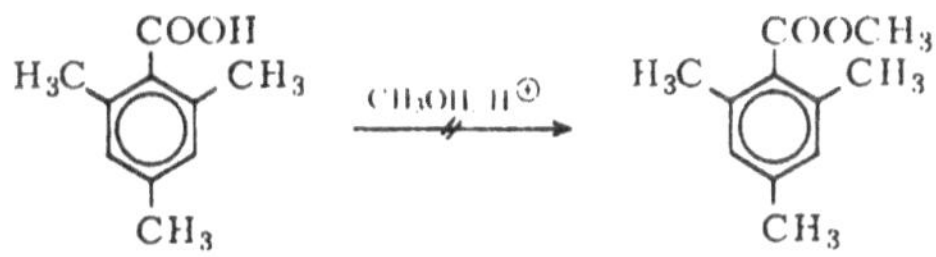

(*18*)

Zwar kann die Protonierung, die sterisch wenig aufwendig ist, durchaus stattfinden, aber die planare protonierte Carboxygruppe wird durch die großen *o*-Methylgruppen in die Konformation (*19*) gezwungen, in der sie praktisch im rechten Winkel zur Ebene der Kohlenstoffatome im aromatischen Ring steht.

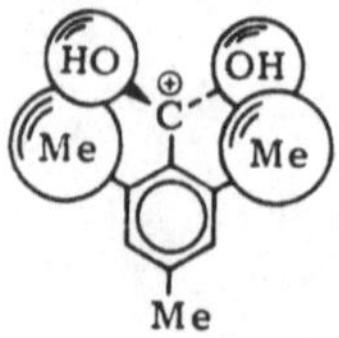

(*19*)

Die Annäherung des Nucleophils CH_3OH an das positivierte Kohlenstoffatom wird jetzt aber von allen Seiten behindert – von unten durch den Benzolkern, von oben durch die beiden OH-Gruppen und seitlich von den beiden *o*-Methylgruppen. Es liegt ein Fall einer totalen sterischen Behinderung vor.

Es gelingt jedoch, die Säure (*18*) zu verestern, indem man sie in konzentrierter Schwefelsäure auflöst und die so erhaltene Lösung in kaltes Methanol eingießt; die Veresterung ist unter diesen Bedingungen praktisch vollständig. Die sterische Behinderung der Reaktion ist offensichtlich nicht mehr wirksam, und die Untersuchung der Gefrierpunktserniedrigung einer Lösung von (*18*) in konzentrierter Schwefelsäure gibt einen Fingerzeig, was hier geschehen ist. Man beobachtet nämlich eine vierfache Depression, was auf die Einstellung des folgenden Gleichgewichts hinweist:

$$\underset{(18)}{\mathrm{Ar}\overset{\mathrm{OH}}{\overset{|}{\mathrm{C}}}{=}\mathrm{O}} + 2\,H_2SO_4 \rightleftharpoons \underset{(20)}{\mathrm{Ar}\overset{\oplus}{\mathrm{C}}{=}\mathrm{O}} + H_3O^{\oplus} + 2\,HSO_4^{\ominus}$$

Für das Acylium-Kation (*20*) kann man die folgende Struktur annehmen,

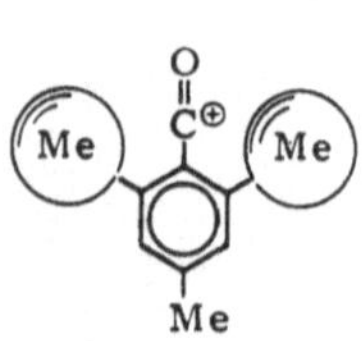

(*20*)

in der der nucleophile Angriff von Methanol auf das kationische Kohlenstoffatom jetzt vorder- wie rückseitig (d. h. von oberhalb und unterhalb der Papierebene) praktisch nicht mehr behindert ist, so daß die Veresterung eintreten kann:

$$\underset{(20)}{\mathrm{Ar\overset{\oplus}{C}{=}O}} + \mathrm{CH_3OH} \rightleftharpoons \underset{(21)}{\mathrm{Ar\overset{OCH_3}{\overset{|}{C}}{=}O}} + \mathrm{H^{\oplus}}$$

Die Hydrolyse des Mesitylencarbonsäureesters (*21*), die unter normalen Reaktionsbedingungen nicht in Gang kommt, kann durch Umkehrung der obigen Reaktion, d. h. durch Auflösen von (*21*) in konzentrierter Schwefelsäure und Eingießen der entstehenden Lösung von (*20*) in Wasser, herbeigeführt werden.

Wenn hier vorzugsweise das Acylium-Ion (*20*) anstelle der protonierten Spezies (*19*) gebildet wird, so hat dies seinen Grund darin, daß das erstere – oder richtiger der dazu führende Übergangszustand – durch Delokalisation der positiven Ladung über das π-Orbitalsystem des Benzolrings stabilisiert werden kann, nicht jedoch die letztere:

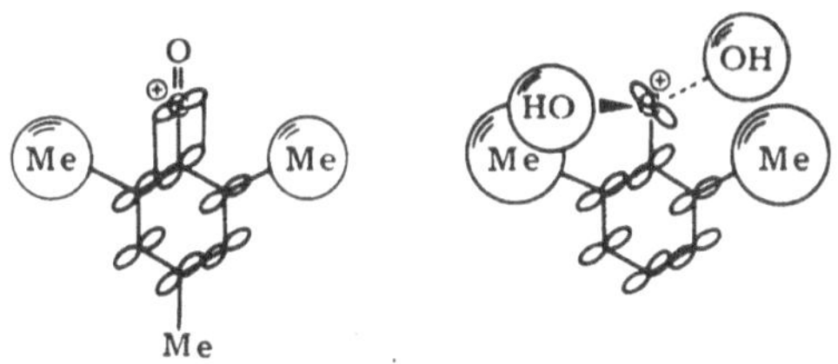

(*20*) (*19*)

Die Delokalisation in (*19*) ist deshalb behindert, weil sich das p-Orbital am Carboniumion-Kohlenstoff wegen sterischer Wechselwirkung zwischen den OH- und CH_3-Gruppen auch nicht annähernd parallel zum p-Orbital am benachbarten Ringkohlenstoffatom einstellen kann. Eine Überlappung ist so nicht möglich, und das Ergebnis ist die sterische Behinderung der Delokalisation. Bemerkenswert in diesem Zusammenhang ist noch, daß die Auflösung von unsubstituierter Benzoesäure (*22*) in konzentrierter Schwefelsäure nur zu einer zweifachen Erniedrigung des Schmelzpunkts führt:

$$\underset{(22)}{\mathrm{C_6H_5\overset{OH}{\overset{|}{C}}{=}O}} + \mathrm{H_2SO_4} \rightleftharpoons \underset{(23)}{\mathrm{C_6H_5\underset{\oplus}{\overset{OH}{\overset{|}{C}}}{-}OH}} + \mathrm{HSO_4^{\ominus}}$$

Es wird also lediglich die einfach protonierte Spezies (*23*) gebildet,

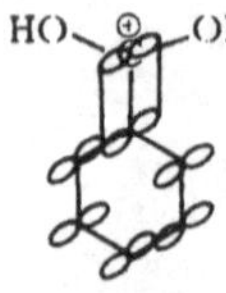

(*23*)

denn die p/p-Überlappung ist jetzt nicht mehr sterisch behindert, und der Stabilisierung durch Delokalisation der positiven Ladung steht nichts im Wege. Eine Notwendigkeit, daß zunächst Bindungstrennung zum Acylium-Kation (hier: $C_6H_5-\overset{\oplus}{C}=O$) erfolgt wie im Falle von (*19*), damit die Stabilisierung durch p/p-Orbitalüberlappung wirksam werden kann, besteht hier also nicht.

4.2. Sterische Behinderung der Delokalisation

Das Ion (*19*) im vorigen Beispiel kann in dieser Form nicht stabilisiert werden, weil die erwartete Delokalisation sterisch behindert wird. Oftmals bewirkt die sterische Behinderung der Delokalisation und damit der Stabilisierung von Zwischenprodukten, daß die Reaktivität bestimmter Zentren im Molekül durch sterische Wirkungen auch über größere Entfernung herabgesetzt wird.

4.2.1. in aromatischen Systemen

Das aromatische Halogenid (*24*) reagiert bereitwillig mit Nucleophilen wie Piperidin unter Substitution des Bromatoms (s. S. 88):

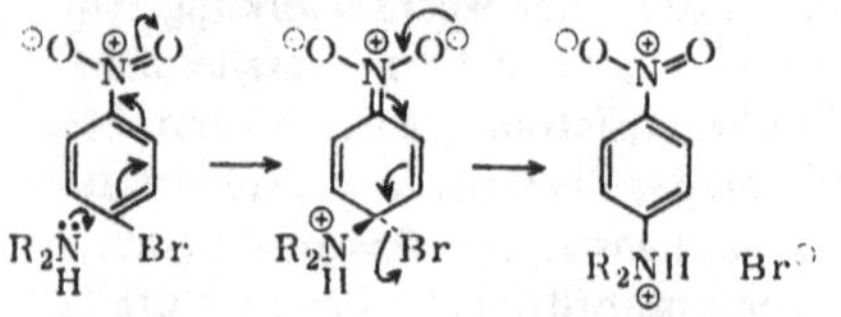

(*24*) (*25*)

Die Nitrogruppe nimmt darin die Aufgabe wahr, das Zwischenprodukt (*25*) – und somit auch den vorausgehenden Übergangszustand – zu stabilisieren, indem sie die bei der Herstellung der Bindung zwischen Nucleophil und Ringkohlenstoffatom (durch Donorwirkung eines Elektronenpaares) entwickelte negative Ladung delokalisiert. Im Gegensatz dazu reagiert das Halogenid (*26*), das ebenfalls durch NO_2 aktiviert sein sollte, unter vergleichbaren Bedingungen 40-mal langsamer als (*25*), und das ungeachtet der Tatsache, daß die Methylgruppen zu weit entfernt sind, um einen unmittelbaren sterischen Effekt auf den Angriff des Nucleophils ausüben zu können. Tatsächlich hindern sie die Nitrogruppe daran, sich in die Ebene des Benzolrings zu drehen, wodurch die Überlappung zwischen den p-Orbitalen der Nitrogruppe und des ihr nächstgelegenen Kohlenstoffatoms stark beeinträchtigt und dadurch die Stabilisierung des Zwischenprodukts (*27*) im Vergleich zu (*25*) vermindert wird:

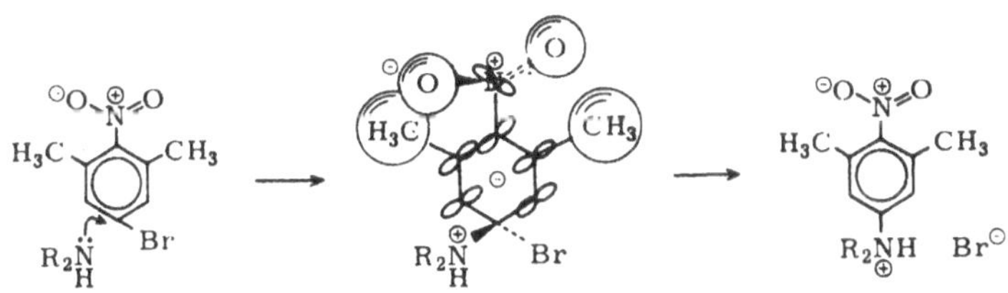

(26) *(27)*

Einen ähnlichen, aber noch ausgeprägteren Effekt zeigt das Amin-Paar (*28*) und (*29*),

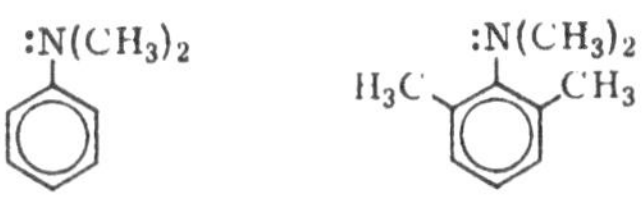

(28) *(29)*

insofern die erstere dieser beiden Verbindungen bereitwillig mit Benzoldiazoniumchlorid koppelt (wofür die Stabilisierung des Zwischenprodukts (*28a*) durch das Elektronenpaar der Dimethylamino-Gruppe wesentlich ist),

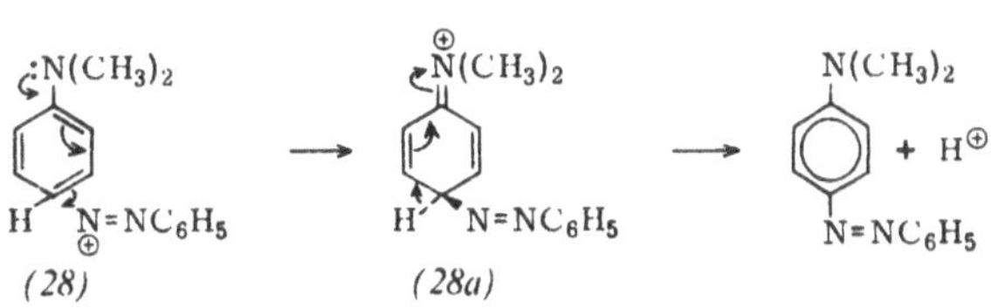

(28) *(28a)*

während (*29*) unter gleichen Bedingungen überhaupt nicht koppelt. Hier findet eine Reaktion nicht mehr statt, weil die Delokalisation und damit die Stabilisierung in dem potentiellen Zwischenprodukt (*29a*) – und vor allem: in dem betreffenden Übergangszustand – so stark behindert ist (durch Verwehrung der Koplanarität), daß seine Bildung viel zu viel Energie erfordern würde. Die Reaktion bleibt daher unter normalen Bedingungen aus.

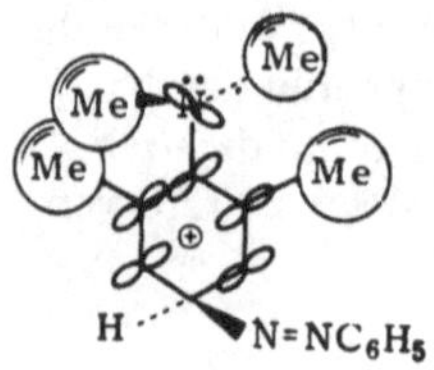

(*29a*)

4.2.2. in Carbanionen

Ein wenig anders kommt ein ganz ähnlicher Effekt zustande, den man aus einem Vergleich der Aciditäten einer Reihe von β-Diketonen ablesen kann; es handelt sich jetzt um die Beeinflussung von Gleichgewichten:

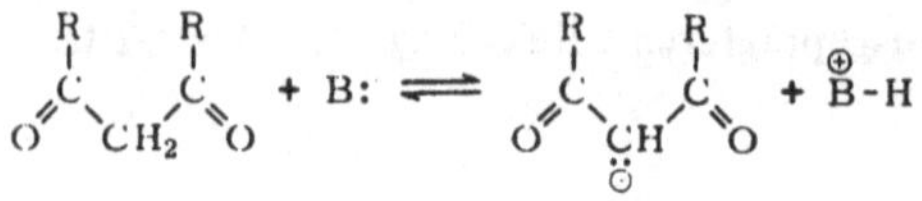

(*30*)

Diese Verbindungen verdanken ihre relativ hohen Aciditäten der Stabilisierung, die das zugeordnete Carbanion (*30*) durch Delokalisation der negativen Ladung in die Carbonylgruppe erfährt:

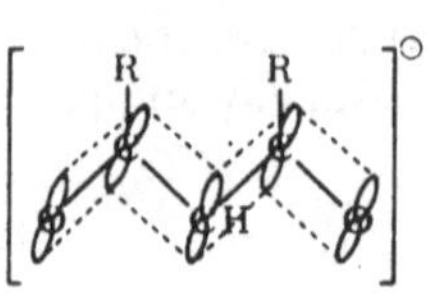

(*30*)

In Übereinstimmung hiermit sind zwar die Diketone (*31*) und (*32*) ziemlich acid (pK_a des ersteren ist 8,65), aber das Diketon (*33*) ist kaum acider als ein Alkan, obwohl sich das potentiell saure Wasserstoffatom in einer Umgebung befindet, die derjenigen von (*31*) und (*32*) weitgehend gleicht:

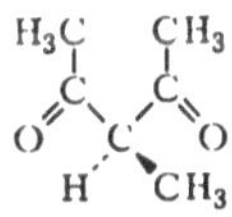 (31) 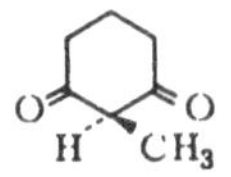 (32) 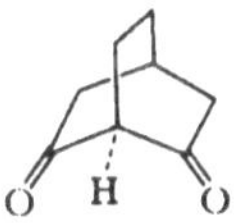 (33)

Das unerwartete Fehlen jeglicher saurer Eigenschaften rührt daher, daß im Carbanion (*34*), das man aus (*33*) erhalten würde, eine Stabilisierung durch Delokalisation nicht möglich ist: So bildet sich das Ion einfach nicht. Das starre, käfigartige Gerüst der Kohlenstoffatome hindert das Carbanion daran, in einen ebenen Zustand „einzuschnappen". Sein Elektronenpaar bleibt deshalb in einem sp^3-Orbital, das mehr oder weniger rechtwinklig zu den p-Orbitalen an den beiden Carbonylkohlenstoffatomen angeordnet ist; eine sp^3-p-Überlappung kann deshalb nicht stattfinden, und so entfällt auch die Stabilisierung durch Delokalisation:

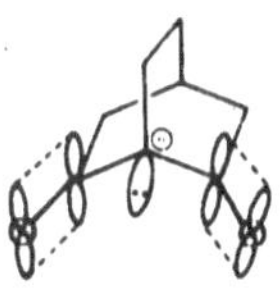

(34)

Selbst wenn sich das Kohlenstoffgerüst so weit verbiegen ließe, daß die Bindungen um das carbanionische Kohlenstoffatom in eine Ebene zu liegen kämen, würde das p-Orbital, das dann das Elektronenpaar enthalten würde, immer noch ungefähr rechtwinklig zu den p-Orbitalen der benachbarten Carbonylkohlenstoffatome angeordnet sein: Noch nicht einmal dann wäre eine Delokalisation möglich. Mit oder ohne Deformation des Kohlenstoffgerüsts haben wir es mit einer sterischen Behinderung der Delokalisation zu tun.

Es sollte noch erwähnt werden, daß einfache Carbanionen anscheinend – im Gegensatz zu einfachen Carboniumionen (s. unten) – nicht unbedingt (aus energetischen oder anderen Gründen) eben vorliegen müssen. Vielmehr sind sie normalerweise pyramidal gebaut, also ganz so wie die tertiären Amine (*35*), mit denen sie isoelektronisch sind. Die beiden denkbaren enantiomeren Formen gehen ständig rasch ineinander über und passieren dabei kurzzeitig den ebenen Zustand:

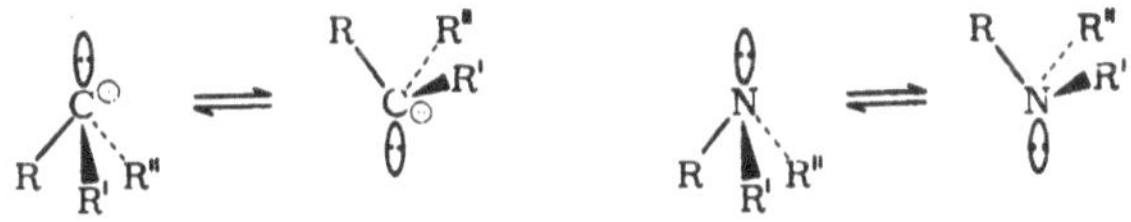

(35)

4.2.3. in Carboniumionen

Eine ähnliche Behinderung der Delokalisation und damit der Stabilisierung kann man bei einigen potentiellen Carboniumionen beobachten. Beispielsweise wird Triphenylmethylbromid (*36*) außerordentlich viel rascher ($\approx 10^{23}$ mal) nach einem unimolekularen (S_N1) Mechanismus solvolysiert als 1-Bromtriptycen (*37*), obwohl die örtliche Umgebung der C–Br-Bindung in beiden Fällen die gleiche ist: Das Kohlenstoffatom ist jeweils mit drei Benzolringen verknüpft.

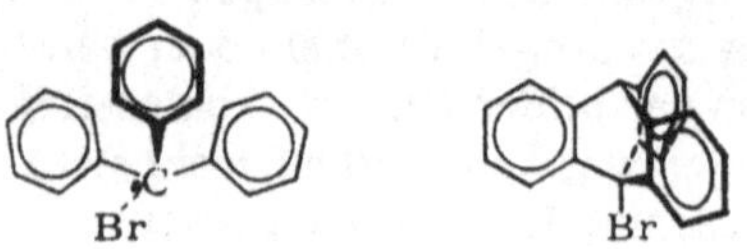

(*36*) (*37*)

Zu diesem gewaltigen Geschwindigkeitsunterschied kommt es, weil sich das aus (*36*) abgeleitete Carboniumion-Zwischenprodukt (*38*) – oder eigentlich: der dahin führende Übergangszustand – durch Delokalisation auf dem Wege der Wechselwirkung mit den π-Elektronensystemen der Benzolringe stabilisieren kann:

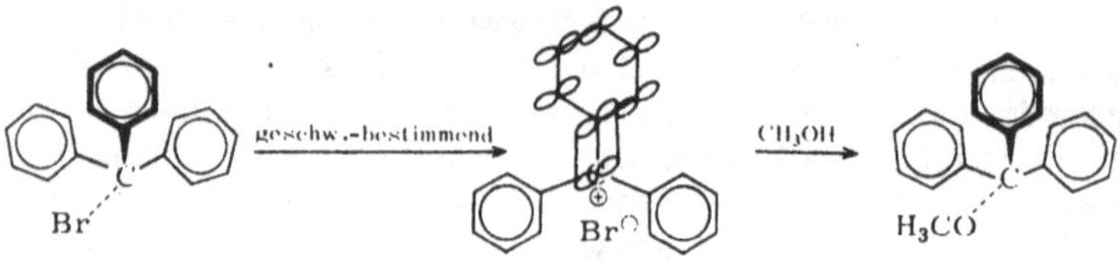

(*36*) (*38*)

Im Gegensatz dazu kann sich das Carboniumion (*39*), das aus 1-Bromtriptycen (*37*) entstehen würde, ebensowenig wie oben das Carbanion (*34*) durch Delokalisation stabilisieren, da sich die Orbitale der aromatischen π-Elektronensysteme und das unbesetzte Orbital am Carboniumion-Kohlenstoffatom nicht überlappen können. Sie sind in rechten Winkeln zueinander angeordnet, und (*39*) bildet sich deshalb nicht:

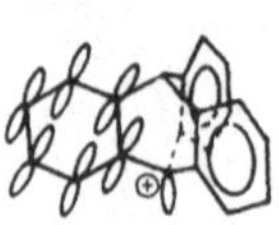

(*39*)

Auch hier würde es nichts einbringen, wenn die käfigartige Struktur ausreichend verbogen werden könnte, um dem Carboniumion-Kohlenstoff den Übergang vom tetraedrischen (sp^3) in den ebenen, sp^2-hybridisierten Zustand zu gestatten, denn auch dann wäre dessen p-Orbital praktisch rechtwinklig zu den π-Orbitalen der aromatischen Ringe angeordnet.

Im Zusammenhang mit der Umwandlung (*36*) → (*38*) und dem Verhalten von (*37*) ist noch auf zwei Punkte hinzuweisen. Zum ersten ist die Stabilisierung von (*38*) durch Delokalisation nicht ganz so stark, wie sie theoretisch zu erwarten wäre. Wegen einer sterischen Wechselwirkung zwischen den *o*-Wasserstoffatomen an benachbarten Ringen kann dieses Ion nämlich nicht in eine Konformation übergehen, in der alle 19 Kohlenstoffatome in einer Ebene liegen würden, also die Konformation mit maximaler Delokalisation:

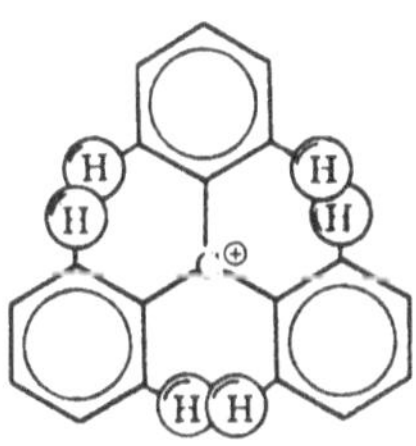

(*38a*)

Tatsächlich konnte gezeigt werden, daß dieses Ion propellerartig gebaut ist, dergestalt, daß das zentrale Kohlenstoffatom und die drei damit verknüpften Kohlenstoffatome in einer Ebene liegen, die Scheiben der Benzolringe aber aus dieser Ebene herausgedreht sind. Es wird in dieser Konformation (*38a*) ein Kompromiß erzielt zwischen der maximalen Delokalisation und der minimalen Wechselwirkung der *o*-Wasserstoffatome. – Zum zweiten sei darauf hingewiesen, daß 1-Bromtriptycen (*37*) auch einem bimolekularen (S_N2) Angriff hartnäckig widersteht, da das sich nähernde Nucleophil wegen der käfigartigen Struktur nicht an die Rückseite des Kohlenstoffatoms herankommt, an welches das Brom gebunden ist.

Ein etwas weniger hervorstechender, aber immer noch außerordentlich starker Effekt wird beim Vergleich der Solvolyse (in 80-proz. Äthanol bei 25 °C) von tert.-Butylbromid (*40*) und von Bromid (*41*) sichtbar, deren relative Geschwindigkeiten nachstehend notiert sind:

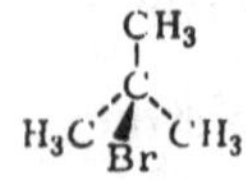

(40)
1

(41)
$\approx 10^{-13}$

Wieder stimmt die örtliche Umgebung der C–Br-Bindung in beiden Fällen formal überein, aber das Problem der möglichen Überlappung mit benachbarten aromatischen Ringen steht hier nicht an. Die außerordentlich unterschiedlichen Solvolysegeschwindigkeiten der beiden Bromide lassen sich hier auf die Tatsache zurückführen, daß das Carboniumion (*42*) aus (*40*) in den ebenen (sp^2) Zustand übergehen kann, nicht aber das Ion (*43*), das man aus (*41*) erhalten würde:

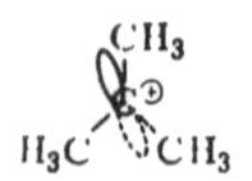

(42)

(43)

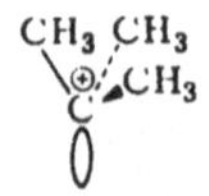

(42a)

Man hat berechnet, daß das tert.-Butyl-Kation, $(CH_3)_3C^{\oplus}$, in der planaren Konformation (*42*) im Vergleich zur pyramidalen*) Konformation (*42a*) um ≈ 84 kJ/mol stabiler ist. Wenn sich dieser Differenzbetrag auf die beiden Übergangszustände übertragen ließe, die den Carboniumionen vorangehen, dann wäre der Ablauf über das planare Zwischenprodukt in der Tat sehr viel rascher. Die genannte Energiedifferenz ließe relative Geschwindigkeiten von $\approx 10^{13}:1$ bei 25 °C erwarten. Was vielleicht nicht so klar ist, ist die Frage, *warum* die planare Form von den beiden soviel stabiler ist (also auf niedrigerem Energieniveau liegt). Mit drei Methylgruppen als Substituenten wie im Falle von (*42*) kann man erwarten, daß die planare Form aus sterischen Gründen um einiges gegenüber der nichtebenen Form (*42a*) bevorzugt ist: Die relativ sperrigen Methylgruppen stehen nämlich in einer ebenen Anordnung weiter voneinander ab als in einer pyramidalen. Ein so gewaltiger Betrag wie der oben genannte dürfte dabei aber keineswegs zustandekommen.

---

* Anmerkung des Übersetzers: Man spricht von einer pyramidalen Konformation, da das zentrale Kohlenstoffatom an der Spitze einer Pyramide steht, deren Grundfläche von den drei Methylgruppen gebildet wird. Die Bindungswinkel am zentralen Kohlenstoffatom können sich dabei denen im Mittelpunkt eines regulären Tetraeders nähern, bei dem das freie Orbital als vierter Ligand fungiert.

Ein wichtigerer energetischer Faktor ist wohl in den Bindungen selbst zu suchen. In einem trigonal-planaren Carboniumion (sp^2) haben die drei zur Bindungsbildung benutzten Valenzorbitale einen relativ hohen s-Charakter, nämlich 33%. Sie sind damit, da der s-Zustand stabiler ist als der p-Zustand, energieärmer als die entsprechenden Orbitale in einer Struktur mit tetraedrischer Hybridisierung (sp^3), in der sämtliche Orbitale – auch das unbesetzte – 25% s-Charakter haben. (In der trigonalen Struktur hat das nicht mit Elektronen besetzte Orbital reinen p-Charakter.) Aus dieser Bilanz ergibt sich in der Tat, daß ein Carboniumion mit drei in einer Ebene liegenden Bindungen und einem senkrecht darauf stehenden unbesetzten Orbital stabiler ist als ein Carboniumion, bei dem die drei Bindungen und das unbesetzte Orbital in die Ecken eines Tetraeders weisen.

Darüber hinaus wird der planare Zustand wahrscheinlich noch spezifisch stabilisiert, und zwar durch eine Delokalisation der positiven Ladung, die die Wasserstoffatome an den Methylgruppen [im Beispiel des tert.-Butyl-Kation, (*42*)] einschließt:

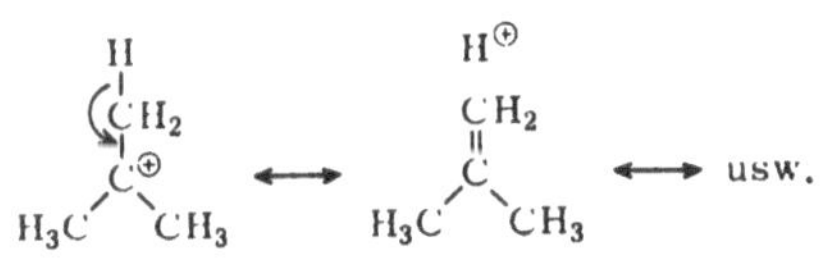

Dieses als *Hyperkonjugation* bezeichnete Phänomen wäre wegen der fehlenden Überlappungsmöglichkeit der benachbarten sp^3-Bindungen mit dem nicht besetzten Orbital am zentralen C-Atom in einer pyramidalen Konformation unterbunden. So gesehen, könnte man im Falle von (*43*) und (*42a*) von einer sterischen Behinderung der Resonanz sprechen. Ein gutes, wenn auch vielleicht nicht eindeutiges Argument für die Realität der Hyperkonjugation in (*42*) besteht in der Beobachtung, daß durch den schrittweisen Ersatz der Wasserstoffatome in tert.-Butylbromid (*40*) durch Deuterium die Solvolysegeschwindigkeit der entstehenden deuterierten Bromide pro eingeführtem Deuteriumatom um ca. 10% herabgesetzt wird. Gerade das müßte man dann nämlich erwarten: Da die schwereren Deuteriumatome weniger leicht in die Hyperkonjugation einbezogen werden können, muß ihre Einführung zu einer zunehmenden Destabilisierung des planaren Carboniumions führen und damit auch zu einer Verlangsamung der Reaktion.

4.3. Substitutionsreaktionen

4.3.1. Nucleophile Substitution

4.3.1.1. S_N2-Reaktion und Konfigurationsumkehrung

Der konzertierte bimolekulare Mechanismus (S_N2) der nucleophilen Substitutionsreaktion (s. S. 125) ist zwangsläufig mit der Forderung verknüpft, daß das Kohlenstoffatom, das ursprünglich die Abgangsgruppe trägt, eine Umkehrung (*Inversion*) seiner Konfiguration erfährt:

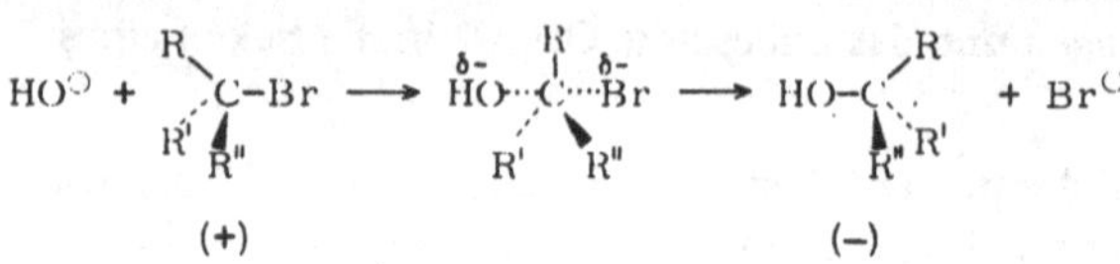

Zunächst besteht aber die schwierige Aufgabe zu zeigen, daß eine solche Konfigurationsumkehrung tatsächlich stattgefunden hat. Würde man oben das Bromid als Produkt erhalten, so würde der Nachweis seiner Linksdrehung (–) ohne weiteres die Inversion anzeigen, denn man könnte in diesem Falle allein aus der Richtung der Drehung schließen, daß es sich um das Enantiomere zum ursprünglichen Bromid handelte, welches rechtsdrehend (+) war. Nun entsteht aber nicht das Bromid, sondern der Alkohol, und hier sagt leider die Tatsache, daß das zuerst vorliegende Bromid und der entstehende Alkohol die Ebene des polarisierten Lichts in entgegengesetzten Richtungen drehen, nichts darüber aus, ob die Konfiguration entgegengesetzt ist oder nicht. Die relativen Konfigurationen müssen daher auf unabhängigem Wege bestimmt werden.

Dies gelingt in unzweideutiger Weise mit Hilfe einer Reihe von Umwandlungsreaktionen, mit denen wir uns hier nicht aufzuhalten brauchen. Glücklicherweise sind solche Untersuchungen an einer Reihe von dissymmetrischen Verbindungen ausgeführt worden. Es ist so z. B. gezeigt worden, daß *rechtsdrehender* α-Brompropionsäure-methylester (*44*) dieselbe Konfiguration hat wie *rechtsdrehender* α-Methoxypropionsäure-methylester (*45a*):

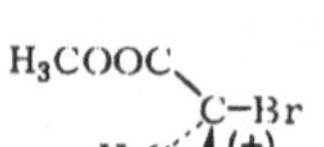
(*44*)

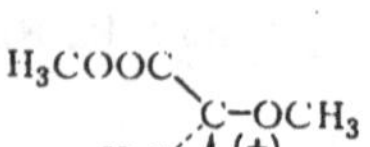
(*45a*)

Reagiert nun die Bromverbindung (*44*) mit Methanolat-Ion in Methanol, so entsteht in einer Reaktion 2. Ordnung das Produkt (*45b*) mit *Linksdrehung*. Damit ist erwiesen, daß in dieser Reaktion 2. Ordnung tatsächlich eine Inversion stattfindet, wie von einem S_N2-Prozeß zu fordern ist:

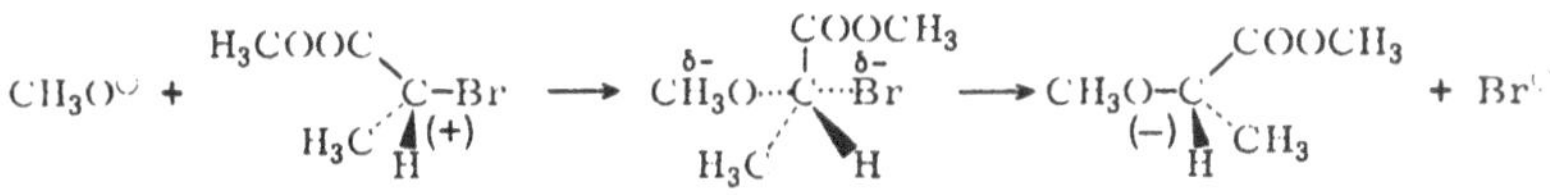

(*44*) (*45b*)

Unerwartet gibt es daneben auch noch einen nicht unerheblichen Anteil von Racemisierung, doch kann man zeigen, daß dieser durch Racemisierung des Ausgangsmaterials (*44*) noch vor der Substitution von Br durch CH_3O zustande kommt, also unabhängig von der eigentlichen Verdrängungsreaktion, die ausschließlich mit Inversion einhergeht.

Ein besonders einfacher und eleganter Nachweis der Konfigurationsumkehrung bei solchen bimolekularen Verdrängungsreaktionen, bei dem man auf die Bestimmung der relativen Konfiguration von Ausgangsmaterial und Produkt verzichten kann, besteht in der Verdrängung von Halogenatomen durch Ionen des gleichen, nur isotop markierten Halogens. Ein Beispiel ist die Umsetzung von rechtsdrehendem 2-Jodoctan (*46a*) mit ^{131}J-markiertem Natriumjodid in Aceton:

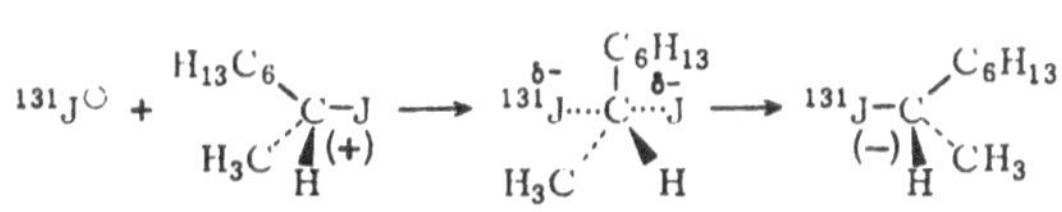

(*46a*) (*46b*)

Man kann den Fortgang der Reaktion verfolgen, indem man die Verteilung des ^{131}J zwischen 2-Jodoctan und Natriumjodid nach Ablauf definierter Zeitintervalle, d. h. die Geschwindigkeit des Isotopenaustauschs mißt. Zusätzlich erhält man die Inversionsgeschwindigkeit, indem man die Geschwindigkeit der Racemisierung mißt, wie man sie im Polarimeter als Verlust an optischer Aktivität beobachten kann. Die erstere ist gerade halb so groß wie die letztere, denn die Umkehrung in der Konfiguration *eines* Moleküls resultiert in der Bildung eines *Paares* racemischer Moleküle in der Lösung: Ein Racemat ist ja immer eine Mischung gleicher Mengen an rechts- und linksdrehenden Molekülen.

Aus praktischen Gründen wurden die beiden Messungen getrennt durchgeführt, also nicht an derselben Lösung (was aber die Gültigkeit des Arguments nicht beeinträchtigt), woraufhin man die Geschwindigkeiten verglich. Es ergab sich, daß sich die relativen Geschwindigkeiten von Substitution und Inversion wie 3,00 ± 0,25 zu 2,88 ± 0,03 verhielten. Die beiden Geschwindigkeiten sind also innerhalb des experimentellen Fehlers identisch, was bedeutet, daß tatsächlich *jede* einzelne Substitution mit einer Umkehrung der Konfiguration einhergeht.

4.3.1.2. S_N1-Reaktion und die Frage der Racemisierung

Als entsprechende stereochemische Konsequenz des unimolekularen Mechanismus der nucleophilen Substitution (S_N1) ist die *Racemisierung* des mit der Abgangsgruppe verbundenen Kohlenstoffatoms zu erwarten:

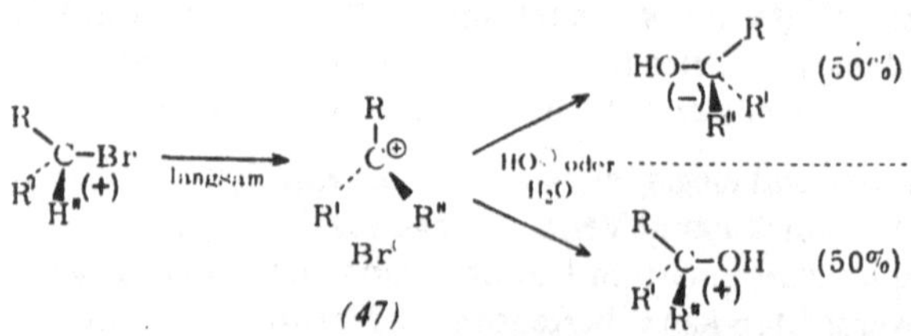

Man sollte annehmen, daß das planare Carboniumion des Ionenpaar-Zwischenprodukts (*47*) im nachfolgenden raschen nucleophilen Angriff gleich gut von beiden Seiten angegriffen wird, so daß eine 50:50-Mischung des rechts- und linksdrehenden Produkts entstehen müßte. Experimentell läßt sich eine solche Racemisierung in der Tat leicht nachweisen, aber man findet, daß nur selten reine Racemisierung eintritt. Bei Reaktionen, die ganz eindeutig 1. Ordnung sind, kommt es neben der Racemisierung fast stets zu mehr oder weniger ausgeprägter Inversion. Die Racemisierung ist also weit weniger zwangsläufig mit der S_N1-Reaktion verknüpft als die Inversion mit der S_N2-Reaktion. Den Grund dafür kann man recht gut verstehen, wenn man das Ionenpaar-Zwischenprodukt und sein mögliches stereochemisches Schicksal etwas näher betrachtet.

Es erweist sich, daß die relativen Anteile von Racemisierung und Inversion stark von der Struktur des Halogenids einschließlich der Abgangsgruppe abhängen, ferner von der Natur des Lösungsmittels, insbesondere seiner Eignung als Nucleophil. Man gelangt zu der Verallgemeinerung, daß um so mehr Racemisierung eintritt, je stabiler oder – unter den gegebenen Bedingungen – je langlebiger das Carboniumion des Zwischenprodukts (*47*) ist. Beispielsweise ist der Anteil an Racemisierung bei tertiären Halogeniden gewöhnlich größer als bei sekundären (unter sonst vergleichbaren Bedingungen), da die tertiären Halogenide i. a. stabilere Carboniumionen bilden als sekundäre. (Einfache primäre Halogenide gehen unter üblichen Bedingungen überhaupt keine S_N1-Reaktion ein.)

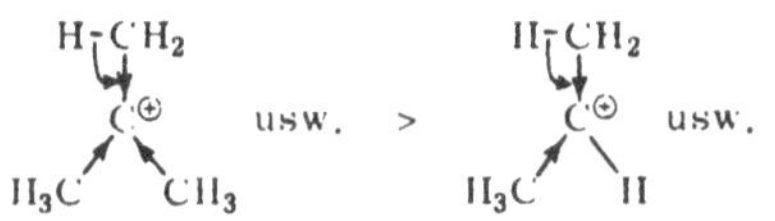

Die bedeutsame Rolle, die dem Lösungsmittel bei S_N1-Reaktionen zukommt, geht schon daraus hervor, daß dieser Substitutionstyp in der Gasphase selten, wenn überhaupt angetroffen wird und auch in Lösungsmitteln niedriger Polarität (z. B. in Kohlenwasserstoffen) nur schwierig vonstatten geht. Im Gegensatz dazu laufen S_N1-Reaktionen in Lösungsmitteln hoher Dielektrizitätskonstante leicht ab. Je größer die Dielektrizitätskonstante ist, desto weniger Energie wird ja für die Ladungstrennung, d. h. die Ionisation benötigt. Besonders günstig sind dabei stark solvatisierende Lösungsmittel, insbesondere solche, die Hydroxygruppen enthalten und sowohl Anionen als auch Kationen gut zu solvatisieren vermögen. Der geschwindigkeitsbestimmende Schritt einer S_N1-Reaktion dürfte sich in etwa in folgenden Phasen vollziehen:

(48) *(49)* *(50)*

Hier fördert das Lösungsmittel die Ionisation der R–X-Bindung zunächst unter Bildung eines *inneren Ionenpaares* (*48*), in welchem noch beide Gegenionen gemeinsam von einer Hülle von Lösungsmittelmolekülen umgeben und stabilisiert sind. Daraus kann sich dann ein weniger eng zusammengehörendes, aber noch als solches unterscheidbares Ionenpaar (*49*) entwickeln, dessen Partner von einem oder mehreren Lösungsmittelmolekülen getrennt sind (*äußeres* oder *solvens-getrenntes Ionenpaar*). Schließlich wird ein Zustand erreicht, in welchem die beiden Partner des Ionenpaares dissoziiert sind und jedes Ion von einer eigenen Hülle von Lösungsmittelmolekülen umgeben und stabilisiert wird, wie im Zustand (*50*) angedeutet. Das Carboniumion $R^{\oplus}$ kann im Prinzip in jeder Phase dieser *Ionisations/Dissoziations-Sequenz* von einem in der Lösung vorhandenen Nucleophil angegriffen werden, vorzugsweise von einem der zahlreichen und zum Teil auch eng assoziierten Lösungsmittelmoleküle, sofern sich diese als Nucleophile eignen. Je stabiler aber das Carboniumion ist, desto weniger leicht wird es angegriffen und desto länger sollte es in dieser Folge von Zuständen überleben.

Die Solvolyse des Halogenids (*51*) in 80-proz. wäßrigem Aceton führt zu 98% Racemisierung und nur zu 2% Inversion. Man kann aus diesem Befund die Bildung eines relativ stabilen Carboniumions ablesen, das im Zustand (*48a*) nur wenig vom Lösungsmittel angegriffen wird und weitgehend überdauert, bis es – im Zustand (*49a*) – symmetrisch solvatisiert oder gemäß (*50*) sogar vollständig dissoziiert ist:

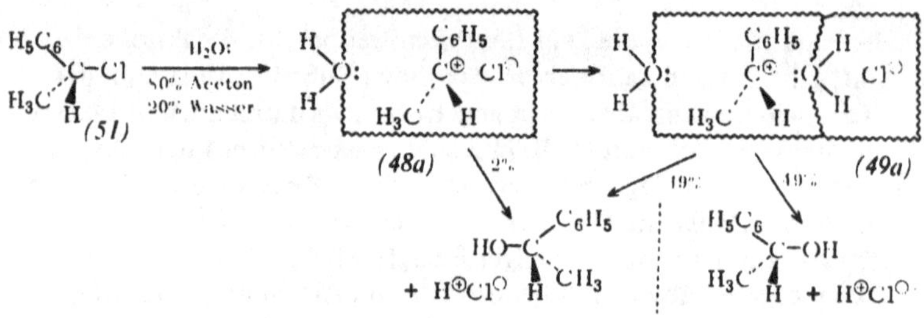

Soweit der Angriff des Wassers schon auf der Stufe (*48a*) stattfindet, bekommt man zwangsläufig invertiertes Produkt: Der Angriff erfolgt „rückseitig“, da das Carboniumion „vorderseitig“ vom Gegenion $Cl^{\ominus}$ abgeschirmt ist.

Im Gegensatz hierzu erfolgt die Solvolyse des Halogenids (*52*) nur zu 17% unter Racemisierung, während zu 83% die Inversion zum Zuge kommt. Dies ist insofern zu erwarten, als das rein aliphatische Halogenid (*52*), 2-Bromoctan, im Ionenpaar (*48b*) ein weniger stabiles und somit kurzlebigeres Carboniumion bildet – verglichen mit (*48a*) im Falle von (*51*), wo eine Stabilisierung durch Ladungsdelokalisation unter Einschluß der π-Orbitale des Benzolkerns möglich war. Es ist daher verständlich, daß im Beispiel ohne Delokalisation der Angriff des Lösungsmittels zu einem weit größeren Anteil schon auf der früheren Stufe des inneren Ionenpaares stattfindet:

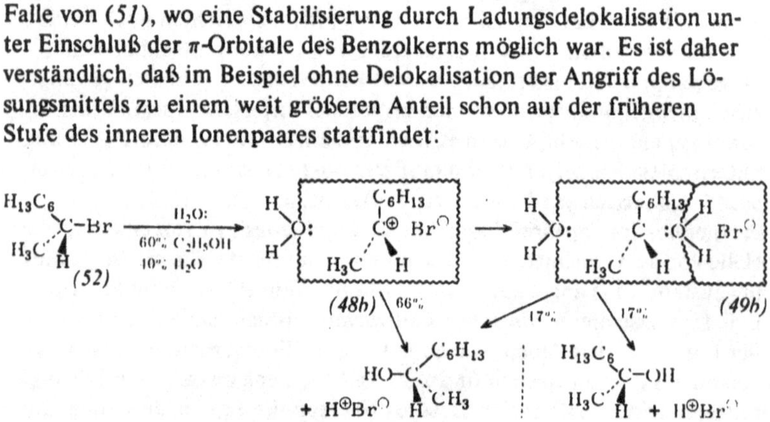

Erwartungsgemäß entscheidet auch die Natur des Lösungsmittels oder anderer vorhandener Nucleophile sehr wesentlich darüber, an welcher Stelle längs der Ionisations/Dissoziations-Sequenz der Angriff stattfindet: Je stärker das Nucleophil ist, desto früher wird ein Ionenpaar angegriffen werden und desto größer wird der Anteil an Inversion im Vergleich zur Racemisierung sein. Beispielsweise führt die S_N1-Substitution durch Wasser im Falle des Halogenids (*51*) in 20% Wasser/80% Aceton zu 98% Racemisierung + 2% Inversion, wie wir schon gesehen haben. Im stärker nucleophilen Lösungsmittelgemisch 40% Wasser/60% Aceton sind die entsprechenden Zahlen 95% Racemisierung + 5% Inversion, und im noch stärker nucleophil wirkenden reinen Wasser 82% Racemisierung + 18% Inversion. Bei einem weniger stabilen Ionenpaar würde die entsprechende Verschiebung noch stärker ausgeprägt sein. Es sei noch einmal betont, daß alle diese Solvolysen nach einem S_N1-Mechanismus erfolgen.

Was den Einfluß der Abgangsgruppe angeht, läßt sich folgendes voraussagen. Je stärker die Kräfte zwischen den beiden Ionen des Ionenpaares sind, desto weniger leicht wird der Zustand des inneren Ionenpaares (*48*) in den des äußeren oder solvens-getrennten (*49*) übergehen. Oder anders ausgedrückt: Je „enger“ das Ionenpaar, desto größer ist der zu erwartende Anteil an Inversion gegenüber der Racemisierung. Während beispielsweise das Chlorid (*51*) in Wasser zu 82% racemisiert wird mit einem Anteil von immerhin 18% Inversion, erleidet das entsprechende Bromid bei der Solvolyse in Wasser praktisch zu 100% Racemisierung: Das Ionenpaar ist hier weniger „eng“, da Brom weniger elektronegativ ist als Chlor.

4.3.1.3. Konfigurationserhaltung

Nachdem von Verdrängungsreaktionen mit Konfigurationsumkehrung (oder Inversion, S_N2) und solchen mit Racemisierung/Inversion (S_N1) berichtet worden ist, kann man fragen, ob es auch ähnliche Reaktionen mit Erhaltung der Konfiguration (*Retention*) gibt, in denen die Ausgangsstoffe in Produkte von derselben Konfiguration umgewandelt werden.

S_Ni-Reaktion. Ein System, in dem ein solches Verhalten tatsächlich angetroffen wird, ist die Umwandlung eines optisch aktiven Alkohols in das betreffende Chlorid mit Hilfe von Thionylchlorid:

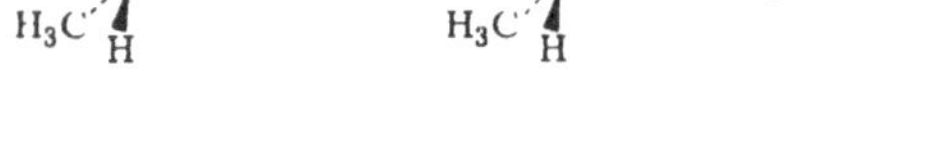

Hier muß ein besonderer Mechanismus wirksam sein, der für die Konfigurationserhaltung (ganz im Gegensatz zu den Erfahrungen mit der S_N2-Reaktion, s. oben) sorgt. Bei sorgfältigem Arbeiten kann man unter milden Bedingungen ein Alkylchlorsulfit (*53*) isolieren

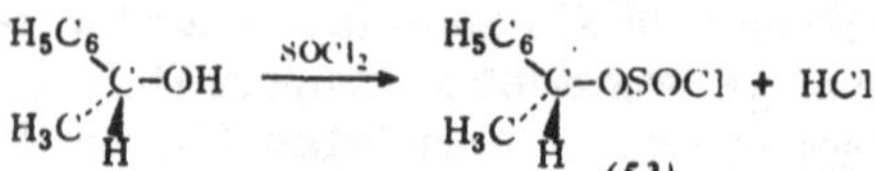

(*53*)

und zeigen, daß es sich dabei um ein echtes Reaktionszwischenprodukt handelt, das unter vergleichbaren Bedingungen mit mindestens der Geschwindigkeit der Gesamtreaktion in die normalen Produkte übergeht (s. S. 80). Man kann sich vorstellen, daß die Umwandlung in einem konzertierten Prozeß vollzogen wird,

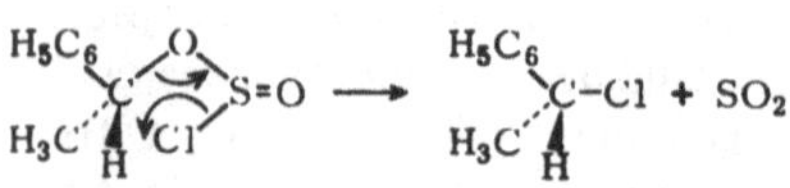

(*53*)

in welchem das Chlorsulfit eine Konfiguration annimmt, aus der heraus das Chloratom besonders leicht das Kohlenstoffatom „vorderseitig“ angreifen kann, während seine Bindung zum Sauerstoff gelöst wird. Man findet aber, daß die Geschwindigkeit der Zersetzung von (*53*) mit der Polarität des Lösungsmittels sowie mit der Stabilität des Carboniumions in dem aus (*53*) erhältlichen Ionenpaar (*54*) steigt. Es scheint danach, daß die Zersetzung von (*53*) über ein Ionenpaar (*54*) verläuft und demnach kein konzertierter Prozeß ist, wie er oben formuliert wurde:

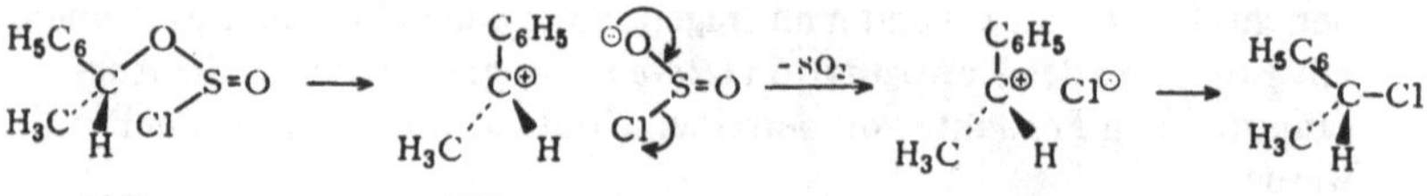

(*54*) (*54*) (*55*)

Man nimmt an, daß eine rasche Zersetzung des Chlorsulfit-Anions in (*54*) innerhalb des Lösungsmittelkäfigs stattfindet, wobei das neue Ionenpaar (*55*) entsteht, in welchem das Chlorid-Anion vorderseitig mit dem Carboniumion assoziiert ist. Der Abbau der Ionenpaar-Struktur (*55*) führt zur Bildung des fertigen Chlorids, das dieselbe Konfiguration wie die Ausgangsverbindung hat.

Interessanterweise entsteht ein Chlorid mit der gegenüber der Ausgangsverbindung umgekehrten Konfiguration, wenn man die Reaktion in Gegenwart von Pyridin durchführt. Ursache ist die Überführung des Chlorwasserstoffs, der in der einleitenden Reaktion aus dem Alkohol und Thionylchlorid entsteht, in das ionisierte Pyridin-hydrochlorid; auf diese Weise wird eine relativ hohe Konzentration von Chlorid-Ionen zur Verfügung gestellt, die nun eine S_N2-Reaktion (unter Inversion) am Chlorsulfit (*53*) bewirken können:

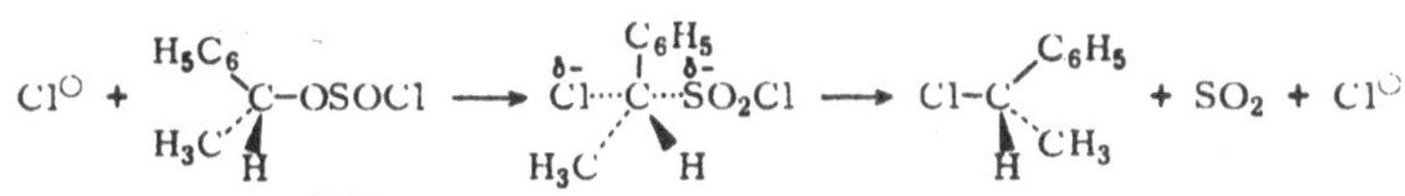

(*53*)

Nachbargruppenbeteiligung. Erhaltung der Konfiguration beobachtet man auch in einer Reihe von Fällen, wenn im Molekül eine Gruppe zugegen ist, die in irgendeiner Weise mit dem Reaktionszentrum in Wechselwirkung treten und dadurch die „Rückseite“ des betreffenden Kohlenstoffatoms gegen den Angriff des externen Nucleophils abschirmen kann. Notwendigerweise greift dieses dann vorzugsweise auf der „Vorderseite“ an. So findet man, daß das α-Brompropionat-Anion (*56*) bei der Behandlung mit geringen Mengen Base – ganz im Gegensatz zum α-Brompropionsäure-methylester (s. S. 139) -- unter Retention substituiert wird:

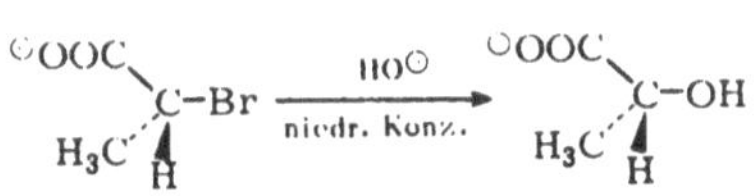

(*56*)

Der Vorgang erweist sich – bei niedriger $HO^{\ominus}$-Konzentration – als eine Reaktion 1. Ordnung, d. h. die Geschwindigkeit der Reaktion ist unabhängig von $[HO^{\ominus}]$. Wahrscheinlich wird ein zwitterionisches Intermediärprodukt (*57*) durchlaufen. Die Carboxylat-Gruppe in (*57*) kann mit dem Carboniumion-Kohlenstoff in Wechselwirkung treten (was zwangsläufig von der „Rückseite“ her geschieht), wodurch der Zugang des $HO^{\ominus}$ von dieser Seite verhindert wird. Der rasche Angriff des $HO^{\ominus}$ muß dann von der „Vorderseite“ von (*57*) her erfolgen, was insgesamt ein Produkt (*58*) mit der ursprünglichen Konfiguration liefert:

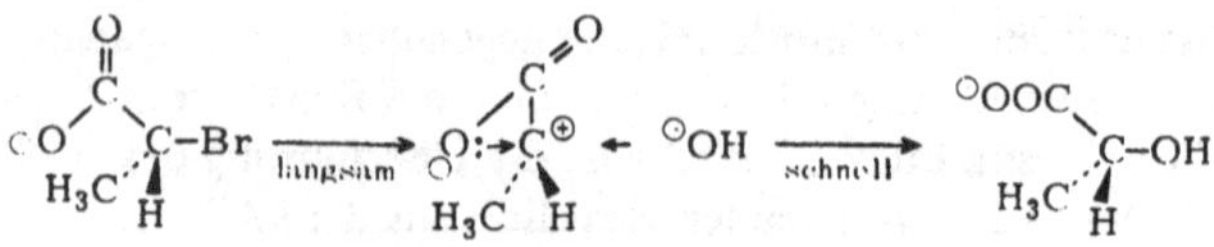

(56) (57) (58)

Es ist darüber diskutiert worden, ob ein α-Lacton (*59*) als Zwischenprodukt tatsächlich entstehen kann. Eine solche Verbindung würde hochgradig gespannt sein, ihr Ring würde durch angreifende Hydroxid-Ionen leicht geöffnet werden.

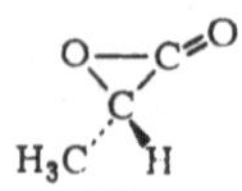

(59)

Wenn wir ihre Bildung einmal als gegeben hinnehmen, so bedeutet die beobachtete „Retention" eigentlich eine Folge von zwei Inversionen: Einer ersten beim inneren Angriff der Carboxylat-Gruppe von (*56*) unter Bildung des Zwischenprodukts (*59*), und einer zweiten bei der Einwirkung von $HO^{\ominus}$ auf (*59*) (aus der vom Sauerstoff abgewandten Richtung) unter Bildung des Endprodukts (*58*). In jüngster Zeit ist es gelungen, ein α-Lacton (*59a*) tatsächlich zu isolieren; es verdankt seine relative Stabilität wohl dem Umstand, daß die sperrigen Butylgruppen den nucleophilen Angriff behindern:

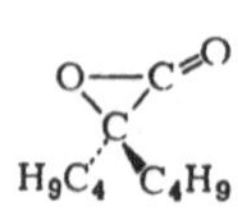

(59a)

Ob derartige Verbindungen wirklich häufig als Zwischenprodukte in Verdrängungsreaktionen auftreten, weiß man jedoch noch nicht sicher. Wenn man die Konzentration an Hydroxid-Ion erhöht, so entsteht zunehmend mehr Produkt (*60*) mit einer Konfiguration, die der des Ausgangsmaterials entgegengesetzt ist. Das bedeutet, daß die normale S_N2-Reaktion (und damit die Inversion) mit steigendem $[HO^{\ominus}]$ als Konkurrenzreaktion an Bedeutung gewinnt:

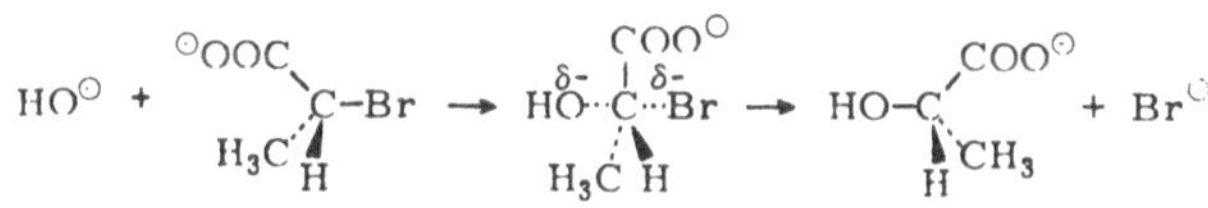

(56) *(60)*

Man spricht im Zusammenhang mit der Retention bei Verwendung niedriger $HO^{\ominus}$-Konzentrationen auch von der Wirkung eines *Nachbargruppeneffekts*. Im obigen Beispiel wird dieser Effekt durch eines der Sauerstoffatome der Carboxylat-Gruppe vermittelt. Man beobachtet ähnliche Effekte noch bei einer Reihe anderer Verdrängungsreaktionen immer dann, wenn ein Atom mit einem oder mehreren freien Elektronenpaaren eine geeignete Position im Molekül einnimmt. Betrachten wir noch die Reaktion einer optisch aktiven (*erythro**) Form des 3-Brombutan-2-ols (*61*) mit Bromwasserstoff. Man könnte erwarten, daß die Spezies (*61a*), die durch reversible Protonierung an der Hydroxygruppe entstanden ist, von der „Rückseite" her durch $Br^{\ominus}$ angegriffen wird, wobei Inversion eintritt. In einer normalen S_N2-Verdrängung würde dann das optisch aktive Dibromid (*62*) entstehen:

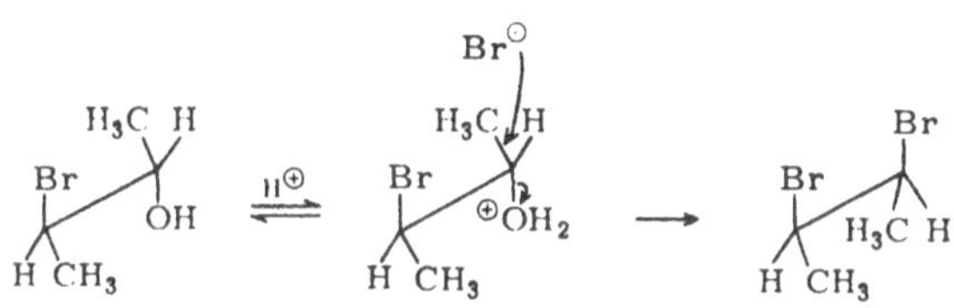

(61) *(61a)* *(62)*

---

* Zur Unterscheidung der Diastereomeren von Verbindungen mit zwei asymmetrischen Zentren kennzeichnet man diejenige Form mit der Vorsilbe *erythro*, die in der ekliptischen Konformation die größte Zahl gleicher oder ähnlicher Gruppen auf Deckung stehen hat:

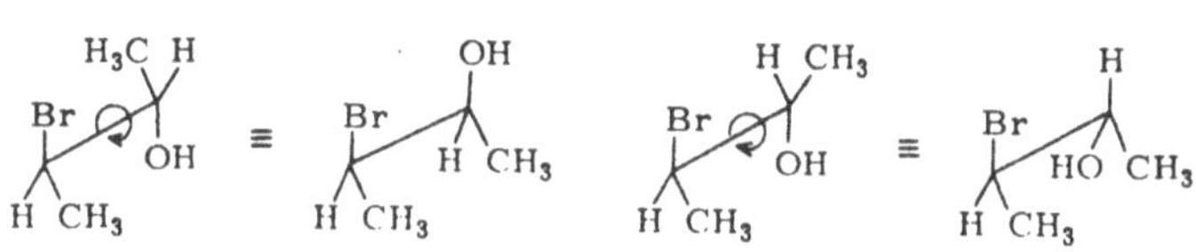

(61) erythro *(65) threo*

Demgemäß ist von den beiden diastereomeren 3-Brombutan-2-olen (*61*) und (*65*) die erstere Verbindung die *erythro*-Form. Das andere Diastereomere (*65*) wird als *threo*-Form bezeichnet. Die Bezeichnungen sind von den diastereomeren C_4-Zukkern Erythrose bzw. Threose abgeleitet.

Tatsächlich erhält man aber die symmetrische, optisch inaktive (*meso*) Form (*63*) des Dibromids. Man führt diesen überraschenden Befund darauf zurück, daß das Bromatom am benachbarten Kohlenstoff in (*61a*) vermittels eines seiner Elektronenpaare als Nachbargruppe wirkt und durch einen nucleophilen Angriff auf das benachbarte Kohlenstoffatom das cyclische Bromonium-Ion (*64*) bildet (s. S. 94). Das letztere wird dann an einem der beiden Kohlenstoffatome von $Br^{\ominus}$ angegriffen, wobei je nachdem die Moleküle (*63a*) oder (*63b*) entstehen. Diese sind natürlich identisch und symmetrisch, d. h. es ist die *meso*-Form entstanden:

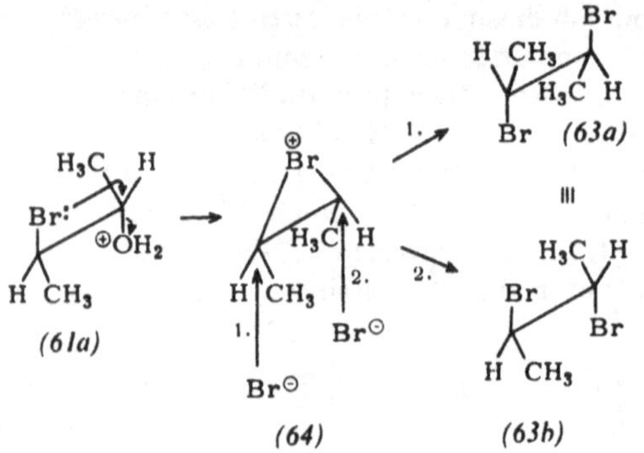

Ganz ähnlich erwartet man aus der protonierten Form (*65a*) des optisch aktiven (*threo*) Diastereomeren (*65*) von 3-Brombutan-2-ol zunächst die Bildung des symmetrischen, optisch inaktiven *meso*-Produkts (*66* ≡ *63a* ≡ *63b*) durch eine einfache S_N2-Reaktion:

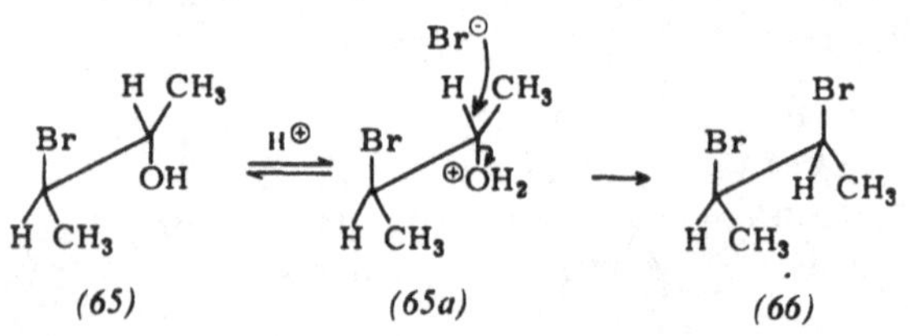

Tatsächlich erhält man aber gleiche Mengen von (*67*) und (*68*), d. h. eine racemische Mischung, wobei wieder ein cyclisches Bromonium-Ion (*69*) als Zwischenstufe fungiert:

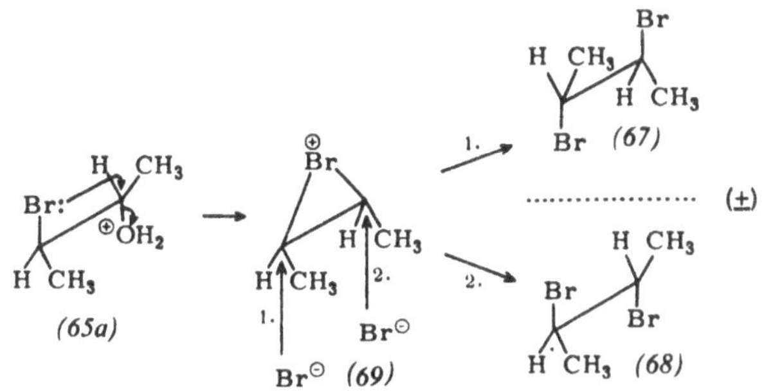

Cyclische Bromonium-Ionen werden auch bei der Addition von Brom an Alkene als Zwischenprodukt angenommen (s. S. 153), wodurch ihre reale Existenz noch wahrscheinlicher wird. Tatsächlich hat man sie in noch anderem Zusammenhang direkt mittels physikalischer Methoden nachweisen können (s. S. 96). Im übrigen kann auch ein Phenyl-Substituent vermöge des benzolischen π-Elektronensystems als „Nachbargruppe" fungieren; in einem an anderer Stelle (s. S. 89) erörterten Beispiel hat das allerdings keine stereochemische Konsequenzen.

Im Zusammenhang mit den Nachbargruppeneffekten erhebt sich ganz allgemein die Frage: Wieso können interne Nucleophile so erfolgreich mit externen in Konkurrenz treten? Einiges weist darauf hin, daß dies nicht so sehr einem günstigen energetischen Faktor ($\Delta H^{\ddagger}$) als vielmehr einem Entropiefaktor ($\Delta S^{\ddagger}$) zu danken ist. Würde z. B. (*65a*) von einem externen Bromid-Ion angegriffen, so würde das zu einer Einschränkung der (translatorischen) Bewegung beider Teilchen im Übergangszustand führen und außerdem eine ganz spezielle gegenseitige Orientierung verlangen. Im Falle des Angriffs durch internes Brom hat man es dagegen nur mit *einem* Teilchen zu tun, das Problem der gegenseitigen Translation und auch der Orientierung stellt sich überhaupt nicht. Der einzige Zwang, dem der Übergangszustand unterworfen ist, rührt von der Einschränkung der Rotation um eine C–C-Bindung her: Es muß ja eine Konformation eingenommen werden, die es dem Bromatom am benachbarten Kohlenstoff gestattet, von der der protonierten Hydroxygruppe abgewandten Seite anzugreifen. Da Translationsentropien sehr viel größer sind als Rotationsentropien, ist die Entropieabnahme (Zunahme der Ordnung) bei der Bildung des Übergangszustandes im Falle des internen Angriffs sehr viel kleiner als bei externem Angriff, und der erstere wird daher, sofern die $\Delta H^{\ddagger}$-Terme größenordnungsmäßig gleich sind, sehr viel rascher sein.

4.3.2. Elektrophile Substitution. – Das o/p-Verhältnis bei der aromatischen Substitution

Es ist schon die Rede davon gewesen, wie an einem Benzolkern bereits vorhandene Substituenten einfach auf Grund ihrer Raumerfüllung die Substitution in den benachbarten *o*-Positionen behindern und so das Verhältnis von *o*-Produkt zu *p*-Produkt („*o*/*p*-Verhältnis") herabsetzen können. In einigen Fällen jedoch erhält man trotz der mutmaßlichen Wirkung solcher sterischer Effekte so hohe Anteile an *o*-Produkten, daß man zur Annahme eines speziellen Effekts gezwungen ist.

Nitriert man beispielsweise Anisol (*70*) mit Nitriersäure (HNO_3/H_2SO_4), so erhält man 31% *o*- und 67% *p*-Nitroanisol (eine sehr normale Verteilung). Führt man die Nitrierung aber mit Salpetersäure in Acetanhydrid durch, so bekommt man 71% *o*- und nur noch 28% *p*-Nitroanisol. Nun weiß man, daß aus Salpetersäure und Säureanhydriden Acylnitrate, $RCO\text{-}ONO_2$, entstehen, die, obwohl nicht selbst als nitrierende Agentien geeignet, möglicherweise $NO_2^{\oplus}$-Ionen zur Verfügung stellen könnten, indem sie sich zunächst komplex an das Anisol anlagern:

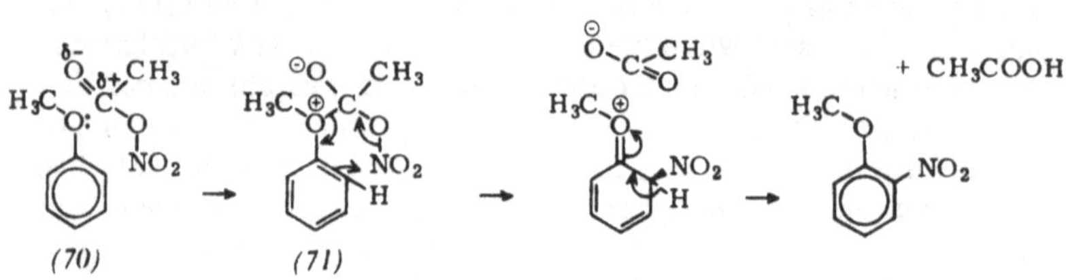

(*70*) (*71*)

Die Nitrierung könnte dann aus einer Konformation des Komplexes (*71*) heraus (über einen sechsgliedrigen Übergangszustand) erfolgen, in der die Nitrogruppe unmittelbar der *o*-Position des Benzolkerns gegenübersteht.

Ähnliche Verhältnisse liegen beim Acetaldehyd vor (mit wahrscheinlich ähnlichem Reaktionsablauf), dessen Nitrierung mit Nitriersäure ein *o*/*p*-Verhältnis von 19:79 erbringt, während mit Salpetersäure in Acetanhydrid *o*- und *p*-Produkt im Verhältnis 68:30 erhalten werden. Im Falle des 2-Phenyläthyläthers (*72*) sind die entsprechenden Zahlen 32:59 für Nitriersäure und 69:28 für N_2O_5 in Acetonitril. Im letzteren Fall nimmt man einen etwas anderen Reaktionsablauf an:

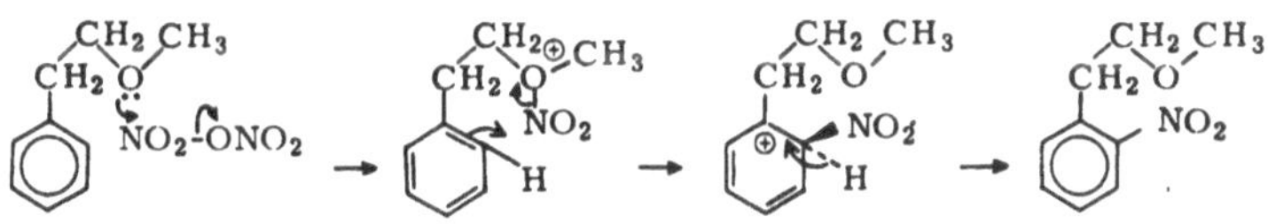

(72)

Solche Effekte sind aber nicht auf die Nitrierung beschränkt. Der sehr hohe Anteil an *o*-Produkt in der Reaktion von Phenolat-Ion (*73*) mit Formaldehyd ist das Ergebnis einer Elektronenumordnung in einem Komplex, der aus dem Formaldehyd und dem Metall/Phenolat-Ionenpaar (auf Grund der komplexbildenden Wirkung des Metall-Kations) gebildet wird:

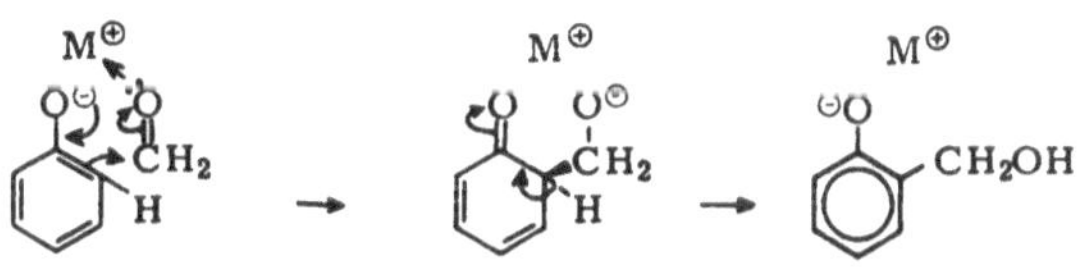

(73)

Man kann diese Beispiele auch als „Nachbargruppeneffekte" auffassen, obwohl sie von etwas anderer Art sind als die weiter oben besprochenen (s. S. 145).

4.3.3. Radikalische Substitution

Die radikalischen Substitutionsreaktionen wie die Halogenierung von Alkanen sind keine direkte Verdrängungsreaktionen am Kohlenstoff, sondern bestehen in der einleitenden Ablösung eines Wasserstoffatoms. Das folgende Beispiel einer Bromierung zeigt diese wichtige Eigenschaft solcher Systeme:

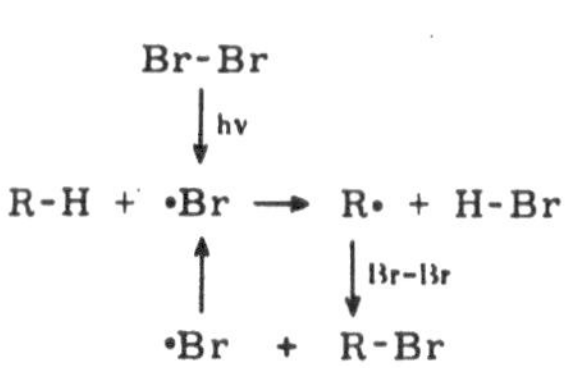

Was sich im Falle des Angriffs auf ein optisch aktives Alkan, RR'R''CH, ereignet, hängt entscheidend vom Schicksal des zuerst gebildeten Radikals RR'R''C• ab. Bei der Chlorierung des optisch aktiven Halogenids (*74*) wurde z. B. Racemisierung beobachtet. (Me und Ät stehen hier und in den folgenden Beispielen für Methyl bzw. Äthyl.)

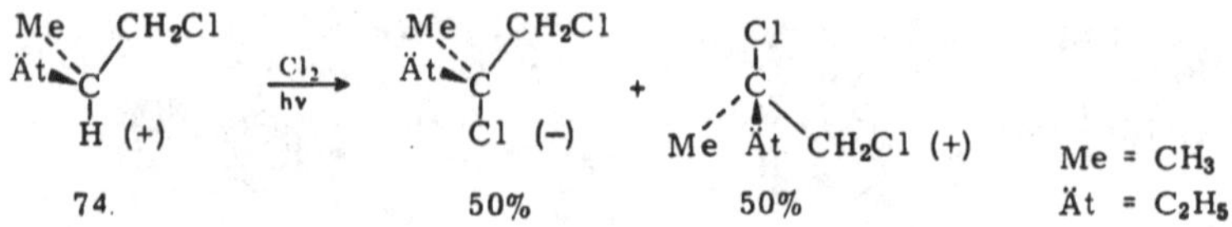

74. 50% 50%

Dann stellte man fest, daß die selektiver wirkende Bromierung des entsprechenden Bromids (*75*) – oder auch von (*74*) selbst – zu einem optisch aktiven Produkt von der Konfiguration des Ausgangsmaterials führt:

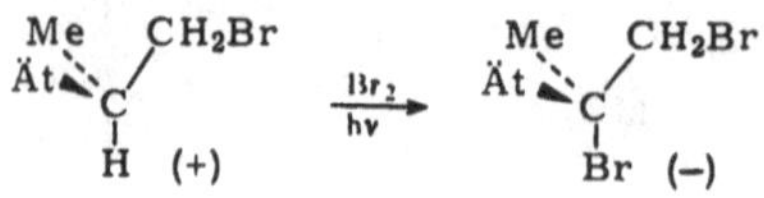

(*75*)

Zur Erklärung ist angenommen worden, daß die Reaktion über ein cyclisches Bromonium-Radikal (*76*) abläuft, in welchem Brom als Nachbargruppe fungiert; das würde bedeuten, daß der anschließende Angriff des Broms nur von einer Seite aus stattfinden kann. (Vgl. die ähnlichen Verhältnisse bei den cyclischen Bromonium-Kationen, S. 154.)

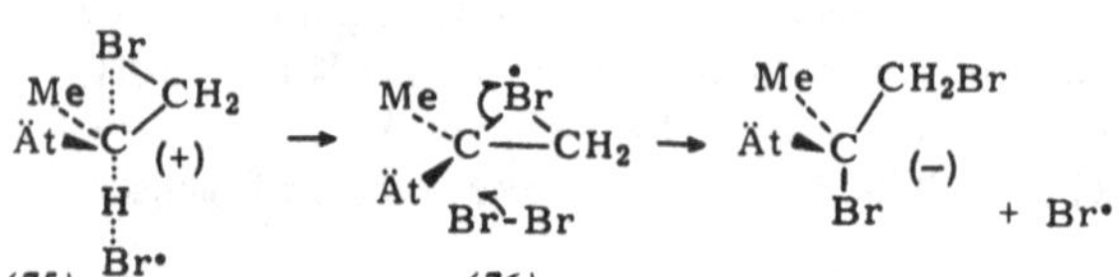

(*75*) (*76*)

Es gibt aber eine Reihe von Argumenten gegen die Bildung cyclischer Bromonium-Radikale. Jedenfalls liefert auch die optisch aktive Cyano-Verbindung (*77*) bei der Bromierung ein optisch aktives Produkt mit derselben Konfiguration wie das Ausgangsmaterial:

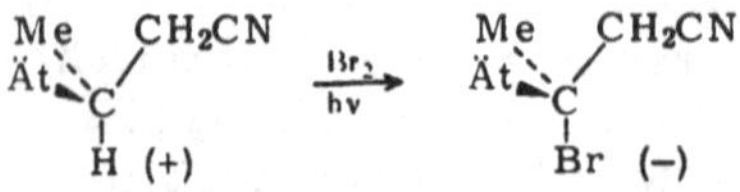

(*77*)

In diesem Fall ist ein Nachbargruppeneffekt der vorigen Art unwahrscheinlich. Die beobachtete Retention läßt sich am einfachsten durch die Annahme deuten, daß der Angriff des Broms auf das zuerst gebildete Radikal zu schnell erfolgt, als daß es Zeit finden könnte, von der ursprünglichen pyramidalen Konfiguration in den planaren Zustand überzugehen:

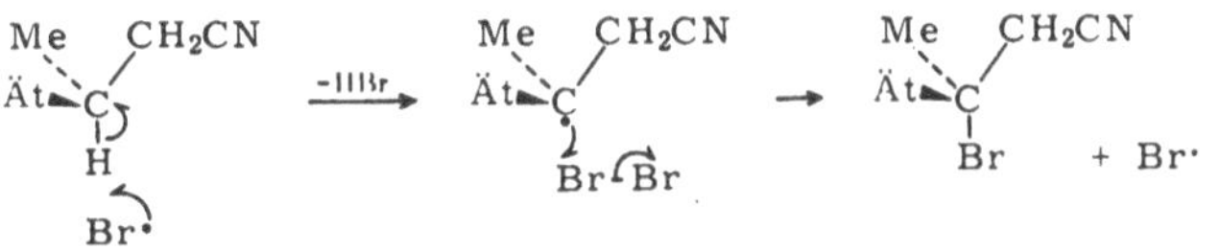

(77)

Das würde bedeuten, daß das Radikal eine endliche Zeit in der pyramidalen Anordung zubringen kann, obwohl physikalische Befunde auf die planare als die bevorzugte Konfiguration einfacher aliphatischer Radikale hinweisen. Dementsprechend macht es – im Gegensatz zu den Verhältnissen bei den Carboniumionen – keine besonderen Schwierigkeiten, Radikale an Brückenkopfpositionen zu erzeugen, wo die pyramidale Anordnung von der Struktur aufgezwungen ist. Offensichtlich ist der Energieunterschied zwischen pyramidaler und planarer Konfiguration bei Radikalen sehr viel kleiner als bei Carboniumionen, und Radikale können tatsächlich einen größeren Teil ihrer Lebendauer im pyramidalen Zustand verbringen.

4.4. Additionsreaktionen (C=C)

4.4.1. Addition von Halogenen

4.4.1.1. Polare Addition

Die elektrophile Addition von Chlor oder Brom an einfache alicyclische Alkene erfolgt mit einem hohen Grad (≈ 99%) an TRANS-Stereospezifität*). Zur Erklärung dieses Befunds wurden erstmals cyclische Halonium-Strukturen als Reaktionszwischenprodukte angenommen, z. B. im Falle von *cis*- und *trans*-2-Buten (*78*) bzw. (*79*):

---

* Zur Kennzeichnung des *Additionsmodus* wird TRANS (ein Addend X von jeder Seite des Moleküls) bzw. CIS (beide X von derselben Seite des Moleküls) mit großen Buchstaben geschrieben. Im Gegensatz dazu werden geometrische Isomere mit *trans* und *cis* bezeichnet.

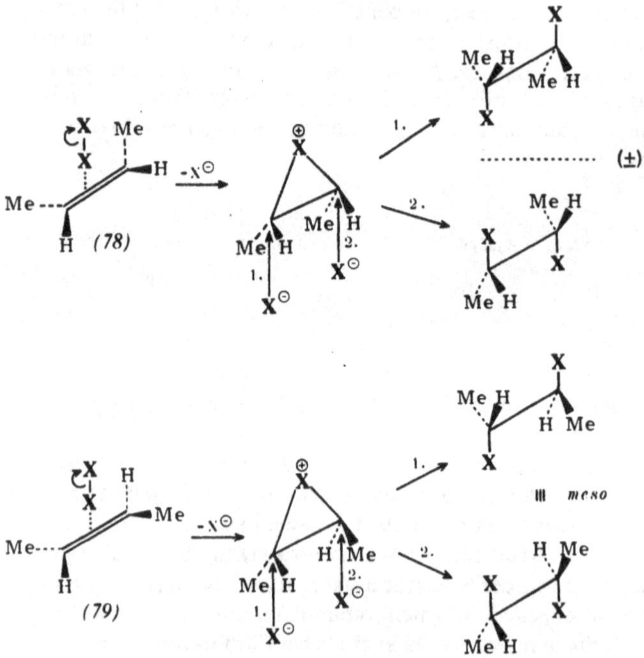

Me = CH_3

Diese zunächst ad hoc gefaßte Hypothese erfuhr eine starke Stütze durch den Nachweis, daß Cl und besonders Br als Nachbargruppen wirken können (s. S. 148), ganz besonders aber durch die direkte Identifizierung cyclischer Halonium-Ionen mit Hilfe der NMR-Spektroskopie (s. S. 96). Übrigens sind die Geschwindigkeitsausdrücke für die Reaktion mit Brom oft komplizierter als für entsprechende Reaktionen mit Chlor, und als $X^{\ominus}$ kann anstelle von $Br^{\ominus}$ gelegentlich $Br_3^{\ominus}$ auftreten.

Alkene, die stabilere Carboniumionen zu bilden vermögen, verhalten sich bei der Anlagerung von Halogen oft weniger stereospezifisch. Beispielsweise liefern sowohl *trans*- als auch *cis*-1-Phenyl-propen (*82*) bei der Reaktion mit Brom in unpolaren Lösungsmitteln die betreffenden CIS-Additionsprodukte in Ausbeuten von 15–30%, und einen noch höheren Anteil in polaren Lösungsmitteln. Man nimmt an, daß ein Teil der Reaktion über innere Ionenpaare (s. S. 141) als Zwischenprodukte verläuft, wobei die Konformationen (*80a*) und (*80b*) durch Angriff von ober- und unterhalb der Ebene des Alkens (*82*) entstehen. Diese Ionenpaar-Zwischenprodukte konkurrieren mit den vertrauteren cyclischen Bromonium-Ionen (*81a*) und (*81b*), und zwar um so wirksamer, je besser die Carboniumionen (durch Ladungsdelokalisation über das π-Orbitalsystem des Benzolkerns oder in anderer Weise) stabilisiert sind; denn eine entsprechende Stabilisierung ist ja bei den cyclischen Bromonium-Ionen nicht möglich:

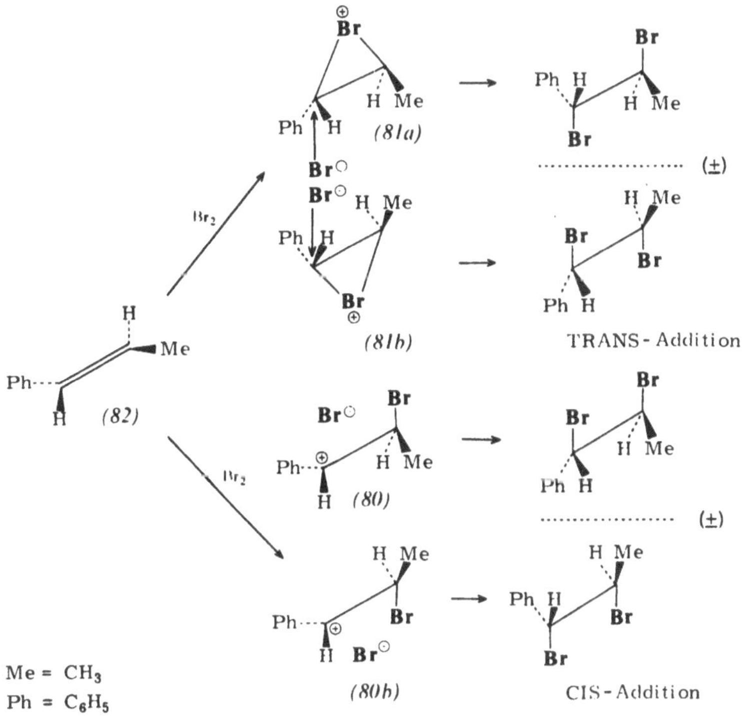

Für eine Reihe von XC_6H_4-Substituenten sollte man daher einen um so höheren Anteil an CIS-Additionsprodukt bekommen, je stärker X als Elektronendonor-Gruppe wirkt (z. B. *p*-OCH_3): Dies ist tatsächlich der Fall. – Die Ladungsverteilung in den cyclischen Bromonium-Ionen (*81a*) und (*81b*) ist unsymmetrisch, weshalb $Br^{\ominus}$ vornehmlich an einem der beiden C-Atome angreift, wie im Formelschema gezeigt. Natürlich sind die beiden Racemate voneinander verschieden, wie die nähere Betrachtung zeigt.

(*80a*) und (*80b*) werden spezifisch zum CIS-Additionsprodukt führen, wenn sich die Umwandlung der inneren Ionenpaar-Strukturen zu den Produkten rasch vollzieht; steht ihnen aber eine ausreichende Lebensdauer zur Verfügung, bevor sie sich in die Endprodukte umwandeln, so kann es zur Rotation um die C-1/C-2-Bindungsachse (die ursprüngliche Doppelbindung) kommen, oder das $Br^{\ominus}$ findet Zeit, auf die andere Seite des Moleküls herüber zu wandern. In diesem Falle könnten aus (*80a*) und (*80b*) sowohl das CIS- als auch das TRANS-Additionsprodukt entstehen.

Eine Erhöhung der Lösungsmittelpolarität sollte mit einer Stabilisierung der Ionenpaare (*80a*) und (*80b*) durch Solvatation einhergehen und dadurch den Energieaufwand zu ihrer Bildung – eigentlich: der Bildung der unmittelbar vorangehenden Übergangszustände – senken. Der Anteil der Gesamtreaktion, der über den Ionenpaar-Weg verläuft (CIS-Addition) sollte daher mit steigender Lösungsmittelpolarität zunehmen, wie tatsächlich auch beobachtet wird. Andererseits sollte man für ein gegebenes Alken unter vergleichbaren Bedingungen einen höheren Anteil an TRANS-Additionsprodukt – über ein cyclisches Halonium-Zwischenprodukt – erwarten, wenn Brom und nicht Chlor addiert wird. Denn Brom eignet sich besser als „Brückenatom", da seine Elektronenpaare leichter anteilig zur Verfügung gestellt werden können. Auch diese Erwartung entspricht der Beobachtung. Beispielsweise liefert Acenaphthylen (*83*) mit Brom (über das cyclische Bromonium-Ion) überwiegend das (∓)-TRANS-Additionsprodukt (*84*), während mit Chlor hauptsächlich das *meso*-CIS-Additionsprodukt (*85*) erhalten wird:

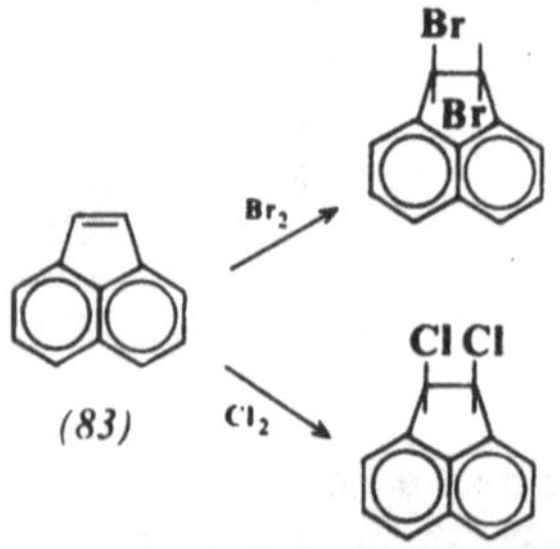

(*83*) (*84*) (*85*)

Allerdings könnte gerade bei so relativ starren Systemen noch ein anderer Faktor eine Rolle spielen, nämlich die räumliche Wechselwirkung zwischen den beiden sperrigen Bromatomen im Produkt der CIS-Addition, die dessen Bildung – eigentlich: die Ausbildung des zugehörigen Übergangszustandes – erschwert (s. S. 162).

4.4.1.2. Radikalische Addition

Im Gegensatz zum Vorigen ist vergleichweise wenig über die genaue Stereochemie der Radikal-induzierten Addition von Halogenen an einfache Alkene (*86*) bekannt. Genauer untersucht ist die Addition von Halogenwasserstoffen (s. S. 160). Die Frage ist erörtert worden, ob „verbrückte“ oder „offene“ radikalische Zwischenprodukte (*87*) bzw. (*88*) eine Rolle spielen:

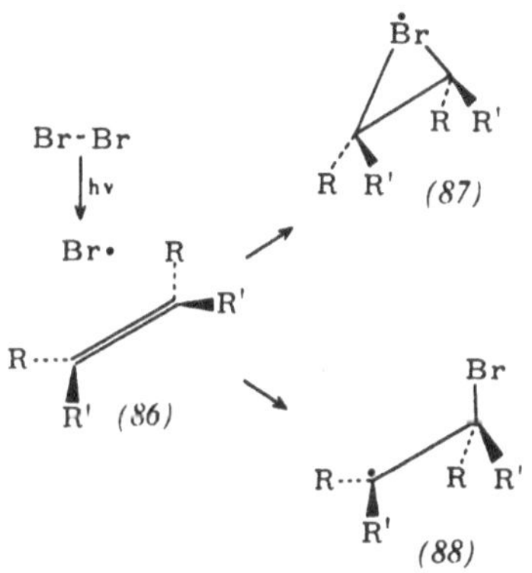

Die erstere Struktur würde stereospezifisch die TRANS-Addition eingehen (vgl. die Addition über cyclische Bromonium-Ionen, S. 153), aber die letztere könnte ebenfalls bevorzugt zum TRANS-Produkt führen, denn der Angriff eines voluminösen Brommoleküls auf das Radikal (*88*) sollte eher von der Seite aus stattfinden, die dem bereits vorhandenen Bromatom abgewandt ist. Anders wäre es allerdings, wenn der Angriff des Br_2 langsam genug auf die einleitende Radikalbildung folgt, daß eine Rotation um die C-1/C-2-Bindungsachse Zeit gewinnt und Radikale mit der Konformation (*89*) entstehen. Diese würden dann mit Br_2 zum Dibromid (*90*) reagieren, dessen Struktur einer (scheinbaren) CIS-Addition an das ursprüngliche Alken (*86*) entspricht:

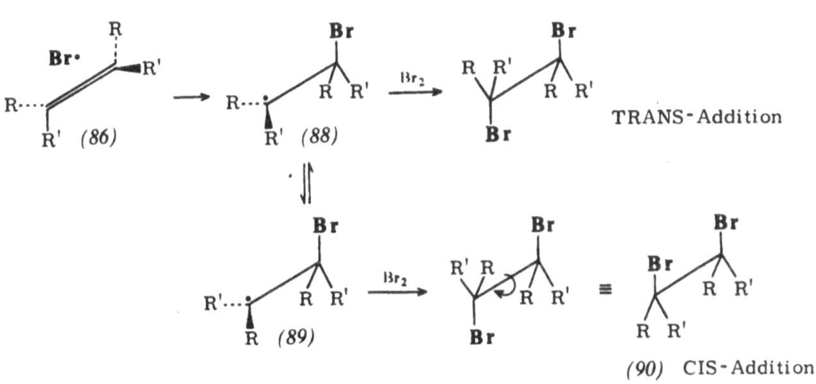

Solche Rotationen um die C-1/C-2-Achse finden anscheinend tatsächlich statt, denn geringe Mengen von Halogen (insbesondere Brom) katalysieren die Umwandlung von *cis*-Alkenen in *trans*-Alkene. Es konnte gezeigt werden, daß diese Umwandlung über radikalische Zwischenprodukte verläuft:

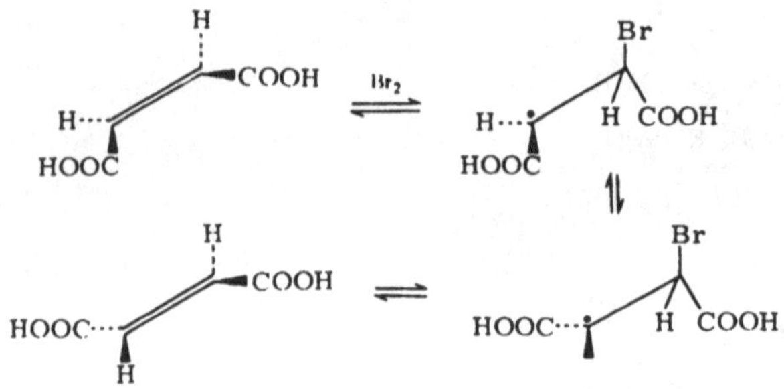

Man erhält ein Gleichgewichtsgemisch, in welchem das stabilere Alken – gewöhnlich *trans* – überwiegt. Die Möglichkeit solcher Isomerisierungen fordert zur Vorsicht bei der Interpretation der Stereochemie der Addition an ein ursprünglich *cis*- oder *trans*-konfiguriertes Alken auf der Basis der Stereochemie der entstehenden Produkte auf.

Den Einfluß der Lebensdauer des zuerst gebildeten Radikals bis zum abschließenden Angriff durch Br_2 oder ein anderes „kettenübertragendes" Reagens erkennt man in der Radikal-induzierten Anlagerung von Thiolen RSH. Man weiß, daß diese die Kettenreaktion sehr viel langsamer weiterführen als Br_2 oder HBr, und in Übereinstimmung mit den Erwartungen für den Fall einer verlängerten Lebensdauer des Radikals bekommt man hier sehr viel mehr Produkt einer (scheinbaren) CIS-Addition. Man sollte übrigens auch eine Abhängigkeit des Anteils an CIS-Addition von der Konzentration des kettenübertragenden Reagenzes erwarten: Je höher nämlich dessen Konzentration ist, desto kürzer ist die Lebensdauer des ursprünglichen Radikals und desto geringer sollte demgemäß der Anteil an CIS-Additionsprodukt sein. Auch diese Erwartung findet sich bestätigt.

Einige dieser Überlegungen vereinfachen sich, wenn man die Stereochemie der Radikal-induzierten Additionsreaktionen cyclischer Alkene betrachtet. Einige solcher Reaktionen sind untersucht worden, ohne daß sich schon ein klares Bild hätte gewinnen lassen. Allgemein scheint die TRANS-Addition hier bevorzugt zu sein. Im übrigen hängt der Reaktionsablauf, wie wohl kaum überrascht, in starkem Maße von den räumlichen Gegebenheiten der reagierenden Moleküle ab.

4.4.2. Addition von Halogenwasserstoffsäuren

4.4.2.1. Polare Addition

Man weiß wenig über die Stereochemie der Addition von Halogenwasserstoffen an einfache, acyclische, nicht-konjugierte Alkene. Der Angriff wird, zumindest in polaren Lösungsmitteln, durch Protonen katalysiert, aber man kann oft nicht unterscheiden, ob dabei einfache Carboniumionen (*91*) oder protonierte Doppelbindungen (*92*) eine Rolle spielen. (Es würde sich bei den letzteren um π-Komplexe handeln; cyclische σ-Komplexe, die den cyclischen Bromonium-Ionen entsprechen würden, können sich nicht bilden, da H im Gegensatz zu Br keine Elektronenpaare zur Verfügung stellen kann.)

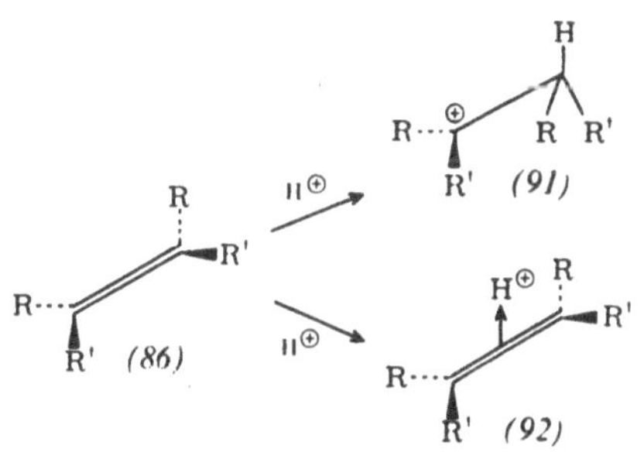

Bei Alkenen, die stabilisierte Carboniumionen bilden können, verläuft die Addition fast sicher über Zwischenprodukte vom Typ (*91*); vorausgesetzt, daß das innere Ionenpaar keine zu große Lebensdauer hat, wird es dann wohl bevorzugt zum CIS-Additionsprodukt umgewandelt werden. So vollzieht sich die polare Addition von DBr an *cis*-1-Phenylpropen (*93*) in Methylenchlorid mit dem nachstehend verzeichneten Ergebnis. (Der Einfachheit halber wird nur der Angriff von einer Seite des Moleküls – von oben – gezeigt.)

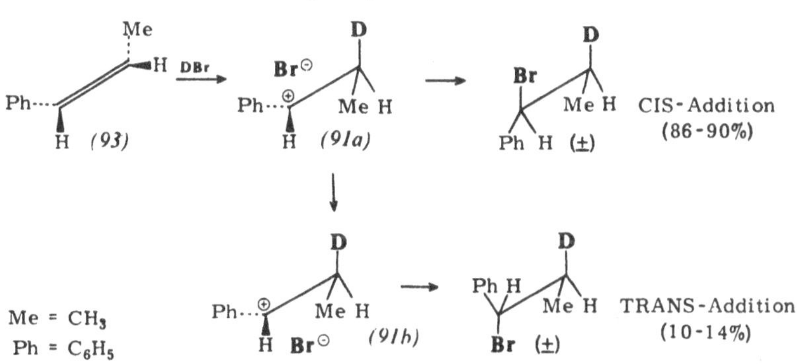

Man nimmt an, daß die TRANS-Addition aus einer noch vor der Produktbildung stattfindenden Umordnung des inneren Ionenpaares gemäß (*91a*) → (*91b*) hervorgeht. Bei der polaren Addition von DBr an das isomere *trans*-1-Phenylpropen stehen die beiden Additionsweisen ungefähr in demselben Verhältnis: 87–89% CIS und 11–13% TRANS. Im allgemeinen verlaufen solche polaren Additionen um so weniger stereospezifisch – d. h. sie führen zur Bildung von um so weniger CIS-Additionsprodukt – je polarer das Lösungsmittel ist. Dies rührt vermutlich von der zunehmenden Stabilisierung des Ionenpaares (*91*) durch Solvatation und seiner dadurch bedingten höheren Lebensdauer, die die Chance der Isomerisierung (*91a*) → (*91b*) vor der Umwandlung in die Endprodukte erhöht.

Ähnliche Ergebnisse erzielt man mit solchen cyclischen Alkenen, die ebenfalls stabilisierte Carboniumionen zu bilden vermögen, z. B. mit Inden (*94*) und Acenaphthylen (*95*):

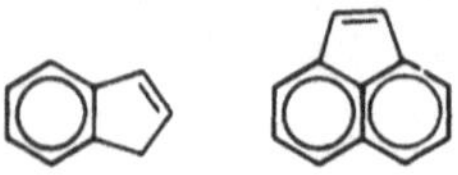

(*94*) (*95*)

Bei einfachen cyclischen Alkenen, die keine stabilisierten Carboniumionen bilden können, sind Fälle bevorzugter TRANS-Addition bekannt. Beispielsweise führt die Addition von HCl an 1,2-Dimethylcyclopenten (*96*) in Pentan als Lösungsmittel zu praktisch 100% zum TRANS-Additionsprodukt. Der Grund hierfür ist nicht ganz klar. Hier und in analogen Fällen gibt es aber kinetische Hinweise, daß zum Überganszustand mehrere Moleküle HX gehören; im unpolaren Lösungsmittel könnte demnach eine konzertierte Reaktion stattfinden, in der die sich bildenden Ionen durch weitere Moleküle HX stabilisiert werden:

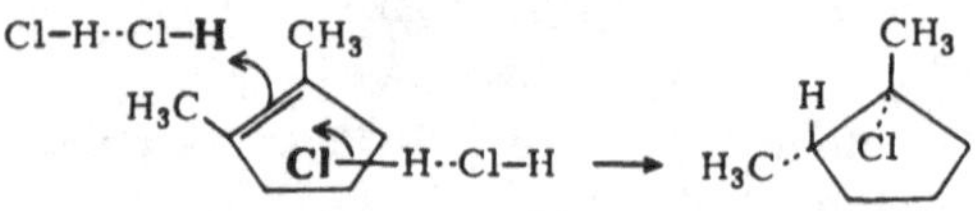

(*96*)

4.4.2.2. Radikalische Addition

Die Radikal-induzierte Addition von Halogenwasserstoffen – besonders von HBr und DBr – an Alkene ist ausführlich untersucht worden. Danach scheint allgemein die TRANS-Addition bevorzugt zu sein, solange keine besonderen Umstände dem entgegenstehen. Beispielsweise wird *cis*-2-Brombut-2-en (*97*) in flüssigem DBr bei −78 °C fast vollständig in das *meso*-Dibromid (*98*), das Produkt einer TRANS-Addition, umgewandelt:

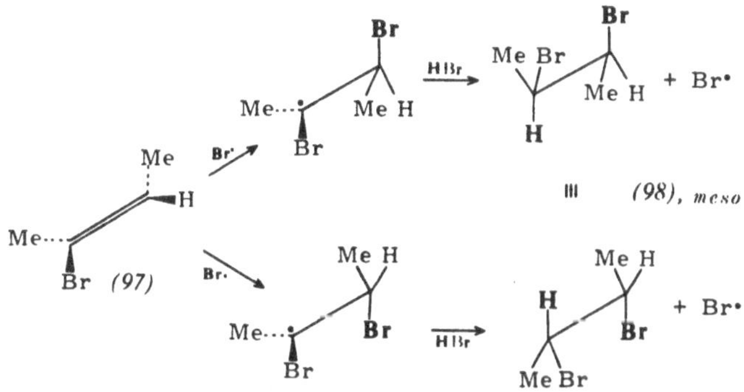

Ähnlich wird *trans*-2-Brom-but-2-en (*99*) fast vollständig in das TRANS-Additionsprodukt, das (±)-Dibromid (*100a, b*), übergeführt:

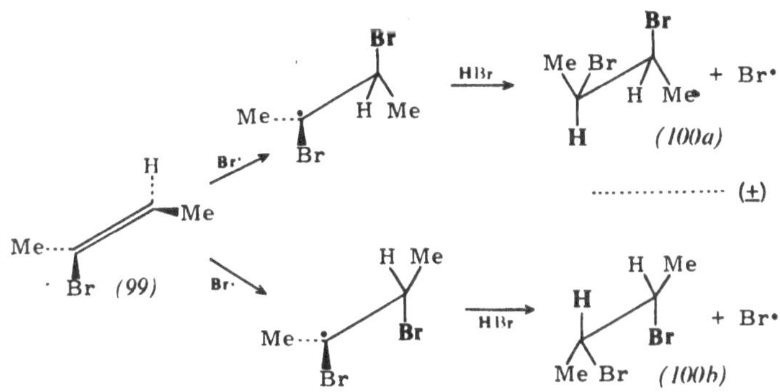

Bevorzugte TRANS-Addition von DBr findet man auch bei *cis*- und *trans*-2-Buten bei −78 °C.

Wird die HBr-Addition an (*97*) oder (*99*) jedoch bei Raumtemperatur und mit niedrigeren Konzentrationen von HBr durchgeführt, dann wird in jedem Falle eine Mischung der (±)- und *meso*-Produkte (*100a, b*) bzw. (*98*) gebildet. Man nimmt an, daß dies auf eine bei der höheren Temperatur raschere Äquilibrierung der Konformationen des radikalischen Zwischenprodukts durch Rotation um die C-1/C-2-Achse zurückgeht; z. B. im Falle des Radikals aus (*97*):

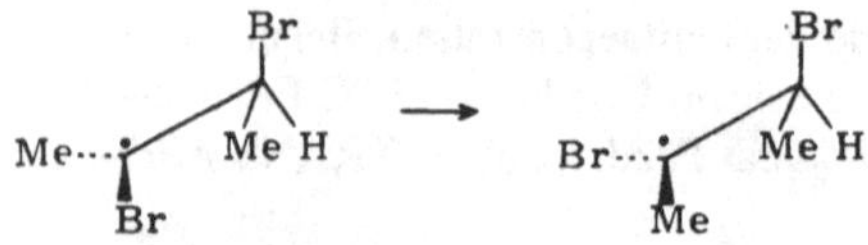

In gleicher Richtung wirkt die bei den niedrigen HBr-Konzentrationen verlängerte Lebensdauer des Radikals. Tatsächlich bekommt man sowohl aus (*97*) als auch aus (*99*) dasselbe Produktgemisch aus 75% (±)- und 25% *meso*-Produkt, wodurch angezeigt wird, daß die intermediären Radikale das Konfigurationsgleichgewicht erreicht haben, ehe die Gesamtreaktion durch Angriff von HBr und Bildung der Endprodukte abgeschlossen wird. Man könnte einwenden, daß diese Produktmischung auch durch Äquilibrierung der eingesetzten Alkene (*cis* ⇌ *trans*, s. S. 158) oder durch Äquilibrierung der Endprodukte entstehen könnte. Das letztere ist aber insofern unwahrscheinlich, als das in untergeordneter Menge entstehende *meso*-Dibromid thermodynamisch stabiler ist als das (±)-Racemat. Wie bei der Anlagerung von Halogenen (s. S. 156) ist die Bevorzugung der TRANS-Addition bei langsamer Kettenübertragung, z. B. mit $CBrCl_3$ statt mit HBr, weniger ausgeprägt.

Auch bei Cycloalkenen, bei denen eine Rotation um die C-1/C-2-Bindungsachse nicht möglich ist*), beobachtet man wieder (sofern keine störenden Faktoren auftreten, s. unten) im wesentlichen die TRANS-Addition. Beispielsweise vollzieht 1-Bromcyclohexen (*101*) zu mindestens 99,7% die TRANS-Addition:

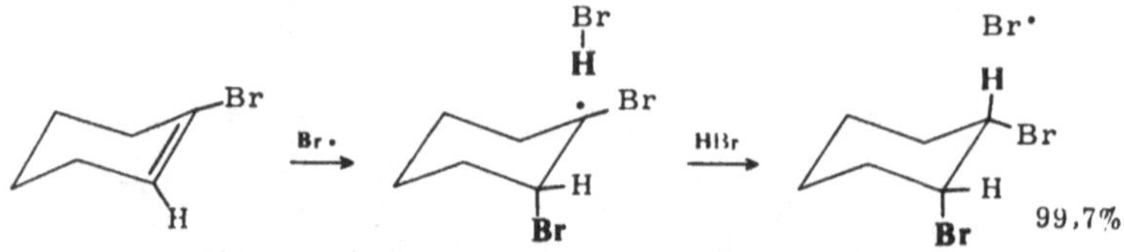

(*101*) (*104*)

Bei 1-Bromcyclopenten (*102*) fällt das TRANS/CIS-Additionsverhältnis auf 94:6, bei 1-Bromcyclobuten (*103*) auf 79:21. (Man beachte, daß in jedem Falle die TRANS-Addition zum *cis*-Dibromid führt und umgekehrt.)

---

* Anmerkung des Übersetzers: Cycloalkene bis zu einer Ringgliederzahl von 7 C-Atomen existieren nur in der *cis*-Konfiguration, in der die an C-1 und C-2 anschließenden Ringbindungen auf derselben Seite der Doppelbindung stehen.

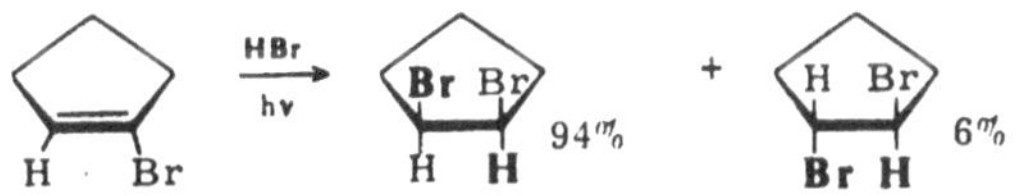

(102) (105)

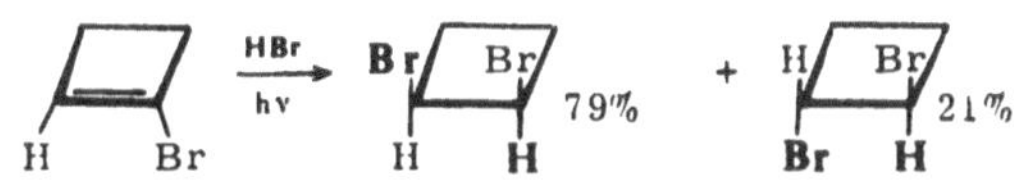

(103) (106)

Der sinkende Anteil an TRANS-Additionsprodukt in der Reihe (*104*) > (*105*) > (*106*) rührt zweifellos von der wachsenden gegenseitigen Behinderung der beiden großen Bromatome in der *cis*-Konfiguration, durch die das Energieniveau des entsprechenden Übergangszustandes angehoben und somit seine Bildungsgeschwindigkeit gesenkt wird. Eine von daher rührende sterische Spannung kann zwar bei der Bildung von (*104*) vollständig und bei der Bildung von (*105*) bis zu einem gewissen Grade (durch Faltung) vermieden werden, sehr viel schlechter aber bei der Bildung von (*106*).

Man hat für die beobachtete TRANS-Stereospezifität cyclische Bromonium-Radikale verantwortlich gemacht (s. S. 157), aber es gibt kein Argument, das zu ihrer Annahme wirklich zwingt; man könnte stattdessen auch einfach davon ausgehen, daß HBr aus irgendeinem Grund bevorzugt von der Seite angreift, die von dem bereits gebundenen Bromatom abgewandt ist. Natürlich kann man irgendeine Art der Wechselwirkung (die keine eigentliche „Bindung" zu sein bräuchte) zwischen den einsamen Elektronenpaaren am Bromatom und dem radikalischen Kohlenstoffatom nicht ausschließen.

4.4.3. Hydroxylierung

4.4.3.1. Osmiumtetroxid/Wasser und alkalisches Permanganat

In den bislang betrachteten Anlagerungsreaktionen der Alkene sind die Produkte i. a. aus einer bevorzugten TRANS-Addition hervorgegangen. Es stellt sich die Frage, ob es auch Additionsreaktionen an Alkenen gibt, die eindeutig den CIS-Ablauf bevorzugen, ohne daß dafür besondere Umstände eintreten müssen (wie beim Abbau der Ionenpaare, S. 154). Tatsächlich bietet die Hydroxylierung von Alkenen mit Osmiumtetroxid/Wasser ein Beispiel einer stereospezifischen CIS-Addition. So erhält man aus Cyclopenten (*107*) ausschließlich das *cis*-Diol (*108*):

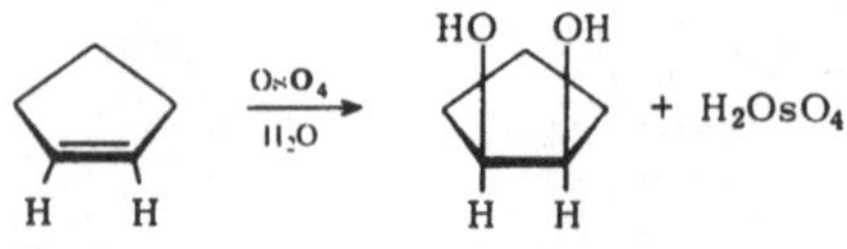

(107) (108)

Die *cis*-Konfiguration dieses 1,2-Diols geht daraus hervor, daß die Verbindung optisch inaktiv, d. h. eine symmetrische *meso*-Form ist. (Das *trans*-1,2-Diol ist dissymmetrisch und existiert daher als in optische Antipoden trennbares Racemat.) Ferner zeigt das NMR-Spektrum eine innere (intramolekulare) Wasserstoffbrücken-Bindung gemäß (*108a*) an, die auf eine Verdünnung der Lösung nicht anspricht; ein solches Verhalten ist beim *trans*-Diol (*109*) nicht denkbar:

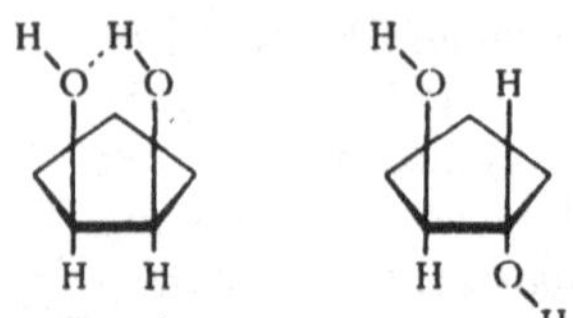

(108a) (109)

Der Grund für diese CIS-Stereospezifität wurde offenkundig, als es gelang, einen cyclischen Osmiumsäure-Ester (*110*) als Zwischenprodukt zu isolieren, der auf Grund der Bindungswinkel und -längen die *cis*-Konfiguration besitzen muß und von dem gezeigt werden konnte, daß seine (unter Os-O-Bindungsspaltung verlaufende) Hydrolyse das *cis*-Diol (*108*) mit mindestens der Geschwindigkeit der Gesamtreaktion unter vergleichbaren Bedingungen liefert:

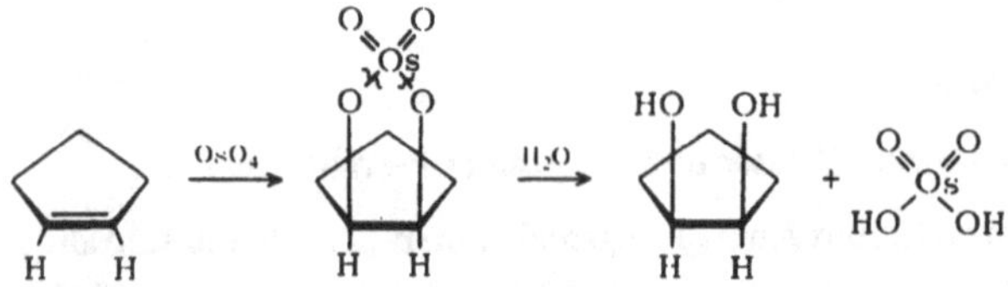

(107) (110) (108)

Auch das klassische Reagens für die Hydroxylierung von Alkenen, das bekannte alkalische Permanganat, führt unter milden Bedingungen zum *cis*-Diol. Obwohl es nicht gelungen ist, einen cyclischen Ester (*111*) der Permangansäure, der dem cyclischen Osmiumsäureester (*110*) entsprechen würde, zu isolieren, wird doch ein Reaktionsablauf über eine solche Verbindung angenommen. Eine Stütze für diese Annahme bedeutet die Tatsache, daß die Hydroxylierung mit ^{18}O-markiertem Permanganat zum *cis*-Diol (*108b*) führt, in welchem beide eingeführte O-Atome ^{18}O-markiert sind. Sie müssen daher vom Permanganat (nicht vom Wasser) stammen, wie ein cyclischer Permangansäureester (*111*) erwarten läßt:

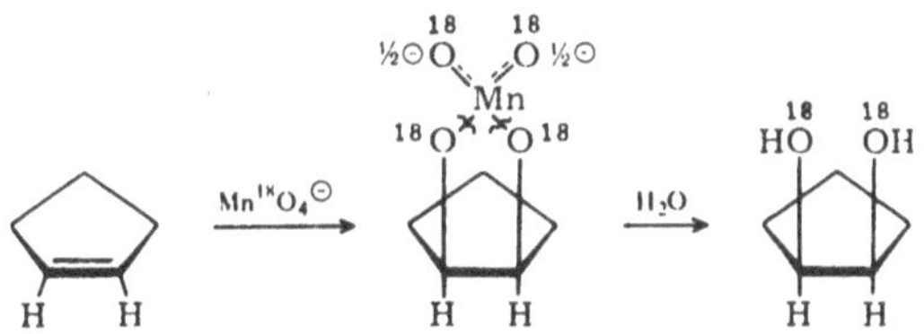

(*107*) (*111*) (*108b*)

Bei der Verwendung von alkalischem Permanganat muß man beachten, daß die Oxidation sehr leicht weiterschreiten kann. Unter Spaltung der C-1/C-2-Bindung des zunächst gebildeten Diols (*108*) entsteht so die acyclische Dicarbonsäure (*112*):

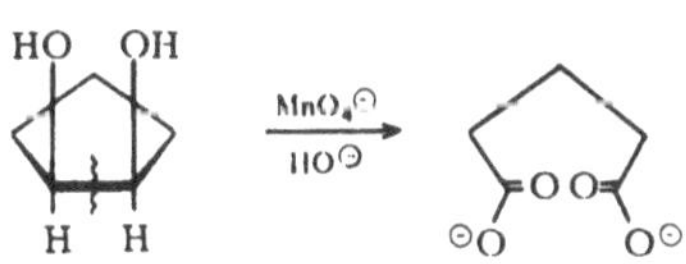

(*108*) (*112*)

4.4.3.2. Persäuren

Die Reaktion von (Cyclo)alkenen mit Persäuren, $R-\overset{O}{\overset{\|}{C}}-O-OH$ unter forcierten Bedingungen führt zur stereospezifischen Bildung von *trans*-1,2-Diolen, die im IR-Spektrum nur intermolekulare Wasserstoffbrücken-Bindungen erkennen lassen; aus Cyclopenten (*107*) entsteht so das Racemat (*109a, b*):

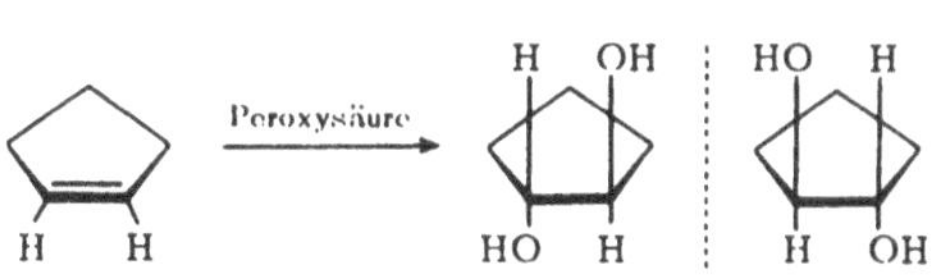

(*107*) (*109a*) (*109b*)

Den Schlüssel zum Verständnis der TRANS-Stereospezifität dieser Hydroxylierung bedeutet die Isolierung eines *cis*-Epoxids (*113*) als

Zwischenprodukt beim Arbeiten unter milden (normalen) Bedingungen:

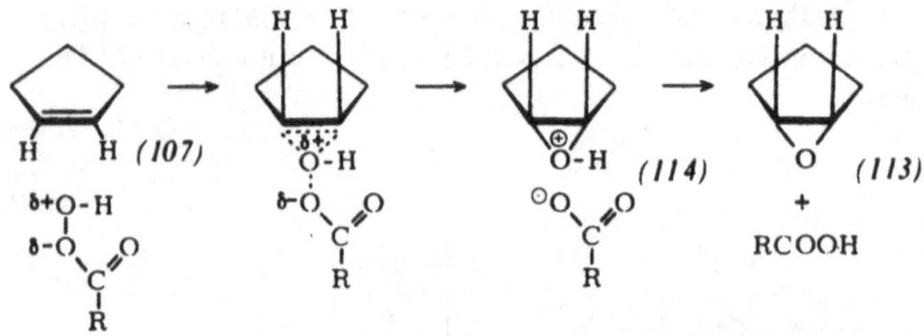

Der dreigliedrige Ring des Epoxids läßt sich anschließend mit Säure oder Base leicht spalten, wobei das (±)-*trans*-Diol (*109a, b*), entsteht:

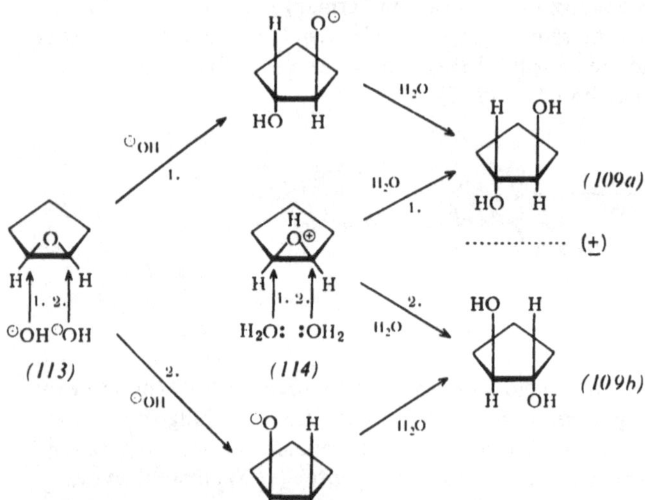

In jedem Falle findet der S_N2-Angriff am Kohlenstoff – unter Umkehrung der Konfiguration – von der Molekülseite her statt, die dem Epoxid-Sauerstoff gegenüberliegt, wobei Angriff am einen Kohlenstoffatom der ursprünglichen Doppelbindung zum Enantiomeren (*109a*), am anderen zum Enantiomeren (*109b*) führt. Die beiden Angriffsrichtungen sind im symmetrischen Epoxid statistisch gleich wahrscheinlich, und das Ergebnis ist daher eine 50:50-Mischung von (*109a*) und (*109b*), d. h. das *trans*-Racemat (*109a, b*).

Ist die Säure RCOOH aus dem Zerfall der eingesetzten Persäure von ausreichender Stärke, so wird das Epoxid sogleich zu (*114*) (ausgehend immer noch von Cyclopenten als Beispiel) protoniert werden und kann dann in situ durch Wasser hydrolytisch gespalten werden. Im Falle der Perameisensäure ist das entstehende Formiat-Anion, $HCO_2^{\ominus}$, so nucleophil, daß es die protonierte Spezies (*114*) angreifen kann. Endprodukt der Reaktion ist dann der (±)-*trans*-Monoameisensäureester (*115a, b*):

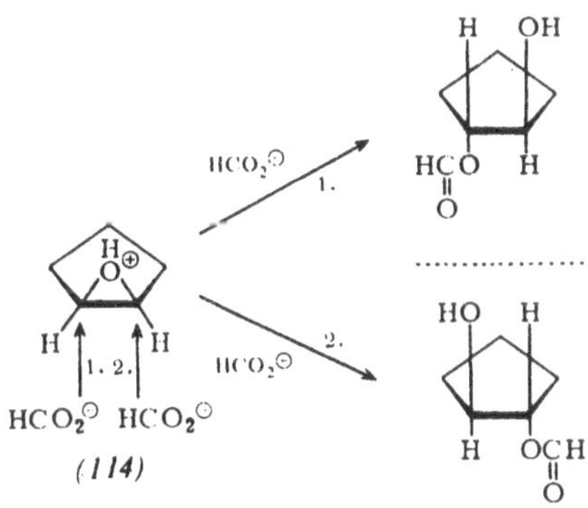

(*115a*)

(*114*)

(*115b*)

Diesen Ester kann man wiederum mit wäßriger Base zum racemischen *trans*-Diol (*109a, b*) hydrolysieren.

Die beiden zuletzt besprochenen, synthetisch äußerst nützlichen Methoden bilden ein gegensätzliches Reaktionspaar, mit dessen Hilfe man aus Alkenen sterisch einheitliche *cis*- oder *trans*-1,2-Diole nach Belieben herstellen kann.

4.5. Additionsreaktionen (C=O)

Bei C=O-Doppelbindungen gibt es das Problem der CIS/TRANS-Addition nicht, da die C–O-Einfachbindung in den Endprodukten frei drehbar ist. Die letzteren sind identisch, gleichgültig wie sie entstanden sind, d. h. die möglichen Endprodukte sind Konformere und nicht Enantiomere oder geometrische Isomere:

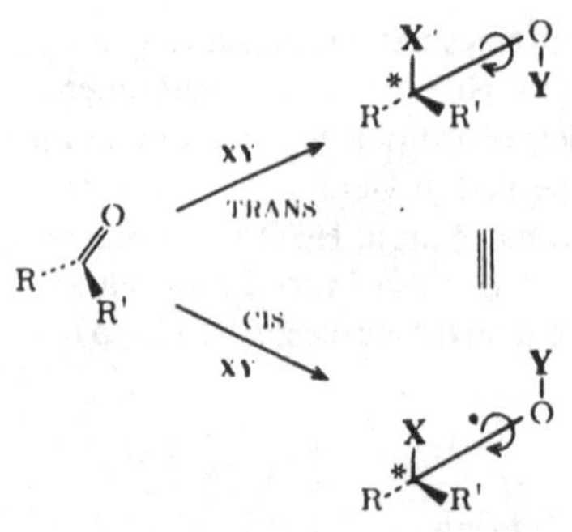

Es gibt aber auch im Zusammenhang mit dieser Reaktion zwei Aspekte von allgemeinem stereochemischem Interesse: a) Den Einfluß der Größe von R und R' auf die Geschwindigkeit (und Gleichgewichtslage) der Addition, sowie b) die Auswirkung einer unsymmetrischen molekularen Umgebung in dem Falle, daß R oder R' dissymmetrisch sind, insbesondere hinsichtlich der relativen Anteile der beiden Enantiomere, die bei der Bildung des neuen dissymmetrischen Zentrums (*) entstehen können.

4.5.1. Größe von Substituenten, Reaktionsgeschwindigkeit und Gleichgewicht

Die ganz überwiegende Mehrzahl der Additionsreaktionen an Carbonylverbindungen ist nucleophiler Natur, indem ein Nucleophil Y oder $Y^{\ominus}$ das positivierte Carbonyl-Kohlenstoffatom angreift. Im folgenden ist X in „XY" sehr häufig H:

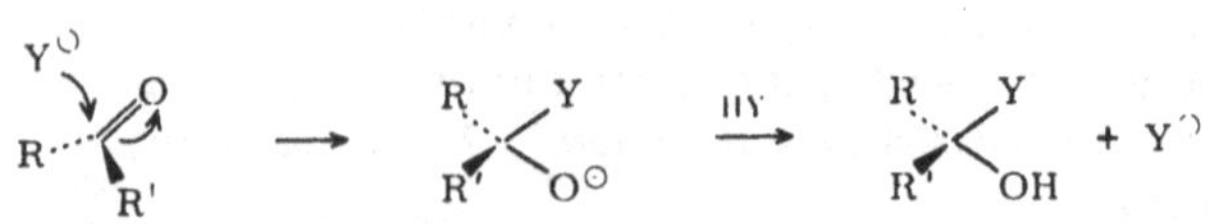

Bei der Adduktbildung wird das ursprünglich sp^2-hybridisierte Carbonyl-Kohlenstoffatom sp^3-hybridisiert. Infolgedessen kommen die Gruppen R und R' im Addukt (RCR'-Bindungswinkel ≈ 109°) enger zu stehen als in der ursprünglichen Carbonylverbindung (RCR'-Bindungswinkel ≈ 120°). Solange R und R' klein sind, ist eine von daher rührende sterische Wechselwirkung nur schwach ausgeprägt; mit zunehmender Größe gewinnt sie aber rasch an Bedeutung, was zu einer zunehmenden Destabilisierung des Addukts relativ zum Ausgangsmaterial führt. Bei einer Reihe von nucleophilen Additionsreaktionen von Carbonylverbindungen, die nicht mehr oder weniger vollständig ablaufen, sondern einem Gleichgewicht zustreben, kann man dies sehr schön an den zunehmend kleiner werdenden Gleichgewichtskonstanten ablesen, beispielsweise bei der „Bisulfit-Addition" (Anlagerung von Hydrogensulfit-Ionen) bei 0 °C:

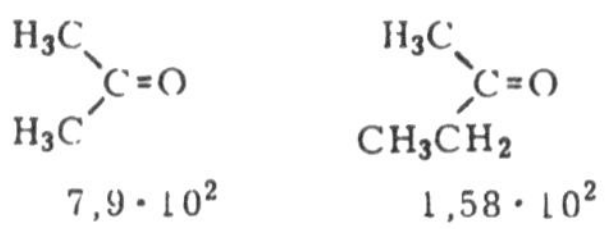

Es ist allerdings zu betonen, daß auch elektronische Effekte (elektronenliefernde bzw. -anziehende Wirkung) auf *K* einwirken, doch dürfte ein von daher rührender Einfluß im obigen System gering sein. Auch die Größe des angreifenden Nucleophils ist bedeutsam, da sie zur Überladung und folglich zur Destabilisierung des Addukts beitragen kann. Im Falle der Cyanhydrin-Bildung der Ketone sind daher die Gleichgewichtskonstanten nahezu identisch, da das Nucleophil klein und zudem linear gebaut ist.

Ein bemerkenswerter, diesmal Addukt-stabilisierender sterischer Effekt ist beim Cyclopropanon (*116*) zu beobachten. Hier führt der (durch den Dreiring aufgezwungene) CCC-Bindungswinkel von ≈ 60° im ursprünglichen Keton (CCC-Bindungswinkel normalerweise ≈ 120°) dazu, daß dieses einer stärkeren Spannung unterliegt als das Addukt – z. B. (*117*) – mit einem CCC-Bindungswinkel von normalerweise ≈ 109°. Eine der Konsequenzen davon ist, daß das Hydratationsgleichgewicht des Cyclopropanons in wäßriger Lösung ganz auf der Seite des Hydrats (*117*) liegt, das als solches leicht isoliert werden kann:

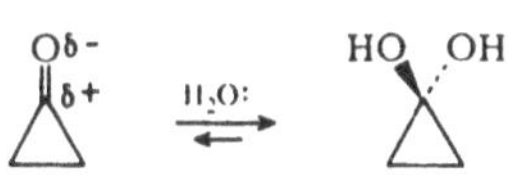

(*116*) (*117*)

Auch die Geschwindigkeiten nucleophiler Additionsreaktionen werden durch sterische Effekte beeinflußt, und zwar meist in ganz ähnlicher Weise wie die Gleichgewichtskonstanten. Dies berechtigt zu dem – nicht unerwarteten – Schluß, daß der Übergangszustand mehr dem Addukt als dem Ausgangsstoff ähnelt. Beispielsweise findet man für die Anlagerung von Hydrogensulfit-Ion an eine Reihe von Ketonen (die nur eine geringe Variation der elektronischen Effekte erwarten lassen) die folgende Abstufung der relativen Geschwindigkeiten:

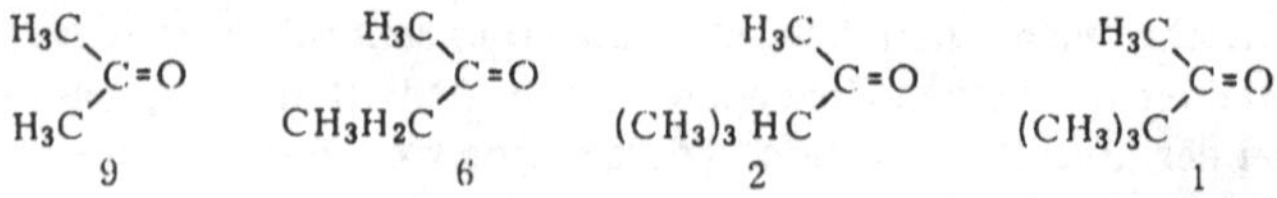

4.5.2. Cramsche Regel

Die nucleophile Addition an eine Carbonylverbindung RR'C=O führt zur Bildung eines Dissymmetriezentrums (*). Sofern allerdings R und R' nicht selbst dissymmetrisch sind. wird der Angriff statistisch gleich häufig von der einen oder anderen Seite des im wesentlichen planaren Moleküls erfolgen:

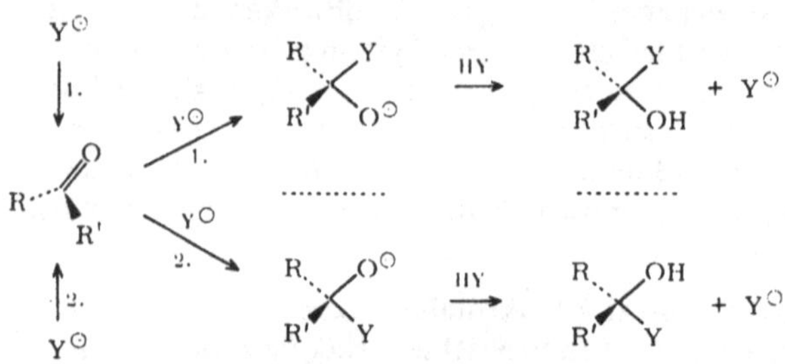

Es entsteht somit eine 50:50-Mischung der beiden Enantiomeren, ein (±)-Racemat. Wenn aber die ursprüngliche Carbonylverbindung bereits ein Dissymmetriezentrum enthält – besonders α-ständig zur Carbonylgruppe wie im Falle von (*118*) – so wird der Angriff von einer Seite des Carbonyl-Kohlenstoffatoms nicht mehr (statistisch) gleichwertig dem Angriff von der anderen Seite sein. Infolgedessen werden die wahlweise entstehenden diastereomeren Addukte (*119*) bzw. (*120*) – sie sind wieder enantiomer in bezug auf das neu eingeführte Dissymmetriezentrum (*) – nicht mehr in gleichen Anteilen gebildet werden:

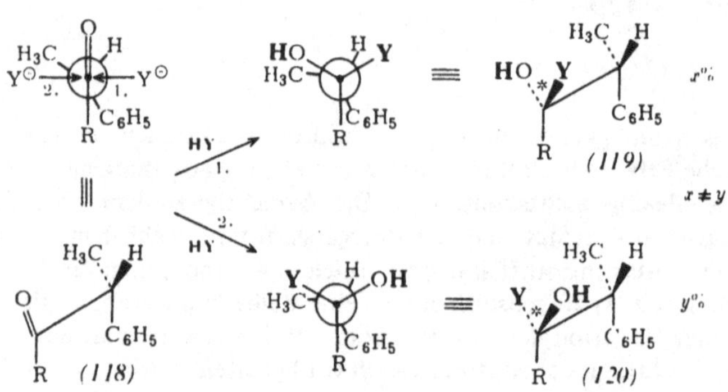

(*118*) (*119*) (*120*)

Man kann nun fragen, ob es möglich ist, auf Grund einer genauen Kenntnis der Struktur der ursprünglichen Carbonylverbindung vorauszusagen, welches Diastereomere vorzugsweise gebildet wird. Eine solche Voraussage liefert die Cramsche Regel, die sich wie folgt formulieren läßt: „Dasjenige Diastereomere wird bevorzugt gebildet, das bei der Annäherung des Nucleophils von der *am wenigsten behinderten Seite* des Carbonyl-Kohlenstoffatoms entsteht. Die Carbonylverbindung liegt dabei in einer solchen Konformation (Drehung um die C-1/C-2- oder Carbonylkohlenstoff/α-Kohlenstoff-Achse) vor, daß die C=O-Gruppe von den am wenigsten raumerfüllenden Gruppen am dissymmetrischen α-Kohlenstoffatom flankiert ist.“ Man muß daher beispielsweise das obige Keton in die in (*118*) dargestellte Drehlage bringen, da H und CH_3 weniger raumerfüllend sind als C_6H_5, und stellt dann fest, daß der Angriff vornehmlich nach 1. stattfinden wird, da H weniger raumerfüllend als CH_3 ist. Es ist also mehr Produkt (*119*) als (*120*) zu erwarten, d. h. $x > y$.

Im Falle der Anlagerung eines Grignard-Reagenzes, z. B. von Methylmagnesiumjodid, an 2-Phenyl-propanal (*118a*) – d. h. (*118*, R = H) – würde man also voraussagen, daß die *erythro*-Verbindung (s. S. 147), die durch Angriff aus der weniger behinderten Richtung (1.) entsteht, im Produktgemisch dominiert:

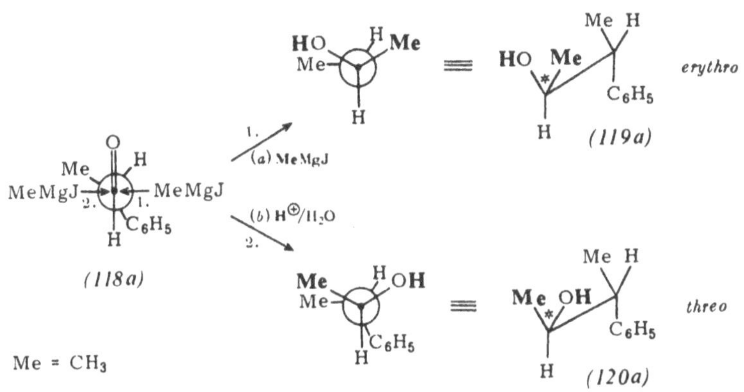

Tatsächlich findet man ein *erythro/threo*-Verhältnis von 2:1. Setzt man dasselbe Grignard-Reagenz mit einem Aldehyd um, in welchem die Methylgruppe durch die größere Äthylgruppe ersetzt ist, so steigt das Verhältnis auf *erythro/threo* = 2,5:1, und läßt man schließlich ein räumlich viel aufwendigeres Grignard-Reagenz, C_6H_5MgBr, auf den Aldehyd (*118a*) einwirken, so wird *erythro/threo* > 4:1.

Die Regel hat sich in so vielen Fällen bewährt, daß man sie dazu benutzt hat, bei einer Reihe von Verbindungen bisher unbekannter Konfiguration diese zuzuordnen. Man muß dabei aber mehreres beachten. Zunächst kann die Regel nicht auf cyclische Verbindungen angewandt werden, wo andere Faktoren wie Ringspannung, bevorzugte Konformation usw. berücksichtigt werden müssen. Ferner können nur bei kinetisch kontrollierten Reaktionen richtige Voraussagen erwartet werden. Wenn sich die Produkte unter den Reaktionsbedingungen ins Gleichgewicht setzen können, d. h. wenn die Addition reversibel ist, wird das Produktverhältnis durch die relativen thermodynamischen Stabilitäten unter den Reaktionsbedingungen bestimmt.

Die Betonung einer bestimmten Konformation der Ausgangs-Carbonylverbindung in der Cramschen Regel hat einen besonderen Grund. Bei Grignard-Reaktionen weiß man, daß sich das RMgX-Reagenz nicht nur mit Lösungsmittelmolekülen (Äther) koordiniert, sondern auch mit dem Carbonyl-Sauerstoff. Dadurch wird der Carbonyl-Sauerstoff zweifellos zur „größten" Gruppe im Molekül, und deshalb wird er auch dazu neigen, eine Position *zwischen* den beiden kleinsten Gruppen am benachbarten dissymmetrischen Kohlenstoff einzunehmen. Im oben betrachteten Fall macht es übrigens keine besondere Schwierigkeit, die Reihe abnehmender Raumerfüllung durch $C_6H_5 > CH_3$ oder $C_2H_5 > H$ festzulegen. In anderen, weniger eindeutigen Fällen wird man damit aber einige Schwierigkeit haben, so daß die Voraussage zweifelhaft wird. Vor allem ist zu bedenken, daß Gruppen wie OR, OH, NH_2 usw. (komplexe) Bindungen, z. B. mit Grignard-Reagenzien, eingehen können. Es können dann besondere Strukturen entstehen und die Stereochemie der Anlagerungsreaktion kontrollieren:

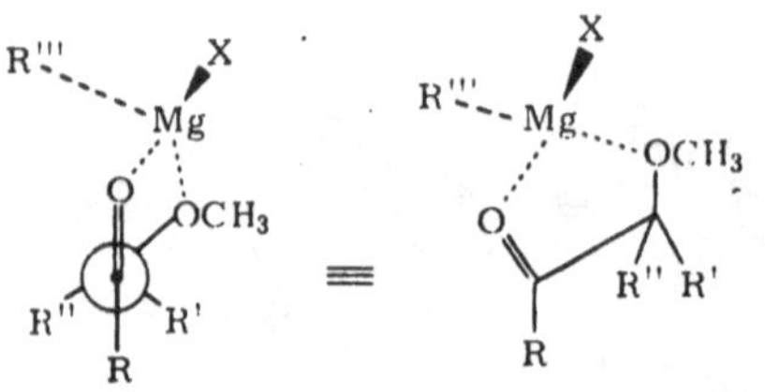

Beispielsweise wird im Falle der hier dargestellten Carbonylverbindung der Angriff des RMgX auf den Carbonyl-Kohlenstoff wieder von der am wenigsten behinderten Seite erfolgen (d. h. von rechts, wenn R'' > R'), aber ob dabei mehr von dem durch die Cramsche Regel vorhergesagten Produkt entsteht, wird von den relativen Größen von OCH_3,

R' und R'' abhängen. (Beachte, daß die Cramsche Regel keine derartigen spezifischen Wechselwirkungen vorsieht.)

4.6. Eliminierungsreaktionen

4.6.1. Polare Eliminierung (E2)

Die bei der bimolekularen 1,2-Eliminierung (E2) von acyclischen Verbindungen beobachteten Produkte lassen folgenden Schluß zu: Die Entfernung der Gruppen von den beiden benachbarten Kohlenstoffatomen erfolgt aus einer „gestaffelten" Konformation der Ausgangsverbindung heraus, in der die zu eliminierenden Gruppen in einer Ebene und *trans* (*anti*) zueinander angeordnet sind, der sog. *antiperiplanaren* Konformation. Offensichtlich ist dies die Konformation, die einen minimalen Energieaufwand erfordert. Beispielsweise liefert (±)-Stilbendibromid (*121*) bei der Base-induzierten TRANS-Dehydrobromierung das *trans*-Bromstilben (*122*), während das *meso*-Dibromid (*123*) ebenfalls unter TRANS-Dehydrobromierung zum *cis*-Bromstilben (*124*) führt:

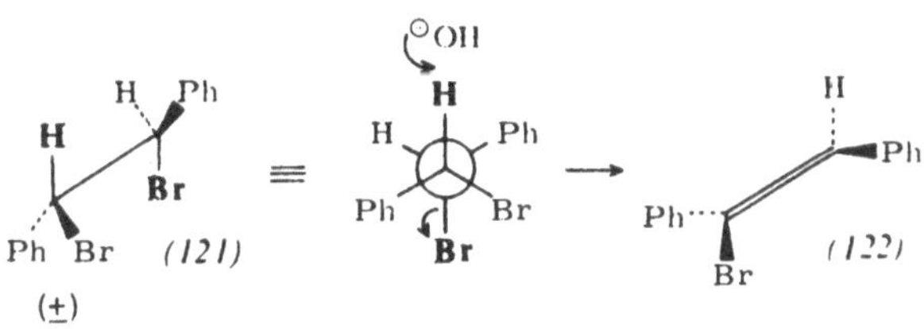

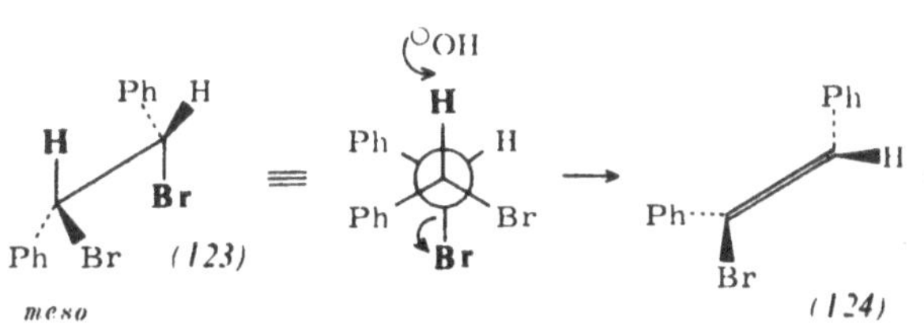

Der Grund für die bevorzugte Coplanarität ist offensichtlich darin zu sehen, daß sie ein Maximum an Überlappung zwischen den an C-1 und C-2 entstehenden p-Orbitalen und somit eine besonders günstige Ausbildung der π-Bindung im entstehenden Alken gewährleistet. Dieser Faktor scheint so dominierend zu sein, daß demgegenüber die starke, schon im Überganszustand erfolgende Annäherung der voluminösen Phenylgruppen bei der Umwandlung (*123*) → (*124*) keine ausschlaggebende Bedeutung hat. Allerdings spiegelt sich die Phenyl/Phenyl-Wechselwirkung in der geringen Geschwindigkeit der Umwandlung von (*123*) in (*124*) wider, die sehr viel geringer ist als die Geschwindigkeit der Umwandlung (*121*) → (*122*) unter vergleichbaren Bedingungen. (Beim Erhitzen der beiden entsprechenden Dichloride in Pyridin auf 200 °C erleidet sogar nur die zu (*121*) analoge Verbindung Eliminierung, während die zu (*123*) analoge unverändert bleibt.)

Eliminierung aus der bevorzugten *antiperiplanaren* Konformation heraus trifft man nicht nur bei der Dehydrohalogenierung an, sondern beispielsweise auch bei der durch Jod induzierten Abspaltung von Brom aus 1,2-Dibromiden:

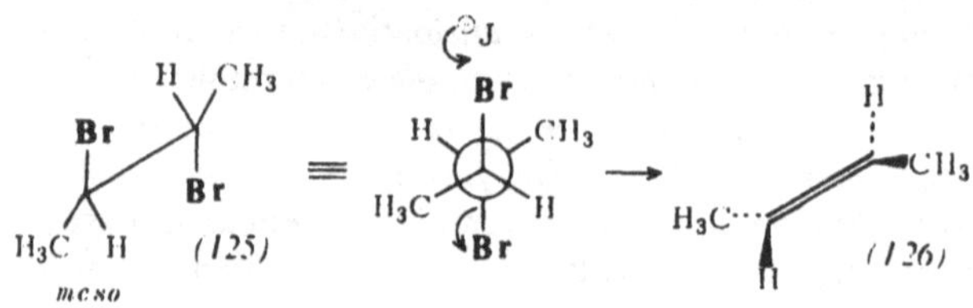

(*125*) (*126*)

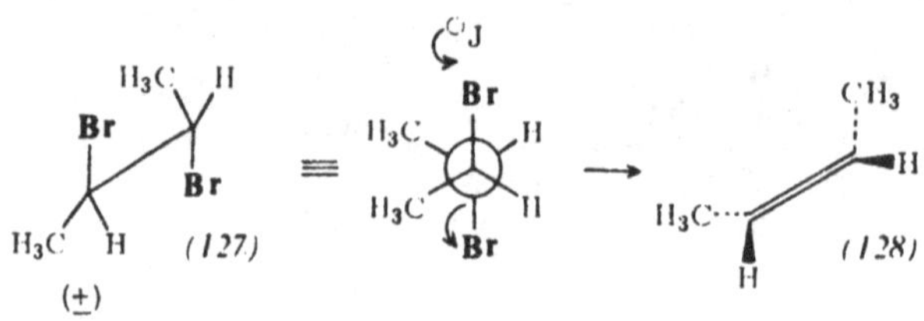

(*127*) (*128*)

Hier ist allerdings die Wechselwirkung zwischen den Methylgruppen in dem zu (*128*) führenden Übergangszustand schwächer als die entsprechende Wechselwirkung zwischen den dicken Phenylgruppen in dem zu (*124*) führenden Übergangszustand. Das ist deutlich aus der Eliminierungsgeschwindigkeit zu sehen, die im Falle (*125*) → (*126*) nur etwa doppelt so schnell ist wie im Falle (*127*) → (*128*).

Eine entsprechende Bevorzugung der *antiperiplanaren* Eliminierung kann man auch bei cyclischen Verbindungen beobachten, vorausgesetzt, daß die erforderliche Ausgangskonformation ohne allzu große Schwierigkeit erreicht werden kann. Bei Cyclohexan-Derivaten liegen die *trans*-1,2-Isomeren entweder in äquatorial/äquatorialer Konformation wie in (*129*) oder in axial/axialer Konformation wie in (*130*) vor, aber nur die letztere ist *antiperiplanar* und kann daher eine leichte TRANS-Eliminierung eingehen:

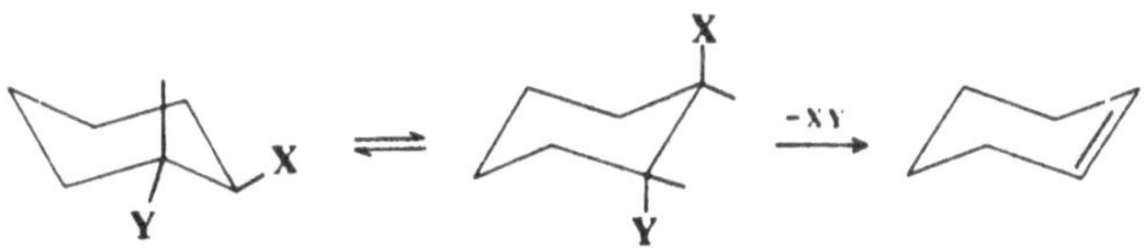

(129) *(130)*

Normalerweise können (*129*) und (*130*) leicht durch Umklappen des Rings ineinander übergehen und dadurch die bevorzugte axial/axiale Konformation erreichen. Ist jedoch an anderer Stelle des Moleküls noch eine Gruppe mit großem Raumbedarf vorhanden, so kann dies die Umwandlung verhindern, weil eine solche Gruppe nicht in der Lage ist, eine axiale Position einzunehmen. Hierfür sind die den Raum überspringenden Wechselwirkungen mit anderen axialen Substituenten – selbst H – verantwortlich, die sich sonst ergeben würden. So kann die sehr voluminöse tert.-Butylgruppe in den isomeren Tosylaten (*131*) und (*132*) nur die äquatoriale Lage einnehmen. Für (*131*) bedeutet das keine Einschränkung, denn OTs und H an benachbarten Kohlenstoffatomen sind beide axial, und eine Eliminierung aus der *antiperiplanaren* Konformation heraus kann leicht stattfinden:

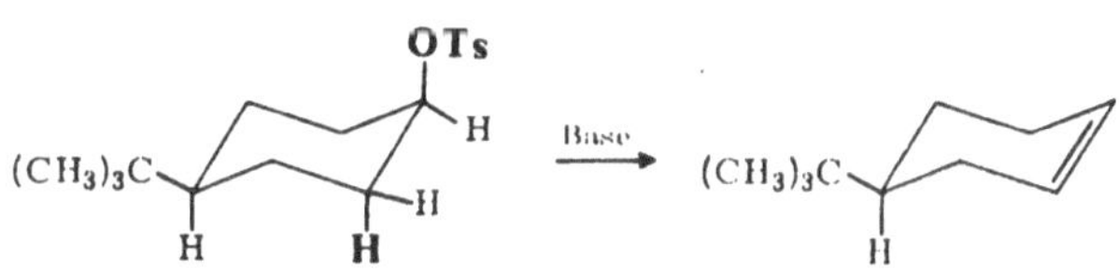

(131)

Ts = $p\text{-}CH_3C_6H_4SO_2\text{-}$

Nun gibt es zwar auch in der isomeren Verbindung (*132*) ein axiales Wasserstoffatom, aber die OTs-Gruppe ist äquatorial und kann nicht – durch „Umklappen" des Rings – in die axiale Position gelangen, da die notwendigerweise äquatoriale tert.-Butylgruppe eine solche Umwandlung blockiert:

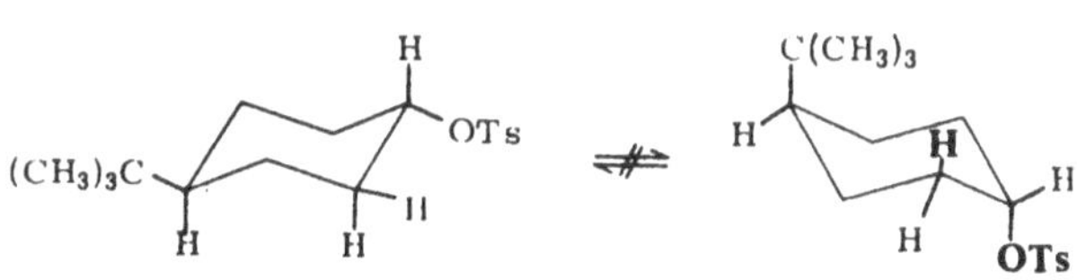

(132)

Die Folge dieser Blockierung spiegelt sich darin wider, daß das Tosylat (*132*) überhaupt nicht der bimolekularen (E2) Eliminierung zugänglich ist. Unter Zwang weicht das System auf die monomolekulare (E1) Eliminierung über ein Carboniumion aus, für die eine solche kritische stereochemische Voraussetzung nicht erfüllt sein muß.

Die Bevorzugung der Eliminierung aus der 1,2-diaxialen Konformation heraus ist sehr deutlich auch am Verhalten der Hexachlorcyclohexane, $C_6H_6Cl_6$, in der Dehydrohalogenierung zu erkennen. Es gibt insgesamt acht geometrische Isomere dieser Struktur, und von den fünf, die daraufhin untersucht worden sind, eliminieren vier ungefähr mit derselben Geschwindigkeit, während die Eliminierung beim fünften Isomeren etwa 10000 mal langsamer ist. Dieses letztere Isomere hat die Struktur (*133*), in der kein Paar von H- und Cl-Atomen an benachbarten Kohlenstoffatomen *antiperiplanar* ist oder werden kann.

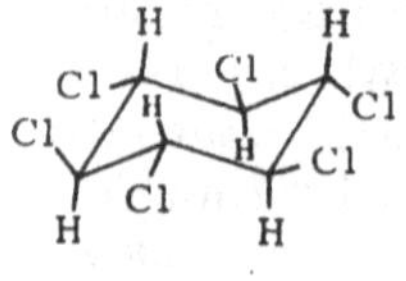

(*133*)

Antiperiplanare Anordnungen sind überhaupt nur in Cyclohexan-Derivaten ringspannungsfrei möglich. Bei Cyclopentan-Derivaten kann das Isomere, in dem die zu eliminierenden Atome oder Gruppen *trans*-ständig zueinander angeordnet sind wie in (*143*), nur dadurch eine *antiperiplanare* Konformation einnehmen, daß sich der Ring aufwirft wie in (*134b*). Die erforderliche Verbiegung, im Englichen als „buckling" bezeichnet, bedeutet die Einführung einer Spannungsenergie:

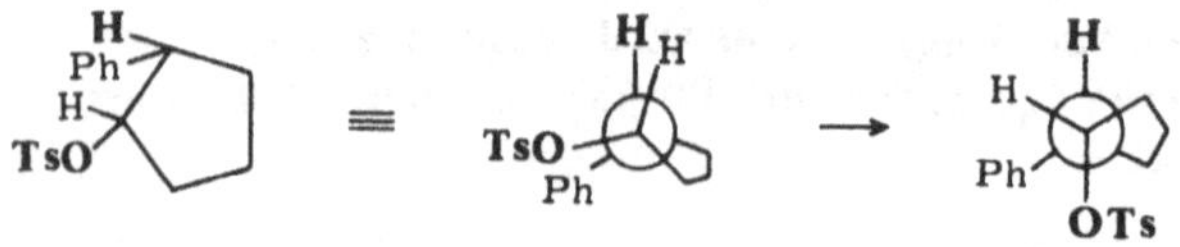

(*134*) (*134a*) (*134b*)

Im Gegensatz dazu kann das Isomere (*135*), in welchem die zu eliminierenden Gruppen *cis*-ständig angeordnet sind, eine *synperiplanare* Konformation (*135a*) einnehmen, die ebenfalls eine weitgehende Überlappung der sich bildenden p-Orbitale an C-1 und C-2 (s. S. 173) im Übergangszustand zuläßt, und zwar ohne daß dazu irgendeine Verbiegung notwendig wäre:

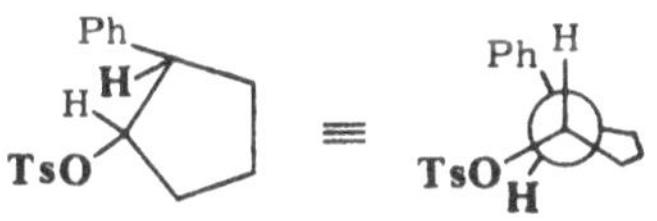

(135) *(135a)*

In diesen beiden Fällen – im besonderen gilt dies für die betreffenden Übergangszustände – hat man es mit Zuständen höherer Energie zu tun, verglichen mit der „idealen“ *antiperiplanaren* Konformation: Im Falle (*134b*) wegen der Ringspannung, im Falle (*135a*) wegen der ekliptischen Anordnung der Gruppen. Man möchte danach annehmen, daß Cyclopentan-Derivate die TRANS-Eliminierung weniger deutlich bevorzugen als acyclische Verbindungen oder auch als Cyclohexan-Derivate. Tatsächlich findet man, daß die Eliminierung mit tert.-Butanolat als Base bei (*134*) nur etwa 10-mal schneller ist als bei (*135*): Dieser Geschwindigkeitsunterschied ist außerordentlich viel kleiner als der entsprechende Unterschied in der Cyclohexan-Reihe.

4.6.2. Pyrolytische Eliminierung

Man kennt eine Reihe von Eliminierungen, die man gewöhnlich dadurch herbeiführt, daß man die Substanz allein oder in einem inerten (nicht-solvatisierenden) Lösungsmittel erhitzt, und die vorzugsweise – wenn auch nicht unbedingt ausschließlich – als CIS-Eliminierung verlaufen. Man nimmt an, daß hier cyclische Übergangszustände aus einer *synperiplanaren* Konformation heraus durchlaufen werden, wobei nicht ausgeschlossen sein soll, daß dabei intermediär ein gewisser polarer Charakter entwickelt wird. So kann das Aminoxid (*136*), was die Entfernung des Protons angeht, quasi als seine eigene intramolekulare Base wirken. Diese sog. Cope-Eliminierung vollzieht sich aus einer *synperiplanaren* Konformation heraus wie folgt (Me = CH_3, Ph = C_6H_6):

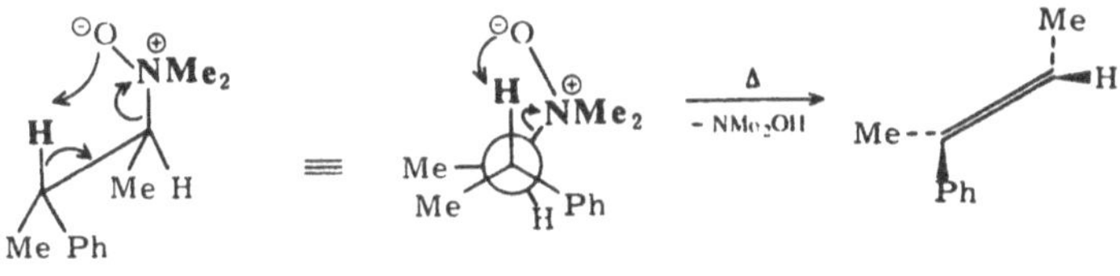

(136)

Eine analoge Eliminierung beobachtet man bei Xanthogenaten wie (*137*),

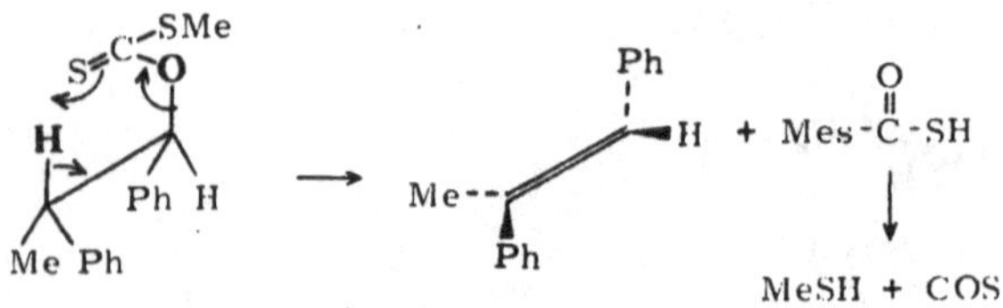

(137)

wobei cyclische Übergangszustände vom Typ (*138*) eine Rolle spielen dürften:

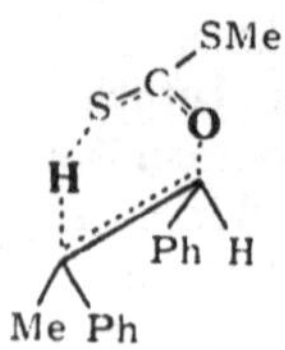

(138)

4.7. Umlagerungsreaktionen

4.7.1. Racemisierung durch Enolisierung u. a.

Befindet sich ein Dissymmetriezentrum, das als einen Liganden H trägt, in der Nachbarschaft zu einer elektronenanziehenden Gruppe, so erleiden die optisch aktiven Formen ungewöhnlich leichte Racemisierung in Gegenwart von Base (B oder $B^{\ominus}$). Man nimmt an, daß dies auf die reversible Bildung eines Carbanions zurückgeht, das, um sich optimal durch Delokalisation zu stabilisieren, in einen ebenen Zustand übergehen muß.

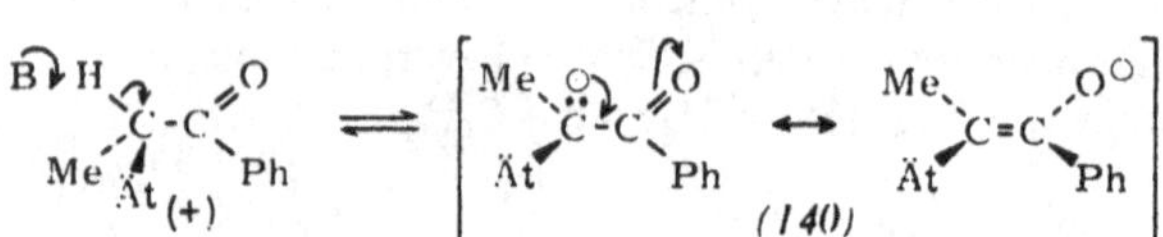

(139) (140)

M = CH_3, Ät = C_2H_5, Ph = C_6H_5

Beispielsweise kann das Keton (*139*) unter der Einwirkung von Base bis zu einer geringen Gleichgewichtskonzentration in das ebene Carbanion (*140*) übergehen. Dieses kann dann wiederum ein Proton aufnehmen, und zwar jetzt mit gleicher Bereitschaft von ober- und unterhalb der Ebene des Moleküls, wobei das ursprüngliche optische Isomere (*139*) oder seine enantiomere Form (*139a*) entstehen:

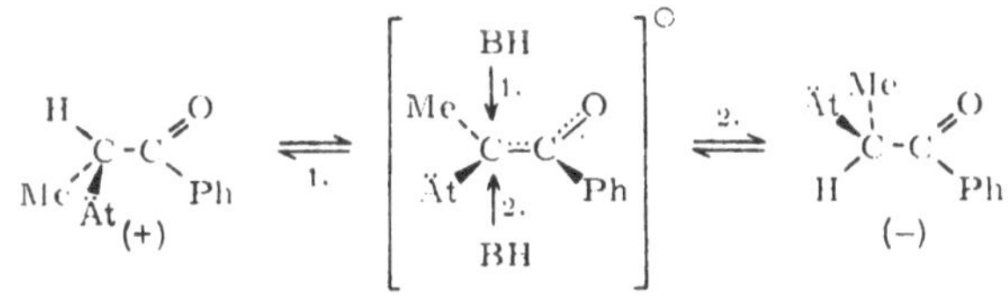

(*139*) (*140*) (*139a*)

Die Glaubwürdigkeit des carbanionischen Zwischenprodukts (*140*) wird durch die Tatsache unterstrichen, daß das Keton (*139*) unter gleichartigen Bedingungen identische Geschwindigkeiten in Racemisierung, Bromierung, Jodierung und H/D-Austausch zeigt, was eindeutig auf ein gemeinsames Zwischenprodukt hinweist. Das Carbanion (*140*) bietet sich als solches in erster Linie an:

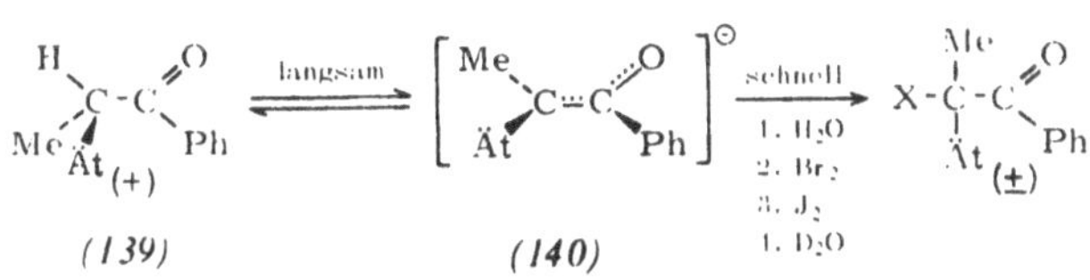

(*139*) (*140*)

X = H, Br, J oder D

Zu einer ähnlichen raschen Racemisierung usw. von (*139*) kommt es auch in Gegenwart von Säure HA; das gemeinsame Zwischenprodukt ist hier aber sehr wahrscheinlich das ebenfalls planare Enol (*141*):

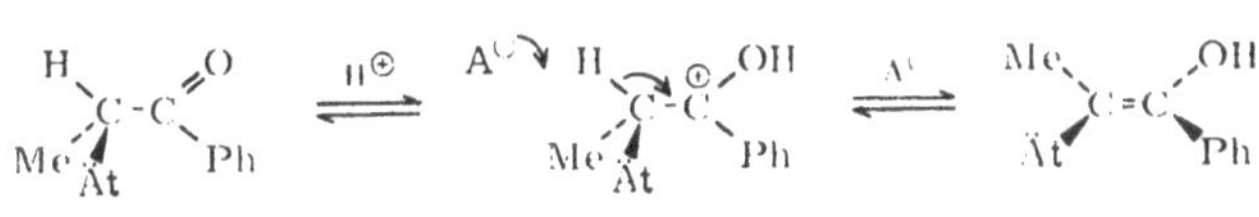

(*139*) (*141*)

4.7.2. Konfiguration wandernder Gruppen

Wir betrachten Umlagerungen, bei denen eine Gruppe Z von einem Kohlenstoffatom oder anderen Atom zu einem Nachbaratom in einer 1,2-Verschiebung – auch 1,3-, 1,4- usw. Verschiebungen kommen vor, sind aber weniger häufig – wandert.

Ist Z dissymmetrisch, so interessiert, ob seine Konfiguration während der Wanderung erhalten bleibt oder nicht. Wiederholt ist vollständige

Erhaltung der Konfiguration beobachtet worden, wenn das Akzeptor-Atom A Stickstoff ist. Beispielsweise liefert das Säureamid (*142*) beim Hofmann-Abbau (s. S. 83) das Amin (*144*), in welchem die von C nach N übergegangene $C_6H_5(CH_3)CH$-Gruppe ihre Konfiguration vollständig erhalten hat:

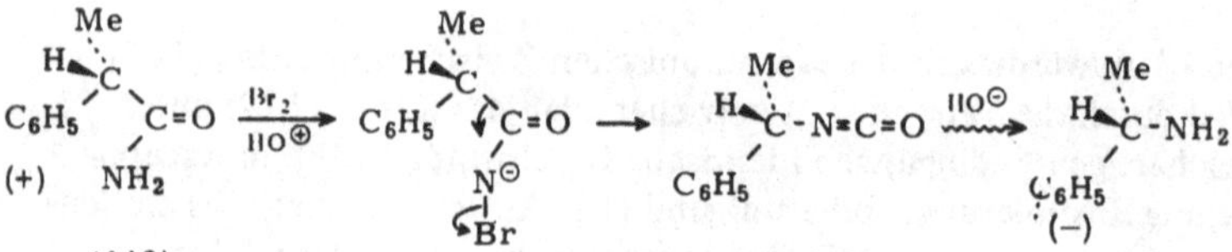

(*142*) (*143*) (*144*)

Ähnliche Konfigurationserhaltungen sind auch bei analogen C → N-Verschiebungen anderer Derivate der Säure, deren Amid (*142*) ist, beobachtet worden, nämlich in der Lossen-, Curtius- und Schmidt-Reaktion. Schließlich bleibt auch in der Beckmann-Umlagerung des Ketoxims (*145*) die Konfiguration erhalten:

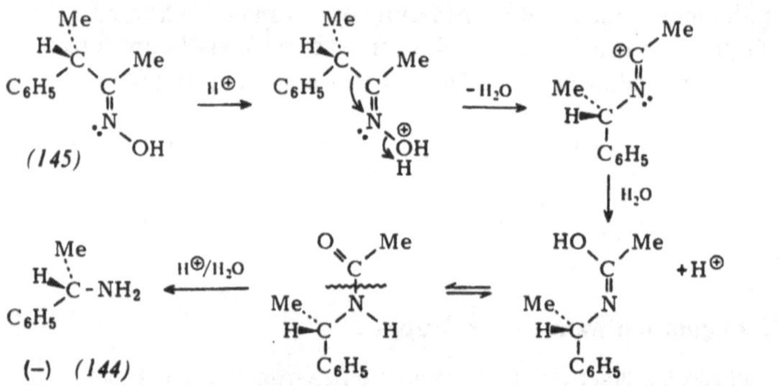

(*145*) (−) (*144*)

Auch in einer C → O-Verschiebung ist Konfigurationserhaltung beschrieben worden, aber Beispiele von C → C-Verschiebungen mit entsprechender stereochemischer Prüfung sind sehr selten. Im Hinblick auf die große Zahl von C → C-Verschiebungen, die – mit anderer Zielsetzung – untersucht worden sind, ist das überraschend. Ein Fall mit nachgewiesener Konfigurationserhaltung ist die Wolff-Umlagerung des Diazoketons (*146*):

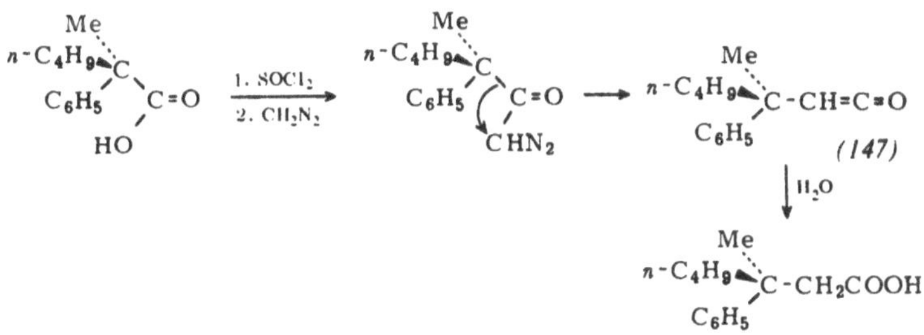

(147)

Diese Umlagerung verläuft über ein Keten (*147*), das dem Isocyanat-Zwischenprodukt (*143*) in der Hofmann-Reaktion oben und anderen verwandten Reaktionen entspricht.

Wenn in allen diesen Umlagerungen die Konfiguration der wandernden Gruppe offensichtlich stets erhalten bleibt, so zeigt das sehr deutlich, daß die wandernde Gruppe während ihrer Verschiebung niemals wirklich „frei" wird. Es gibt noch ein anderes geistreiches Experiment, das in dieselbe Richtung weist. Es ist die Rede vom Amid (*148*):

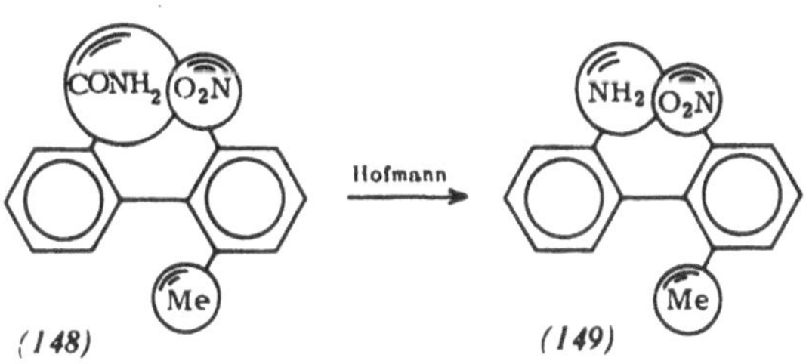

(148) (149)

Die Verbindung ist dissymmetrisch (und kann demgemäß in optisch aktive Enantiomere gespalten werden) auf Grund einer Wechselwirkung zwischen den voluminösen Gruppen in den *o*-Stellungen, die das Molekül daran hindert, in den coplanaren Zustand überzugehen, in welchem sich beide Ringe in derselben Ebene befinden. Das ist aber die einzige Konformation, in der das Molekül symmetrisch wäre und eine Symmetrieebene besäße. Unterwirft man nun eine optisch aktive Form von (*148*) dem Hofmann-Abbau, so wandert der Biphenyl-Rest vom Kohlenstoffatom zum Stickstoffatom des ursprünglichen Amids (s. S. 84). Würde er dabei frei, so gäbe es keinerlei Hindernis mehr, das die beiden Benzolringe davon abhalten könnte, in eine Ebene einzuschwenken: Ein Ring würde jetzt überhaupt keinen *o*-Substituenten mehr haben. Das entstehende Amin (*149*) müßte demgemäß racemisch sein. Tatsächlich ist das Amin aber immer noch optisch aktiv, d. h. der

Biphenyl-Rest ist während der Wanderung in keiner Weise frei geworden.

Die offensichtlich universelle Konfigurationserhaltung der wandernden Gruppe und ihre fehlende „Freiheit" während der Wanderung legen einen allgemeinen Reaktionsablauf der folgenden Art nahe:

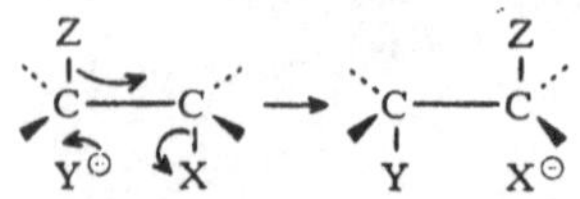

Das würde die weitere stereochemische Forderung mit sich ziehen, daß das Atom, von dem Z abgeht, und auch das andere Atom, das Ziel der Wanderung ist, beide ihre Konfiguration umkehren sollten: Auch das ist in der Tat in der Mehrzahl der Fälle so.

4.8. Schlußfolgerungen

Die diskutierten Beispiele dürften gezeigt haben, daß man aus stereochemischen Daten wichtige und ins einzelne gehende Kriterien ableiten kann, mit denen man einen vorgeschlagenen Reaktionsablauf prüfen kann. Oftmals kann man nur mit ihrer Hilfe eine endgültige und eindeutige Wahl zwischen mehreren sonst noch möglichen Reaktionsabläufen treffen. Die Stereochemie ist aber meistens nicht der beste Ausgangspunkt, von dem aus man die Untersuchung eines Reaktionsmechanismus *beginnen* sollte. Ein gutes Beispiel dafür ist der S_N1-Mechanismus der nucleophilen Substitution, bei dem stereochemische Daten (s. S. 140) als erstes Kriterium ganz irreführend gewesen wären. Ingold hat dies sehr schön ausgedrückt: „Im allgemeinen wäre die Stereochemie ohne die Hilfe der Kinetik ein schlechtes Werkzeug für die Untersuchung eines Reaktionsmechanismus; damit zu beginnen, heißt am falschen Ende anzufangen."

4.9. Weiterführende Literatur

B. A. Bohm und P. I. Abell, "Stereochemistry of Free Radical Addition to Olefins", Chem. Rev. *62*, 599 (1962).

F. G. Bordwell, "Are Nucleophilic Bimolecular Concerted Reactions Involving Four or More Bonds a Myth? ", Accounts chem. Res. *3*, 281 (1970).

J. F. Bunnett, "Olefin-Forming Elimination Reactions", Surv. Progr. Chem. *5*, 53 (1969).

B. Capon, "Neighbouring Group Participation", Quart, Rev. *18*, 45 (1964).
E. L. Eliel, Stereochemie der Kohlenstoffverbindungen. Verlag Chemie, Weinheim 1966.
R. C. Fahey, "The Stereochemistry of Electrophilic Addition to Olefins and Acetylenes", Topiec in Stereochemistry *3*, 237 (1968).
S. I. Miller, "Stereoselection in the Elementary Steps of Organic Reactions", Adv. Phys. Org. Chem. *6*, 185 (1968).
K. Mislow, Einführung in die Stereochemie. Verlag Chemie, Weinheim 1967.
J. Reucroft und P. G. Sammes, "Stereoselective and Stereospecific Olefin Synthesis", Quart. Rev. *25*, 135 (1971).
J. Sicher, „Der *syn*- und *anti*-koplanare Ablauf bimolekularer olefin-bildender Eliminierungen", Angew. Chem. *84*, 177 (1972).
T. G. Traylor, "Electrophilic Addition to Strained Olefins", Accounts chem. Res. *2*, 152 (1969).

5. Beziehungen zwischen Struktur und Reaktivität

Die ständig wachsende Zahl von Daten über Gleichgewichte und Geschwindigkeiten organischer Reaktionen und die Fortentwicklung unserer Vorstellungen über Reaktionsmechanismen haben zur Ermittlung einer Reihe qualitativer Beziehung zwischen Struktur und Reaktivität – beispielsweise in der Folge abnehmender Geschwindigkeiten

$$CH_3CH_2Br > CH_3CH_2CH_2Br > (CH_3)_2CHCH_2Br \gg (CH_3)_3CCH_2Br$$

bei der bimolekularen S_N2-Reaktion der Halogenide (s. S. 24) – geführt. Als nächstes wird man versuchen, quantitative Beziehungen aufzufinden, um 1. die zur Verfügung stehenden Daten zu sichten und zu klassifizieren, um danach 2. möglichst genau das Verhalten der Verbindungen hinsichtlich Geschwindigkeiten und Gleichgewichten vorauszusagen, für die noch keine experimentellen Daten zur Verfügung stehen, und um schließlich 3. auf dieser Basis Aussagen über den Mechanismus bestimmter Reaktionen zu gewinnen.

5.1. Die Hammett-Gleichung

Die ersten Korrelationen dieser Art wurden von Hammett (und auch von Burckhardt) gefunden, der feststellte, daß die Antragung der Logarithmen der Geschwindigkeitskonstanten ($\log k$) für eine Reihe von Seitenkettenreaktionen *m*- und *p*-substituierter Benzolderivate gegeneinander oder gegen die Logarithmen der Gleichgewichtskonstanten ($\log K$) geeigneter Reaktionen gleichartig substituierter Benzolderivate zu nahezu geradlinigen Abhängigkeiten führte. Beispiele solcher Reaktionssysteme waren die Base-induzierte Hydrolyse substituierter Benzoesäureäthylester, *m*- oder *p*-$XC_6H_4COOC_2H_5$, einerseits und die Dissoziation substituierter Benzoesäuren, *m*- oder *p*-XC_6H_4COOH, oder substituierter Phenylessigsäuren, *m*- oder *p*-$XC_6H_4CH_2COOH$, in Wasser bei 25 °C andererseits. (s. Abb. 5–1 und Abb. 5–2).

Die gerade Linie in Abb. 5–2 kann durch eine Gleichung der Form

$$\log K = \rho \log K' + c \qquad (1)$$

dargestellt werden, worin ρ die Steigung der Geraden und c ihr Achsen-

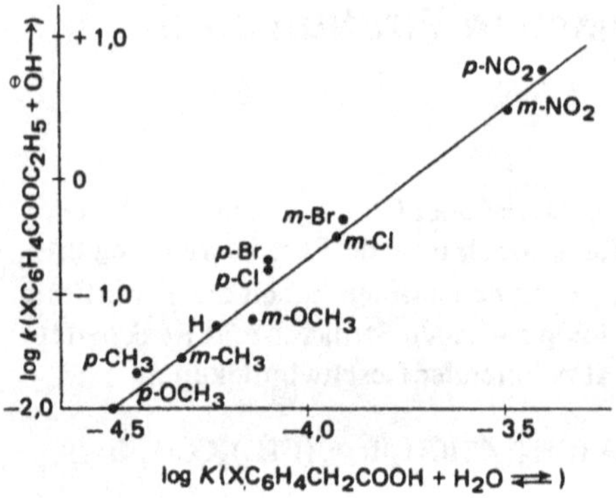

Abb. 5–1*

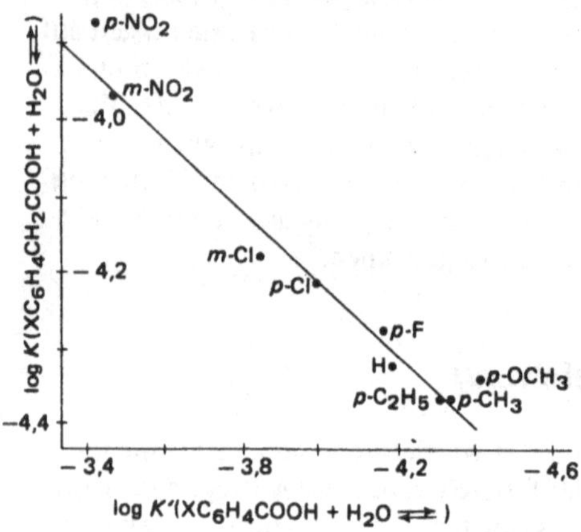

Abb. 5–2**

abschnitt sind. Bezeichnet man die Dissoziationskonstanten der unsubstituierten Stammsäuren, Phenylessigsäure bzw. Benzoesäure (d. h. jeweils X = H) mit K_0 und K'_0, so wird aus Gl. (1):

$$\log K_0 = \rho \log K'_0 + c \qquad (2)$$

Zieht man Gl. (2) von Gl. (1) ab, so erhält man

$$\log K - \log K_0 = \rho (\log K' - \log K'_0)$$

* Aus L. P. Hammett, Chem. Reviews *17*, 131 (1935), mit freundlicher Genehmigung der American Chemical Society.

** Reproduziert aus J. Hine, Physical Organic Chemistry, 2. Aufl. 1962, S. 85, mit freundlicher Genehmigung der McGraw Hill Book Co.

oder übersichtlicher:

$$\log \frac{K}{K_0} = \rho \log \frac{K'}{K'_0} \qquad (3)$$

Man kann einen Satz von Gleichgewichten K' als Standardreaktion festsetzen. Die Wahl fiel auf die Dissoziation der *m*- und *p*-substituierten Benzoesäuren in Wasser bei 25 °C, wofür bereits eine größere Zahl genauer K'-Werte vorlag. Man kann dann eine *Substituentenkonstante* σ, die für einen bestimmten *m*- oder *p*-Substituenten X charakteristisch ist, durch $\sigma = \log (K'_X / K'_0)$ definieren, womit aus Gl. (3) wird:

$$\log \frac{K}{K_0} = \rho\, \sigma \qquad (4)$$

Hierin ist ρ die *Reaktionskonstante*, die für eine bestimmte Reaktion konstant ist, aber von Reaktion zu Reaktion andere Werte annimmt. Dagegen ist σ konstant für bestimmte Substituenten; beispielsweise unterscheidet sich der σ_{p-CH_3}-Wert vom σ_{m-NO_2}-Wert und auch vom σ_{m-CH_3}-Wert. Aber die σ's bleiben für einen bestimmten Substituenten in verschiedenen Reaktionen erhalten, z. B. für die Dissoziation von *p*-$CH_3C_6H_4CH_2COOH$ und *p*-$CH_3C_6H_4COOH$ und für andere Reaktionen (die aber natürlich unterschiedliche ρ-Werte haben). Die zuletzt angeschriebene Beziehung ist als Hammett-Gleichung bekannt.

Die Einführung einer Standardreaktion bedeutet, daß für diese $\rho = 1{,}00$ gesetzt wurde, also für die Dissoziation der *m*- und *p*-substituierten Benzoesäuren in Wasser bei 25 °C. Da für zahlreiche substituierte Benzoesäuren K-Werte bekannt sind, außerdem K'_0 für Benzoesäure selbst, und da ferner definitionsgemäß $\rho = 1{,}00$ für dieses System, lassen sich σ_m und σ_p für eine größere Zahl von Substituenten berechnen*:

Gruppe	σ_m	σ_p	Gruppe	σ_m	σ_p
t-$(CH_3)_3C$	− 0,10	− 0,197	Cl	+ 0,373	+ 0,227
CH_3	− 0,069	− 0,170	$COCH_3$	+ 0,376	+ 0,502
H	0,000	0,000	Br	+ 0,391	+ 0,232
OCH_3	+ 0,115	− 0,268	CN	+ 0,56	+ 0,660
OH	+ 0,121	− 0,37	NO_2	+ 0,710	+ 0,708
F	+ 0,337	+ 0,062			

* Aus D. H. McDaniel und H. C. Brown, J. Org. Chem. *23*, 420 (1958).

Mit diesen Substituentenkonstanten und den experimentell bestimmten K- und K_0-Werten für eine andere Reaktion, z. B. die Dissoziation der Phenylessigsäuren $ArCH_2COOH$, kann man nun auch die Reaktionskonstante ρ für diese Reaktion ermitteln. Sie erweist sich für das genannte Beispiel als $\rho = 0{,}471$ (siehe Eintragung Nr. 6 in der nachstehenden Tabelle). ρ-Werte für eine Vielzahl anderer Reaktionen* können entsprechend erhalten werden:

Reaktion	Typ	ρ
1. $ArNH_2$ mit $2{,}4\text{-}(NO_2)_2C_6H_3Cl$ in C_2H_5OH bei 25 °C	k	−3,190
2. $ArNH_2$ mit C_6H_5COCl in Benzol bei 25 °C	k	−2,694
3. $ArCH_2Cl$ Hydrolyse in wäßr. Aceton bei 69,8 °C	k	−1,875
4. $ArO^{\ominus}$ mit C_2H_5J in C_2H_5OH bei 25 °C	k	−0,991
5. $ArCOOH$ mit CH_3OH (Säure-katalysiert) bei 25 °C	k	−0,085
6. $ArCH_2COOH$ Dissoziation in H_2O bei 25 °C	K	+0,471
7. $ArCH_2Cl$ mit $J^{\ominus}$ in Aceton bei 20 °C	k	+0,785
8. $ArCH_2COOC_2H_5$ Hydrolyse (Base) in wäßr. C_2H_5OH bei 30 °C	k	+0,824
9. $ArCOOH$ Dissoziation in H_2O bei 25 °C	K	+1,000 (Standard)
10. $ArOH$ Dissoziation in H_2O bei 25 °C	K	+2,008
11. $ArCN$ mit H_2S in alkal. C_2H_5OH bei 60,6 °C	k	+2,142
12. $ArCOOC_2H_5$ Hydrolyse (Base) in wäßr. C_2H_5OH bei 30 °C	k	+2,498
13. $ArNH_3^{\oplus}$ Dissoziation in H_2O bei 25 °C	K	+2,730

Die log K-Werte sind mit den Änderungen der Standard-Freien-Reaktionsenthalpie durch

$$\Delta G^{\circ} = -2{,}303\, RT \log K$$

verknüpft, d. h.

$$\log K = \frac{-\Delta G^{\circ}}{2{,}303\, RT} \qquad (5)$$

Die linearen Beziehungen, die man bei konstanter Temperatur zwischen den log K-Werten für zwei verschiedene Gleichgewichte findet (z. B. für die Dissoziation m- und p-substituierter Benzoesäuren und Phenylessigsäuren in Wasser bei 25 °C, Abb. 5–2), gehen somit auf Änderungen in den ΔG°-Werten zurück. Man spricht daher allgemein bei

* Aus L. P. Hammett, J. Amer. Chem. Soc. *59*, 97 (1937).

derartigen geradlinigen Relationen von *linearen Beziehungen der Freien Enthalpie**.

Derartige Beziehungen zwischen den log K-Werten für zwei verschiedene Reaktionen erscheinen im Grunde genommen vernünftig. Dagegen muß es doch überraschen, daß auch zwischen den log K-Werten einer Reaktion und den log k-Werten (Geschwindigkeitskonstanten) einer anderen ebenfalls lineare Beziehungen gefunden werden können (vgl. Abb. 5–1). Schließlich müssen wir uns aber vergegenwärtigen, daß log k mit $\Delta G^{\ddagger}$, der Freien Aktivierungsenthalpie, nach Art der Gl. (5) verknüpft ist. Auch hier sind also Änderungen der Freien Enthalpie von ganz ähnlicher Art im Spiel, kann man doch die $\Delta G^{\ddagger}$-Werte im Rahmen der Theorie des Übergangszustandes mit einem Gleichgewicht in Beziehung bringen, das die Umwandlung der Ausgangsstoffe in den Übergangszustand beherrscht. So kommt es, daß wieder eine lineare Freie-Energie-Beziehung resultiert.

Eine besonders naheliegende Anwendung dieser Beziehungen besteht, wie schon erwähnt, darin, daß man für eine bestimmte Verbindung oder Verbindungen Geschwindigkeits- oder Gleichgewichtskonstanten voraussagt, für die keine experimentellen Daten vorliegen. Wählen wir als Beispiel die Base-induzierte Hydrolyse von m- und p-substituierten Benzoesäure-äthylestern (*1*):

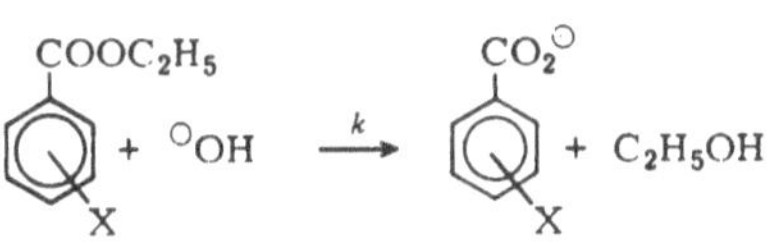

(*1*)

Man fand, daß der m-Nitroester (X = m-NO_2) 63,5-mal schneller hydrolysiert wurde als der Benzoesäureester selbst (X = H); $\sigma_{m\text{-}NO_2}$ hat (nach den gemessenen Werten der Dissoziationskonstanten der substituierten Benzoesäuren, s. oben) einen Wert von 0,710. Setzt man diesen Wert in Gl. (4) ein, so kann man ρ für die Reaktion berechnen:

$$\log \frac{63{,}5}{1} = \rho \cdot 0{,}710$$

$$\rho = 2{,}54$$

---

* Anmerkung des Übersetzers: Sprachlich weniger schön, wenn auch vielleicht prägnanter, ist „lineare Freie-Enthalpie-Beziehung". Stattdessen ist auch oft von linearen Beziehungen der freien Energie (engl.: linear free energy relationship) die Rede, obwohl eigentlich immer die Freie Enthalpie ΔG gemeint ist.

Nunmehr kann man mit Hilfe von Gl. (4) die Geschwindigkeit der Hydrolyse für jeden *m*- oder *p*-substituierten Benzoesäureäthylester berechnen, für den der Wert der Substituentenkonstante ρ bekannt ist. Da $\sigma_{p\text{-}OCH_3} = -0{,}268$ (s. S. 187), wird

$$\log \frac{k_{p\text{-}OCH_3}}{k_H} = 2{,}54 \cdot (-0{,}268)$$

und damit

$$\frac{k_{p\text{-}OCH_3}}{k_H} = 0{,}209$$

Man sagt also voraus, daß *p*-Methoxybenzoesäureäthylester 0,209-mal schneller als Benzoesäureäthylester selbst hydrolysiert wird. Der experimentelle Wert ist 0,214.

Einige weniger triviale Anwendungen der Hammett-Gleichung werden nachstehend diskutiert.

5.2. Physikalische Bedeutung von σ und ρ

Nachdem wir erkannt haben, daß die Parameter σ und ρ nützliche empirische Größen sind, gilt es nun, sie auf der Basis der bekannten, auf Reaktionsgeschwindigkeiten und -gleichgewichte wirkenden Faktoren zu interpretieren. Zunächst kann man bei den σ_m-Werten für *m*-ständige Substituenten davon ausgehen, daß hier die polaren Wirkungen der Substituenten gemessen werden. Aus dieser Position heraus können Substituenten lediglich einen induktiven Effekt durch die Bindungen hindurch sowie möglicherweise einen Feldeffekt über das Medium hinweg auf das Reaktionszentrum ausüben. In der Tat erkennt man, daß die σ-Werte negativ sind für elektronenliefernde Gruppen (relativ zu H), positiv für elektronenanziehende Gruppen, wobei ihre absolute Größe von der Größe dieses Effekts abhängt. Die σ_p-Werte unterscheiden sich nun nicht nur in ihrer Größe vom σ_m-Wert für denselben Substituenten, was man wohl erwarten würde, da eben die polaren Effekte jetzt von einer anderen Position aus auf das Reaktionszentrum einwirken; sie unterscheiden sich vielmehr gelegentlich auch im Vorzeichen (z. B. im Falle OH, OCH_3). Dies rührt wohl daher, daß ein *p*-Substituent ja nicht nur induktiv oder vermöge eines Feldeffekts wirken kann, sondern daß er auch konjugativ mit dem Ringkohlenstoff in Beziehung treten kann, der die Seitenkette mit dem Reaktionszentrum trägt. Betrachten wir dazu die Base-induzierte Hydrolyse der *m*- und *p*-Methoxybenzoesäureäthylester (*2*) und (*3*):

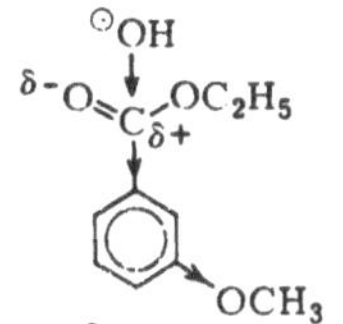

(*2*)

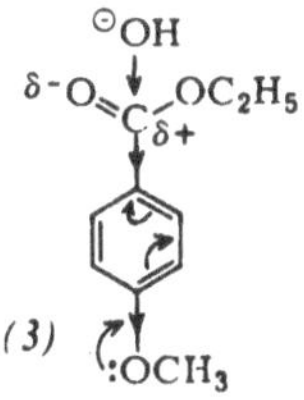

(*3*)

$\sigma_{m\text{-}OCH_3} = +0{,}115$ $\sigma_{p\text{-}OCH_3} = -0{,}268$

Hier wirkt der *m*-Methoxy-Substituent in (*2*) elektronenanziehend, und dasselbe gilt zweifellos auch für den *p*-Methoxy-Substituenten in (*3*). Aber der elektronenliefernde konjugative Effekt, den die Methoxy-Gruppe aus der *p*-Position – nicht aber aus der *m*-Position – entfalten kann, überspielt den induktiven Effekt, so daß *p*-OCH_3 insgesamt elektronenliefernd wirkt. Sofern eine *unmittelbare* konjugative Wechselwirkung zwischen einem *p*-Substituenten und dem Reaktionszentrum möglich ist wie in (*5*), beispielsweise in der Alkylierung von Phenolat-Ionen,

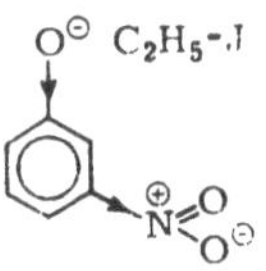

(*4*)

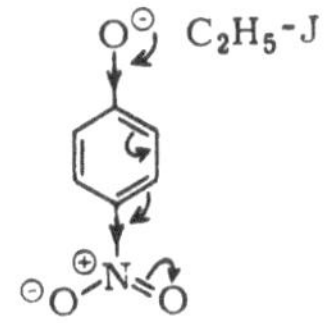

(*5*)

fällt der übliche σ_p-Wert eines Substituenten nicht mehr auf eine gerade Linie (s. S. 201).

In ganz ähnlicher Weise, wie die Substituentenkonstanten σ etwas über die polaren Eigenschaften von Substituenten aussagen, sind die Reaktionskonstanten ρ ein Maß für die polaren „Erfordernisse" einer Reaktion, verglichen mit der Standardreaktion (der Dissoziation von ArCOOH in Wasser bei 25 °C). Man versteht unter polaren „Erfordernissen" die Empfindlichkeit, mit der die Reaktion auf die elektronenliefernden oder elektronenanziehenden Wirkungen anspricht (verglichen mit der Standardreaktion). Es gilt:

1. Reaktionen, die durch Elektronenzug erleichtert werden, haben positive ρ-Werte und umgekehrt.

2. Reaktionen, die empfindlicher auf polare Effekte ansprechen als die Standardreaktion, haben positive oder negative Werte mit einem Absolutbetrag größer als 1. (Der ρ-Wert der Standardreaktion ist 1,00.)

Die ρ-Werte für die Dissoziation von Phenolen ArOH und Anilinium-Ionen $ArNH_3^{\oplus}$ sind positiv wie auch für die Dissoziation der Benzoesäuren ArCOOH: Alle diese Reaktionen werden durch elektronenanziehende Gruppen erleichtert. Aber die Werte sind größer als für die Benzoesäuren (1,00), da die polaren Effekte hier auf Atome (O bzw. N) einwirken, die sich unmittelbar am Benzolkern befinden, während es bei den Benzoesäuren um den Einfluß auf ein Atom geht, das um ein Kohlenstoffatom weiter vom Ring entfernt ist. Sinngemäß sind die Reaktionskonstanten für die Dissoziation der Phenylessigsäuren kleiner als 1,00, da die polaren Effekte hier auf ein Atom einwirken müssen, das noch um eine Position weiter vom Kern entfernt ist. Um noch ein anderes Beispiel zu geben: Die Benzoylierung von $ArNH_2$ wird durch elektronenliefernde Gruppen erleichtert, man findet einen großen negativen ρ-Wert.

5.3. Anwendungen der Hammett-Gleichung

Ein einfaches Beispiel einer Anwendung der Hammett-Gleichung zur Voraussage einer Reaktionsgeschwindigkeit ist bereits besprochen worden (s. S. 190). Die Hauptanwendung derartiger Beziehungen liegt aber nicht darin, einfache Voraussagen dieser Art zu machen, sondern vielmehr in der Ermittlung neuer σ-Werte für neue Substituenten und vor allem in der Bestimmung von ρ-Werten für neue Reaktionen. Diese Werte kann man dann dazu benutzen, Voraussagen über den Mechanismus einer bestimmten Reaktion zu gewinnen. Das gilt besonders für die ρ-Konstanten. Ein positiver ρ-Wert sagt ja immer aus, daß sich im Übergangszustand (und/oder im Zwischenprodukt) eine negative Ladung am Reaktionszentrum ausbildet, und umgekehrt. Die Größe von ρ gibt darüber hinaus einen Anhalspunkt über die Größe der sich entwickelnden Ladung und auch der Wechselwirkung mit den Substituenten. Allerdings werden diese Einsichten weniger deutlich, wenn sich die Reaktionskonstante dem Wert null nähert.

Eine stillschweigende Voraussetzung, die man bei linearen Freie-Energie-Beziehungen immer macht und auf die wir bisher noch nicht hingewiesen haben, besteht darin, daß sich der Mechanismus einer Reaktion nicht ändern darf, wenn man die Substituenten variiert. Tritt eine solche Änderung aber ein, so bekommt man auch keine linearen Beziehungen mehr. Das heißt natürlich, daß Abweichungen von der Linearität dazu benutzt werden können, Wechsel im Reaktionsmechanismus oder auch Wechsel im reaktionsgeschwindigkeitsbestimmenden Schritt innerhalb eines ansonsten gleichen Reaktionsablaufs zu erkennen. Ein gutes Beispiel bieten die substituierten Benzaldehyde (*6*) bei der Umsetzung mit Semicarbazid zu den entsprechenden Semicarbazonen (*7*):

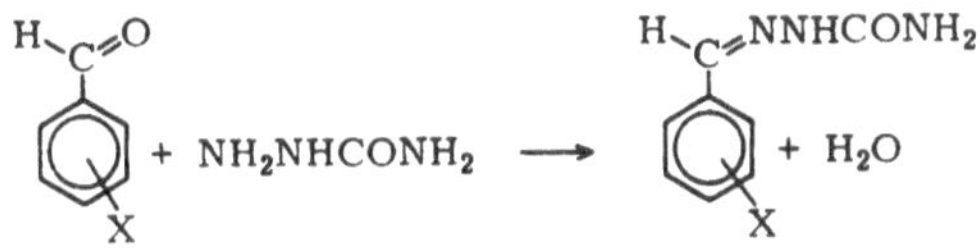

(*6*) (*7*)

Man weiß, daß die Geschwindigkeit dieser Reaktion vom pH abhängt. Geht man von schwach basischen zu schwach sauren Bedingungen über, so nimmt die Reaktionsgeschwindigkeit zu, um dann aber wieder abzusinken, wenn man die Lösung stärker sauer macht. Zur Erklärung wurde das folgende Reaktionsschema angenommen (s. S. 91):

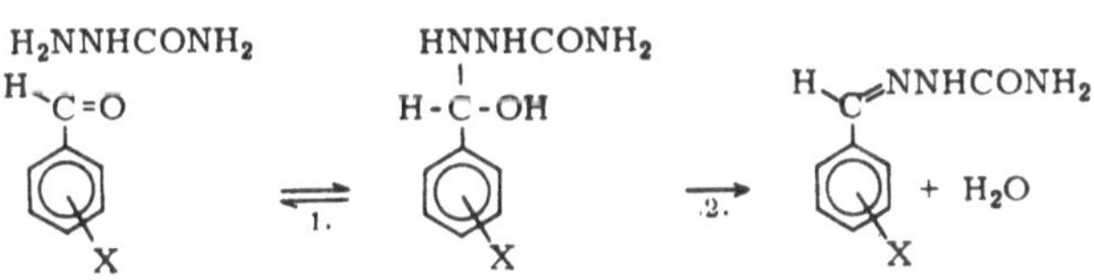

(*6*) (*8*) (*7*)

Hierin folgt auf die nucleophile Anlagerung an (*6*) eine Säure-katalysierte Dehydratation des zunächst entstehenden Addukts (*8*), wobei das Endprodukt (7) gebildet wird. In schwach alkalischem Medium wird Schritt 2. geschwindigkeitsbestimmend sein. Wenn man die Lösung stärker sauer macht, so wird dieser Säure-katalysierte Schritt beschleunigt werden, und die Gesamtreaktionsgeschwindigkeit wird steigen. Erhöht man den Säuregrad weiter, so wird zwar dieser Schritt immer mehr beschleunigt, aber das Semicarbazid wird zunehmend protoniert gemäß

$$AH + NH_2NHCONH_2 \rightleftharpoons A^{\ominus} + H\overset{\oplus}{N}_2NHCONH_2$$

und dadurch laufend weniger als Nucleophil verfügbar. Schritt 1. wird dadurch verlangsamt, bis er schließlich geschwindigkeitsbestimmend wird, woraufhin die Geschwindigkeitskonstante k des Gesamtprozesses wieder fällt.

Dieser Reaktionsablauf und besonders die Abhändigkeit des geschwindigkeitsbestimmenden Schritts vom pH läßt sich nun hervorragend mit Hilfe der Hammett-Gleichung prüfen, wozu man sie auf eine Reihe *m*- und *p*-substituierter Benzaldehyde anwendet. Bei pH = 1,75, also in ziemlich saurem Medium, ergibt sich beim Antragen von log k_{beob} gegen σ für die Reaktion der (substituierten) Benzaldehyde ArCHO mit Semicarbazid in 25-proz. Äthanol bei 25 °C die in Abb. 5–3 dargestellte Beziehung:

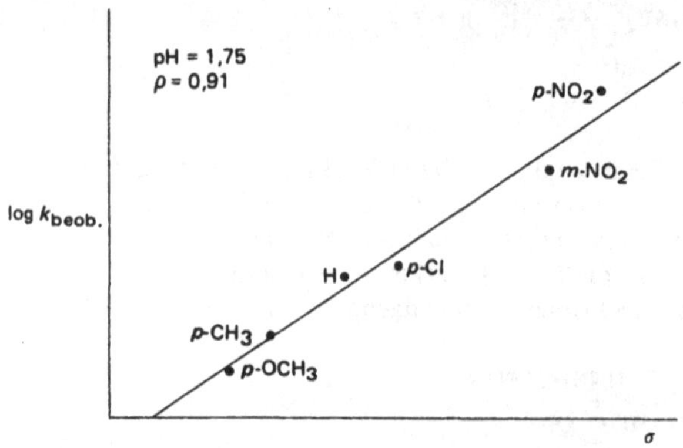

Abb. 5–3*

Die Steigung der entstehenden Geraden zeigt mit ρ = 0,91, daß der geschwindigkeitsbestimmende Schritt der Reaktion unter diesen Bedingungen durch elektronenanziehende Substituenten beschleunigt wird; er ist am schnellsten für X = *p*-NO_2 und am langsamsten für X = *p*-OCH_3. Dies entspricht Schritt 1., in welchem das Nucleophil angreift und dadurch die Geschwindigkeit bestimmt, denn elektronenanziehende Gruppen positivieren das Carbonyl-Kohlenstoffatom in ArCHO – im Vergleich zu Benzaldehyd (*9*), X = H – und machen es dadurch dem Angriff des Elektronenpaares am Semicarbazid-Stickstoff leichter zugänglich, z. B. im Falle X = *m*-NO_2 (*10*):

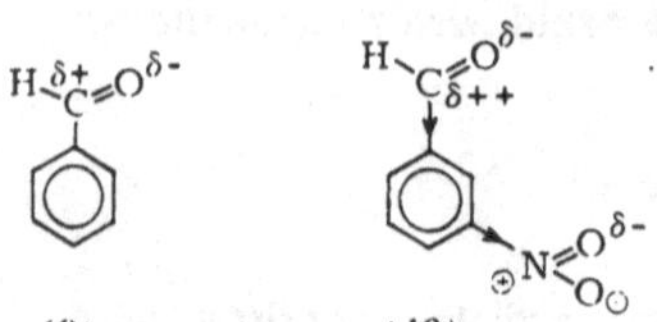

(*9*) (*10*)

* Reproduziert aus B. M. Anderson und L. P. Jencks, J. Amer. Chem. Soc. *82*, 1775 (1960).

Im Gegensatz dazu nimmt die Reaktionskonstante bei pH ≈ 7,0 den Wert ρ = 0,07 an, was bedeutet, daß die Reaktion jetzt durch Elektronenzug oder -druck praktisch nicht beeinflußt wird.

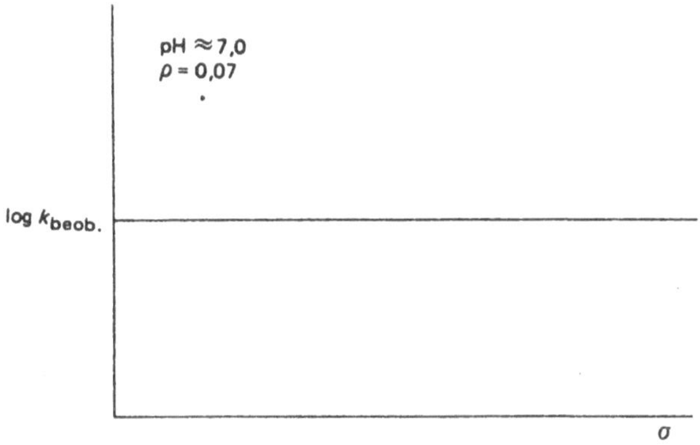

Abb. 5–4*

Natürlich läuft die Teilreaktion 1. immer noch ab, aber die beobachtete Steigung – oder eigentlich: ihr Fehlen – läßt daher vermuten, daß nun ein Schritt beteiligt ist und Einfluß auf die Reaktionsgeschwindigkeit nimmt, der eher von einer hohen Elektronendonorwirkung profitiert. Dieser Schritt ist offensichtlich die Dehydratation, bei der etwas (+)-Charakter am Carbonyl-Kohlenstoffatom im Übergangszustand (*12*) entwickelt wird und der deshalb durch elektronenliefernde Gruppen, z. B. X = *p*-CH_3, erleichtert wird (vgl. (*11*) und (*12*), X = *p*-CH_3):

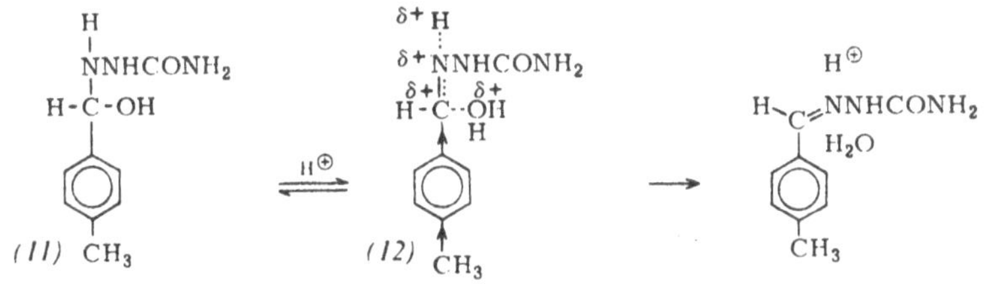

Tatsächlich ist jetzt Schritt 2., die Säure-katalysierte Dehydratation, geschwindigkeitsbestimmend für die Gesamtreaktion unter diesen Bedingungen. Aber Schritt 1. scheint immer noch einen Einfluß auszuüben, denn sonst müßte man eine deutlich negative Reaktionskonstan-

* Reproduziert aus B. M. Anderson und L. P. Jencks, J. Amer. Chem. Soc. *82*, 1774 (1960).

te erwarten, und man kann fragen, warum das so ist. Die Antwort liegt darin, daß Schritt 1. reversibel ist. Je größer K, desto größer wird die Konzentration an ursprünglichem Addukt (*8*) sein, je höher aber die Konzentration des Addukts, desto schneller wird das Ausgangsmaterial in das Endprodukt, das Semicarbazon (*7*), übergehen. Elektronenanziehende Substituenten beeinflussen die Gleichgewichtskonstante K für Schritt 1. ähnlich wie die zugehörige Geschwindigkeitskonstante k (s. oben), d. h. je stärker die elektronenanziehende Wirkung der Substituenten ist, desto größer ist K. Infolgedessen wird die Geschwindigkeit der Gesamtreaktion sowohl durch elektronenanziehende Substituenten (große K-Werte in Schritt 1.) als auch durch elektronenliefernde Substituenten (große k-Werte in Schritt 2.) erhöht. Diese Effekte heben sich gegenseitig gerade auf, und das Ergebnis ist das Diagramm mit einer nahezu verschwindenden Steigung, d. h. $\rho = 0{,}07$.

Wenn das so ist, dann sollte man bei einem mittleren pH-Wert finden, daß für Aldehyde mit elektronenliefernden Gruppen die Antragung von k_{beob} gegen σ zu einer Geraden mit einer bestimmten Steigung führt, während man für elektronenanziehende Substituenten eine andere Gerade bekommt; die beiden Geraden würden sich bei X = H treffen. Eine solche Beobachtung würde bedeuten, daß man – bei konstantem pH! – den geschwindigkeitsbestimmenden Schritt wechseln kann je nach der Natur der vorhandenen Substituenten. Genau das ist tatsächlich festgestellt worden (Abb. 5–5).

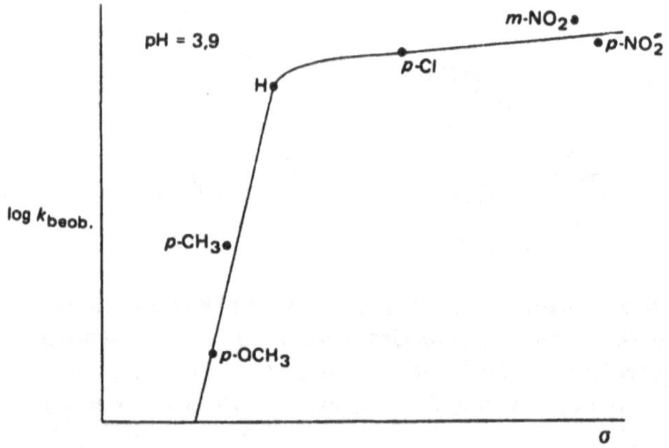

Abb. 5–5*

* Reproduziert aus B. M. Anderson und L. P. Jencks, J. Amer. Chem. Soc. *82*, 1775 (1960).

Bei dem betreffenden pH besteht also der geschwindigkeitsbestimmende Schritt im Falle elektronenliefernder Substituenten ($X = p$-OCH_3, p-CH_3) im Angriff des Nucleophils unter Bildung des Addukts (*8*), bei Aldehyden mit elektronenanziehenden Gruppen ($X = p$-Cl, m-NO_2 und p-NO_2) in der Dehydratation des Addukts (*8*) unter Bildung des Endprodukts (*7*); die Stammverbindung (X = H) stellt einen Grenzfall dar. Man kann daher aus den drei Diagrammen Abb. 5–3, 5–4 und 5–5 unmittelbar aus experimentellen Daten ein klares Bild über den Reaktionsmechanismus ablesen.

Es ist allerdings zu sagen, daß ein so scharfer Übergang von einer geraden Linie zu einer anderen wie in Abb. 5–5 nur selten angetroffen wird. Häufiger ist der Fall, daß man gekrümmte Kurven bekommt wie bei der Reaktion von $ArCH_2Cl$ mit Trimethylamin in Benzol bei 100 °C. In Abb. 5–6 bedeutet k/k_0 die relative Geschwindigkeit in bezug auf Benzylchlorid als Stammverbindung.

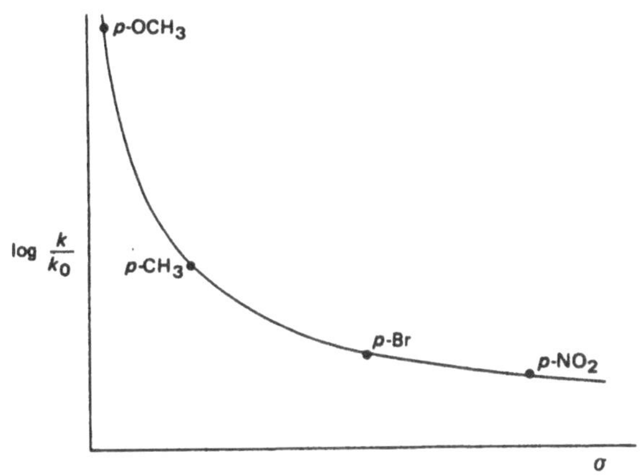

Abb. 5–6*

Diese Reaktion befindet sich im Grenzgebiet zwischen den S_N1- und S_N2-Reaktionen, und es scheint, als könne man den Wechsel im Reaktionsmechanismus aus dieser Kurve unmittelbar ablesen. Es könnte freilich auch sein, daß lediglich das Ausmaß und die Bedeutung der Erzeugung einer positiven Partialladung am Benzylkohlenstoff im Über-

* Reproduziert aus C. G. Swain und W. P. Langsdorf, J. Amer. Chem. Soc. *73*, 2815 (1951).

gangszustand (*13*) in Abhängigkeit vom Substituenten beobachtet wird.

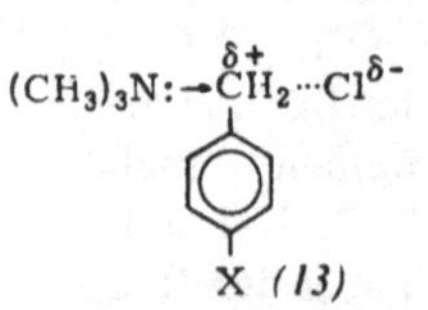

(*13*)

Je nach Substituent können der Grad der C–Cl-Bindungslösung und der N–C-Bindungsschließung im Übergangszustand in einem ganz verschiedenen Verhältnis stehen. Die Lösung der Bindung zum Halogen wird zweifellos durch elektronenliefernde Substituenten wie *p*-OCH_3 und *p*-CH_3 gefördert. In diesem Zusammenhang ist die Feststellung von Interesse, daß *m*-Substituenten, in denen eine konjugative Elektronendonor-Wirkung nicht möglich ist, eine sehr viel flachere Kurve geben, wenn auch immer noch keine Gerade.

Ein erst vor kurzem entdecktes Beispiel dieser Art ist die Acetolyse von 3-Aryl-2-butyl-tosylaten,

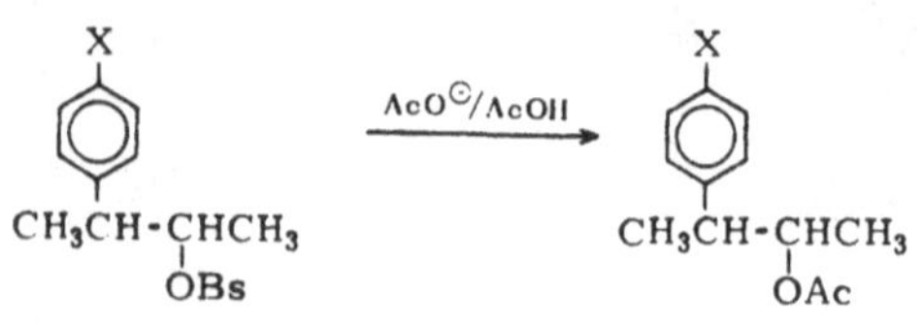

Ac = CH_3CO
Bs = *p*-$BrC_6H_4SO_2$

für die eine Hammett-Antragung der gemessenen Gesamtgeschwindigkeiten gegen die Substituentenkonstanten zu folgendem Ergebnis führte (Abb. 5–7):

Die Antragung ist also für elektronenanziehende Substituenten eine gerade Linie, die dann aber für elektronenliefernde Substituenten in eine Krümmung nach oben übergeht. Es ist daraus geschlossen worden, daß im linearen Teil einfache Solvolysereaktionen ablaufen, daß aber (im gekrümmten Kurventeil) zunehmend ein Nachbargruppeneffekt seitens der Arylgruppe (s. S. 145) ins Spiel kommt, wenn X stärker elektronenliefernde Wirkung entfaltet.

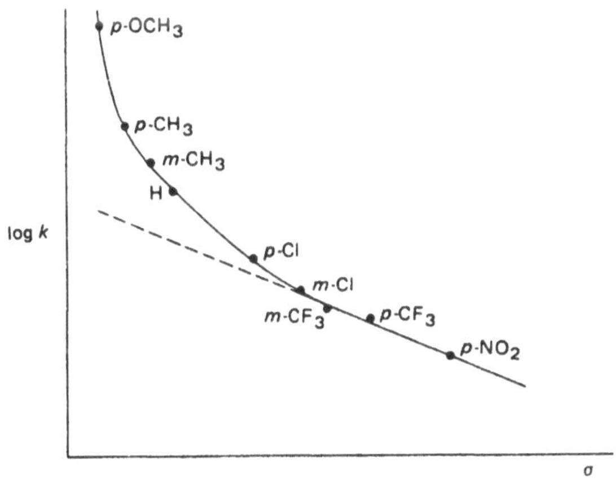

Abb. 5–7*

5.4. Einschränkungen und Abweichungen von der Hammett-Gleichung

Die Hammett-Gleichung gilt nur für die Reaktionen in aromatischen Seitenketten, und das ist eine gravierende Einschränkung. Fast noch bemerkenswerter ist aber, daß sie nur auf *m*-und *p*-ständige Substituenten angewandt werden kann. Bei *o*-Substituenten versagt die Beziehung offensichtlich deshalb, weil hier sterische Faktoren hinzutreten (s. S. 125), während die Konstanten σ und ρ nur die polaren Wirkungen der Substituenten und deren Einfluß berücksichtigen. Wir werden allerdings weiter unten (s. S. 209) auf einen Versuch zu sprechen kommen, auch solche sterische Effekte in lineare Freie-Energie-Beziehungen einzufangen.

Gelegentlich versagen die linearen Freie-Energie-Beziehungen auch bei Reaktionen *p*-substituierter Verbindungen. In Abb. 5–8 sind die log K/K_0-Werte für die Ionisation von Phenolen (ArOH) – K bezieht sich dabei auf ein Derivat mit dem Substituenten X, K_0 auf das unsubstituierte Phenol mit X = H – gegen die log K/K_0-Werte der substituierten Benzoesäuren ArCOOH angetragen.

Des weiteren zeigt Abb. 5–9 eine Antragung von log K-Werten für substituierte Anilinium-Kationen ($Ar\overset{\oplus}{N}H_3$) gegen die entsprechenden Sub-

* Reproduziert aus H. C. Brown, P. v. R. Schleyer et al., J. Amer. Chem. Soc. *92*, 5244 (1970).

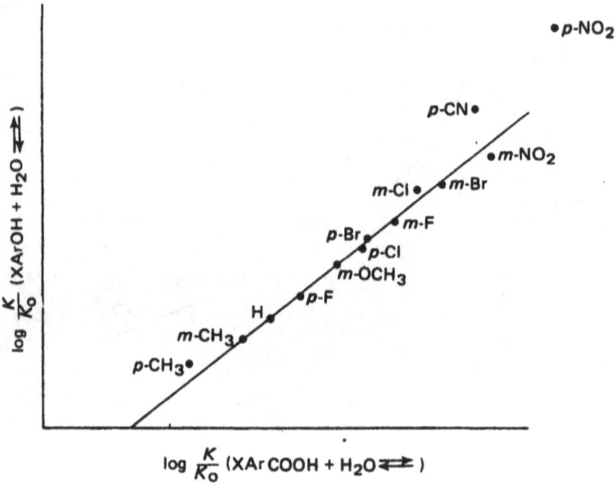

Abb. 5–8*

stituentenkonstanten σ (die aus den Dissoziationskonstanten der Benzoesäuren abgeleitet worden sind, s. S. 187):

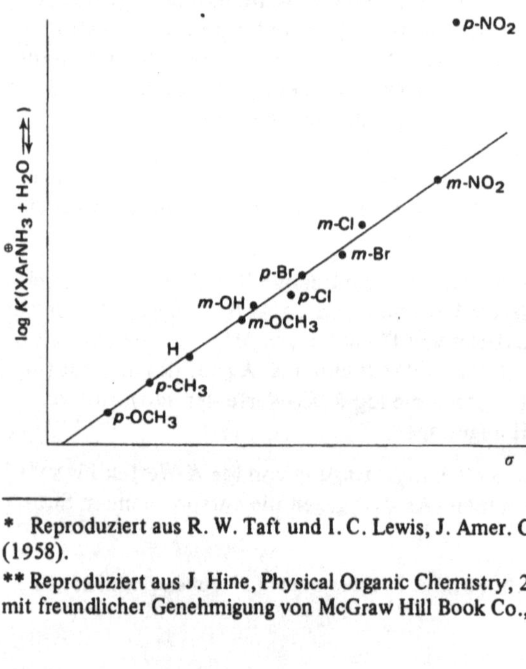

Abb. 5–9**

---

* Reproduziert aus R. W. Taft und I. C. Lewis, J. Amer. Chem. Soc. *80*, 2437 (1958).

** Reproduziert aus J. Hine, Physical Organic Chemistry, 2. Aufl. 1970, S. 89, mit freundlicher Genehmigung von McGraw Hill Book Co., New York.

Man erkennt sofort, daß in beiden Fällen die *p*-Nitrogruppe – und bis zu einem gewissen Grade auch die *p*-CN-Gruppe in Abb. 5–8 – außerhalb der Korrelationsgeraden liegt: Sowohl *p*-Nitrophenol (*14*) als auch das *p*-Nitroanilinium-Kation (*16*) sind stärker sauer, als man vom bekannten Effekt des *p*-Nitrosubstituenten auf die Acidität der Benzoesäure her erwarten würde. Offenbar kann die *p*-Nitrogruppe in diesen Fällen einen zusätzlichen aciditätserhöhenden Effekt ausüben, wozu sie in der Benzoesäure nicht in der Lage ist. Ursache dafür ist, daß sowohl bei den Phenolen als auch bei den Anilinium-Kationen das Reaktionszentrum unmittelbar an den Benzolkern anschließt, wodurch eine direkte konjugative Wechselwirkung mit dem Ring und folglich auch der elektronenanziehenden *p*-Nitrogruppe möglich ist. Im Falle des Phenols (*14*) ist eine derartige konjugative Wechselwirkung sowohl in der nicht-ionisierten Verbindung selbst (*14* ↔ *14a*) als auch im Anion (*15* ↔ *15a*) möglich. Die sich daraus ergebende Delokalisation wirkt in jedem Falle stabilisierend, aber während bei (*14* ↔ *14a*) eine Ladungstrennung im Spiele ist, die einen gewissen Energieaufwand erfordert, ist eine solche Ladungstrennung im Falle der Mesomerie (*15* ↔ *15a*) nicht erforderlich. Die Stabilisierung ist also im Anion bedeutend stärker ausgeprägt als im Phenol selbst; dadurch wird die Ionisation gefördert, und das substituierte Phenol ist eine stärkere Säure, als man vom Effekt der *p*-Nitrogruppe auf Benzoesäure her erwarten würde, wo eine solche unmittelbare Konjugation mit dem Reaktionszentrum nicht möglich ist.

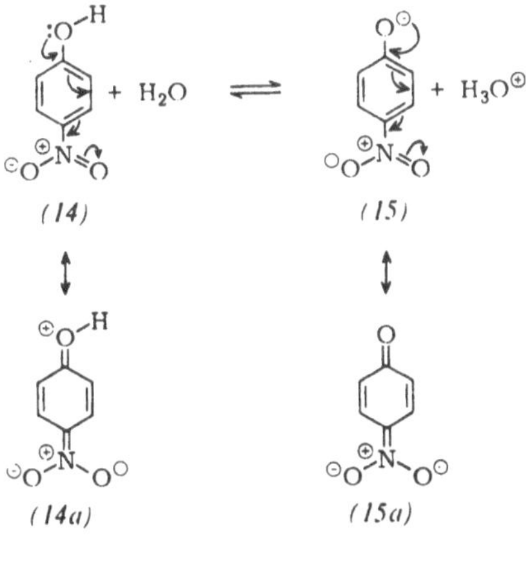

(*14*) (*15*) (*14a*) (*15a*)

Ganz entsprechend liegen die Verhältnisse beim *p*-Nitroanilinium-Kation (*16*):

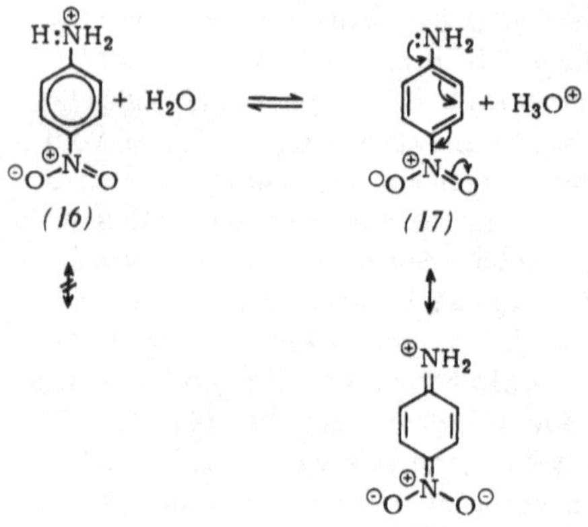

(16) (17) (17a)

Hier ist die konjugative Wechselwirkung in der Base (*17* ↔ *17a*) zwar mit einer Ladungstrennung verbunden und wird entsprechend weniger wirksam als energiesenkender Faktor sein, aber im Kation (*16*) ist eine entsprechende Konjugation überhaupt nicht möglich, da das Stickstoff-Elektronenpaar wegen seiner Bindung an das Proton nicht verfügbar ist. Infolgedessen ist (*17* ↔ *17a*) im Vergleich zu (*16*) hochgradig stabilisiert, die Ionisation entsprechend begünstigt.

Natürlich haben wir es hier mit polaren Effekten zu tun, aber mit einem besonderen Typus, der in *m*-substituierten Verbindungen genauso wenig wie bei den substituierten Benzoesäuren, von denen doch die σ-Konstanten abgeleitet wurden, wirksam werden kann. Man wird daher für Reaktionen, in denen sich dieser besondere konjugative Effekt entfalten kann, eigene Substituentenkonstanten σ_p – jedenfalls für einige Substituenten – benötigen, um ihm Rechnung zu tragen. Während also die normale Substituentenkonstante für *p*-NO_2 den Wert +0,778 hat, benötigt man für die Ionisation der Phenole und Anilinium-Kationen sowie für eine Reihe anderer Reaktionen den größeren Wert 1,27.

Die besprochenen Beispiele handeln von Abweichungen von der Linearität, die dadurch entstehen, daß ein elektronenanziehender *p*-Substituent mit einer erhöhten Elektronendichte im Reaktionszentrum in konjugative Wechselwirkung tritt. Reaktionszentrum ist dabei das unmittelbar zum Kern benachbarte Atom. In genau derselben Weise kann man nun auch Abweichungen dadurch erwarten, daß ein elektronenliefernder *p*-Substituent mit einer verminderten Elektronendichte (d. h. einer positiven Ladung) in Wechselwirkung tritt, die sich im Übergangszustand am Reaktionszentrum entwickelt. Das Reaktionszentrum ist dabei wiederum dem Benzolkern unmittelbar benachbart. Man beobachtet das tatsächlich. Beispielsweise ist die Solvolyse der substituierten Phenyl-dimethylcarbinylchloride (Cumylchloride) (*18*) in 90-proz. wäßrigem Aceton im wesentlichen eine S_N1-Reaktion:

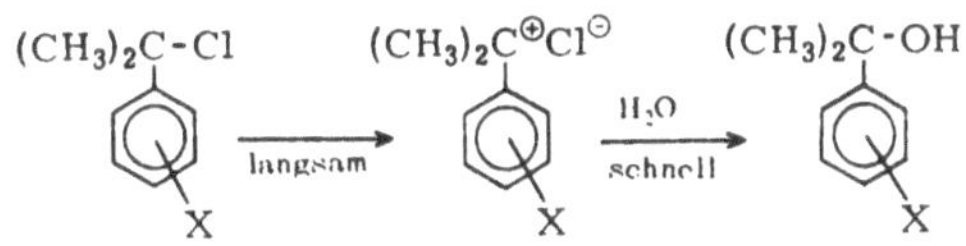

(*18*) (*19*)

Dabei tritt das Ionenpaar (*19*) als Zwischenprodukt auf. Ein elektronenliefernder *p*-Substituent wie CH_3O- kann das Carboniumion einer solchen Zwischenstufe durch konjugative Ladungsdelokalisation (*20* ↔ *20a*) stabilisieren:

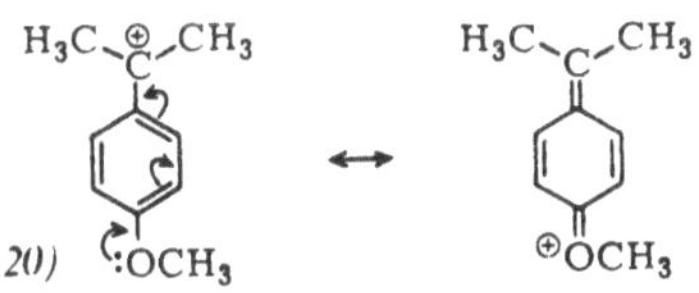

(*20*) (*20a*)

Insoweit (*20*) als Modell des vorangehenden Übergangszustandes gelten kann, wird auch dieser stabilisiert – d. h. sein Energieniveau wird gesenkt – und dadurch leichter erreichbar: Die Reaktionsgeschwindigkeit wird also zunehmen. Tatsächlich findet man, daß *p*-OCH_3 weit aus der Antragung von log (k_X/k_H) gegen σ (aus den Dissoziationskonstanten der Benzoesäuren) herausfällt, insofern $k_{p\text{-}OCH_3}$ etwa 100 mal größer ist als man erwarten sollte. Auch für diese Reaktion wird man also eine besondere Substituentenkonstante für *p*-OCH_3 benötigen. Wir werden auf die Frage der zweifachen σ-Werte unten zurückkommen (s. S. 206).

5.5. Elektrophile aromatische Substitution

Eine naheliegende Ausdehnung der Hammett-Beziehung wäre im Bereich der elektrophilen aromatischen Substitution zu vermuten, d. h. bei der Nitrierung, Sulfonierung, Halogenierung usw. in *m*- und/oder *p*-Stellung zu einem bereits im Benzolkern befindlichen Substituenten:

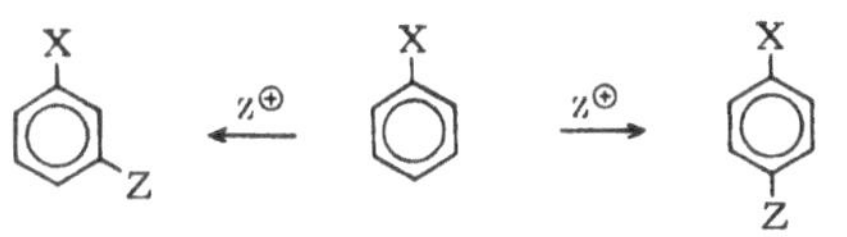

Die Reaktion in *o*-Stellung würde man wegen der bekannten sterischen Effekte wieder außer acht lassen. Man hätte also die aus den Dissoziationskonstanten der substituierten Benzoesäuren (ArCOOH) abgeleiteten σ-Konstanten gegen die gemessenen relativen Geschwindigkeitskonstanten, $\log(k/k_0)$, für bestimmte Reaktionen anzutragen und zu prüfen, ob gerade Linien erhalten werden. Deren Steigung wäre dann wieder die Reaktionskonstante ρ. Dabei muß zunächst auf eine kleine Komplikation hingewiesen werden, die sich daraus ergibt, daß die Vergleichssubstanz Benzol (*21*) *sechs* substituierbare Wasserstoffatome pro Molekül trägt, während sich k auf den Angriff auf nur *zwei* *m*-Positionen oder auf nur *eine* *p*-Position in C_6H_5X beziehen würde, vgl. (*22*) und (*23*). Man muß also für k_m und k_p statistische Faktoren einführen:

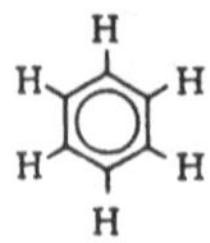

(*21*)

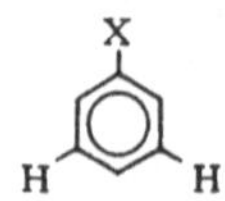

(*22*)

(*23*)

Wenn man solche Experimente durchführt, so stehen einem gewöhnlich eine Gesamtgeschwindigkeit für Benzol ($k_{C_6H_6}$) und eine Gesamtgeschwindigkeit für C_6H_5X ($k_{C_6H_5X}$) oder auch ein Verhältnis der beiden zur Verfügung. Die relativen Anteile an erhaltenen *o*-, *m*- und *p*-Isomeren, die man gewöhnlich in Prozent vom insgesamt erhaltenen Monosubstitutionsprodukt angibt, müssen dann durch Analyse (z. B. spektroskopisch) bestimmt werden. Die benötigten relativen Geschwindigkeitskonstanten erhält man dann wie folgt:

$$\frac{k_m}{k_H} = \frac{k_{C_6H_5X}}{k_{C_6H_6}/\underline{6}} \cdot \frac{\%m\text{-Produkt}}{\underline{2} \cdot 100} \qquad (6)$$

$$\frac{k_p}{k_H} = \frac{k_{C_6H_5X}}{k_{C_6H_6}/\underline{6}} \cdot \frac{\%p\text{-Produkt}}{\underline{1} \cdot 100} \qquad (7)$$

Die Quotienten k_m/k_H und k_p/k_H werden auch als *partielle Geschwindigkeitsfaktoren* bezeichnet und mit dem Symbol f_m bzw. f_p versehen.

Das Haupthindernis, das ursprünglich der Prüfung dieser Erweiterung der Hammett-Gleichung auf die aromatische Substitution entgegenstand, war der Mangel an ausreichend genauen Geschwindigkeitsdaten. In dem Maße, wie mehr Informationen verfügbar wurden, konnte man sich davon überzeugen, daß die Korrelation der partiellen Geschwindigkeitsfaktoren mit σ_m nicht unvernünftig war, daß aber bei den σ_p-Werten erhebliche Abweichungen auftraten. Genau das konnte man auf Grund der Erfahrungen mit den *p*-substituierten Cumylhalogeniden (s. S. 203) erwarten – aus ähnlichen Gründen, hier aber noch verstärkt: Bei den letzteren wird ja im Zwischenprodukt (und auch im Übergangszustand) eine positive Ladung an dem zum Benzolkern benachbarten Kohlenstoffatom entwickelt – vgl. (*24*) – welche in den Ring delokalisiert werden kann gemäß (*24a*). Bei der aromatischen Substitution wird nun die positive Ladung unmittelbar an einem Ringkohlenstoffatom erzeugt wie in (*25*):

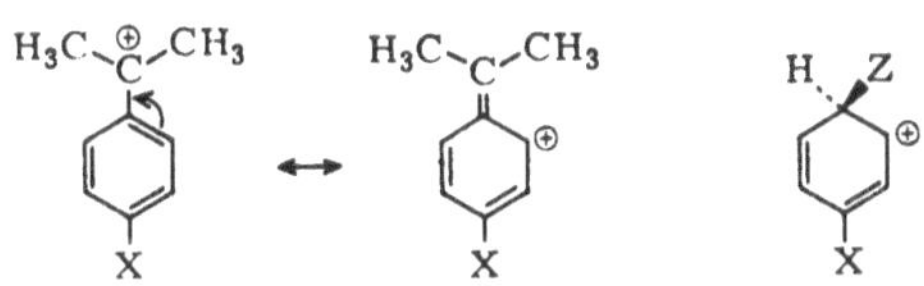

(*24*) (*24a*) (*25*)

Es wäre wegen dieser Ähnlichkeit der Zwischenprodukte (und Übergangszustände) denkbar, daß die Solvolyse der Cumylchloride für die Festlegung von Substituentenkonstanten zur Korrelation elektrophiler aromatischer Substitutionen eine bessere Standardreaktion ist als die Dissoziation der substituierten Benzoesäuren, ArCOOH. Brown und Mitarbeiter bestimmten Solvolysegeschwindigkeiten für eine Anzahl substituierter Cumylchloride, trugen dann die log *k* für ausgewählte *m*-substituierte Verbindungen gegen die besten verfügbaren σ_m-Werte an, die aus den Dissoziationskonstanten von *m*-XC_6H_4COOH bestimmt worden waren, und erhielten eine gerade Linie mit $\rho = 4{,}54$ (für die Solvolyse in 90-proz. wäßrigem Aceton). Diese Gerade konnte man dann dazu benutzen, mit Hilfe weiterer log *k*-Werte Substituentenkonstanten nun auch für *p*-Substituenten zu bestimmen. Diese neuen Werte bezeichnet man gewöhnlich als σ^+ und unterscheidet sie dadurch von den σ-Werten, die aus den Dissoziationskonstanten der substituierten Benzoesäuren abgeleitet sind. Das +-Zeichen deutet dabei an, daß sie für Reaktionen gelten, in denen im Übergangszustand Elektronenmangel (positive Ladung) am Reaktionszentrum entwickelt wird. Die σ^+-Werte ergeben dann beim Antragen gegen experimentell bestimmte partielle Geschwindigkeitsfaktoren (k_m/k_H oder k_p/k_H) für eine Reihe elektrophiler aromatischer Substitutionen eine recht gute Korrelation. Wie man erwarten muß, haben die ρ-Konstanten für solche Reaktionen dem Betrag nach große negative Werte. Beispielsweise hat die Reaktionskonstante für die Bromierung von C_6H_5X in wäßriger Essigsäure bei 25 °C den Wert $-12{,}1$.

Erwartungsgemäß lassen sich auch Seitenkettenreaktionen *m*- und *p*-substituierter Benzolderivate, bei denen positive Ladung im Übergangszustand entwickelt wird – beispielsweise die Solvolysen an Verbindungen vom Typ $ArCR_2Cl$ – mit Hilfe der σ^+-Konstanten besser korrelieren als mittels der konventionellen Substituentenkonstanten σ. Die ρ-Werte für verschiedene Reihen solcher Halogenide, die man aus den Steigungen der log (k/k_0)-σ^+-Geraden bekommt, liefern dabei ein Maß für die Empfindlichkeit, mit der jede Reaktion auf Substituenteneinflüsse anspricht:

Chlorid	ρ
$ArC(C_6H_5)_2Cl$	−2,34
$ArCH(C_6H_5)Cl$	−4,05
$ArC(CH_3)_2Cl$	−4,54
$ArCH_2Cl$	−2,20

Interessanterweise sind das erste und letzte Glied der Reihe sehr viel weniger empfindlich gegenüber Substituenteneffekten als die beiden mittleren. Im Falle $ArC(C_6H_5)_2Cl$ hängt dies vermutlich damit zusammen, daß im Übergangszustand, der einem Ionenpaar (*26*) sehr ähnlich sein dürfte, bereits eine so wirkungsvolle Delokalisation der positiven Ladung über drei aromatische Ringe hinweg gewährleistet ist, daß der Einfluß eines zusätzlichen Substituenten X nicht mehr viel bringt:

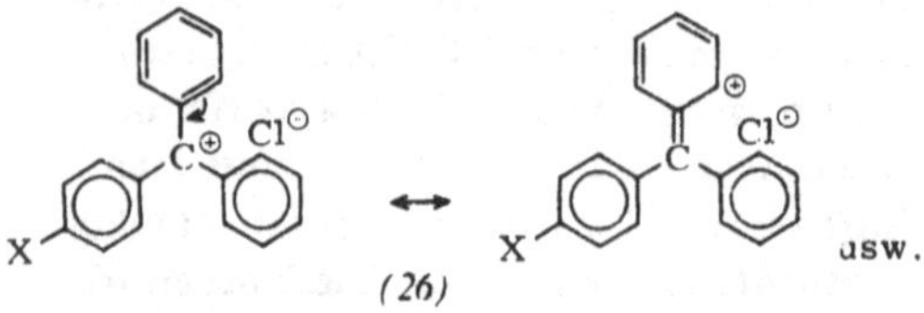

(*26*)

Im Falle von $ArCH_2Cl$ liegt etwas anderes vor. Hier befindet sich die Solvolyse nahe der „mechanistischen Grenzlinie", d. h. sie hat mehr S_N2-Charakter und die Entwicklung positiver Ladung im Übergangszustand ist von geringerer Bedeutung für die Gesamtreaktion als bei den anderen Gliedern der Reihe.

5.6. Doppelte σ-Werte

Man muß sich fragen, ob hinter der Festsetzung doppelter σ-Werte für einen Substituenten (meist *para*) je nachdem, ob eine unmittelbare konjugative Wechselwirkung zwischen Substituent und Reaktionszentrum im Übergangszustand möglich ist oder nicht, ein physikalischer Sinn steckt. Existiert eine solche konjugative Wechselwirkung, so braucht man einen σ^+-Wert, um den Einfluß eines elektronenliefernden Substituenten auf eine sich entwickelnde positive Ladung im Reaktionszentrum zu beschreiben, und einen σ^--Wert für die Auswirkung eines elektronenanziehenden Substituenten auf ein Reaktionszentrum mit Aufbau einer negativen Partialladung. Ein Beispiel für den letzteren Typus wäre dabei der Effekt von *p*-NO_2 auf die Dissoziation von Phenolen und Anilinium-Kationen (s. S. 201).

Wollte man den direkten konjugativen Effekt eines bestimmten Substituenten mit einer einzigen σ^+- (oder σ^--) Konstanten beschreiben, so müßte man verlangen, daß die Größe dieses Effekts immer dieselbe ist, ganz gleich, um welche Reaktion es sich handelt. Oder anders ausgedrückt: Das Reaktionszentrum müßte im Übergangszustand stets in gleicher Weise auf die Zulieferung oder Abführung elektrischer Ladung vonseiten des Substituenten angewiesen sein. Das klingt auf Anhieb unwahrscheinlich, und entsprechende Zweifel wurden verstärkt, als man feststellte, daß sich der σ^--Wert für *p*-NO_2 bei der Dissoziation von Thiophenolen – vgl. (*27*) – zu 1,00 ergeben würde:

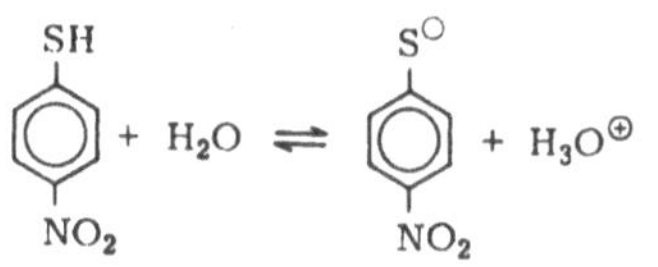

(*27*)

Dagegen sollte der σ^--Wert für die Dissoziation des entsprechend substituierten Phenols und Anilinium-Kations 1,27 betragen (s. S. 202), während solchen Reaktionen, in denen eine unmittelbare konjugative Wechselwirkung zwischen Reaktionszentrum und Substituent als weitgehend nicht vorhanden angenommen wurde – beispielsweise der Dissoziation von ArCOOH – ein σ-Wert von 0,778 zuerteilt wurde (jeweils für *p*-NO_2).

Es mag auffallen, daß sich der σ^--Wert für *p*-NO_2 im Thiophenol-System ungefähr in der Mitte zwischen dem anderen erwähnten σ^--Wert und dem Wert der konventionellen Substituentenkonstante σ befindet, wenn das auch nicht unbedingt eine echte Bedeutung haben muß. Eine deutliche Warnung vor zweifachen σ-Werten (σ und σ^- oder σ und σ^+) ergab sich, als Wepster eine große Zahl von Daten analysierte und feststellte, daß sich die jeweils erforderlichen σ-Werte für *p*-Nitro keineswegs um 0,778 (σ) oder 1,27 (σ^-) herum gruppierten, sondern mehr oder weniger gleichmäßig zwischen 0,6 und 1,4 ausgebreitet sind. Ähnlich waren die erforderlichen σ-Werte für p-OCH_3 nicht um zwei definierte Werte herum konzentriert, sondern sie verteilten sich gleichmäßig auf den Bereich zwischen 0 bis −0,8.

Vielleicht bedeutet aber das Unvermögen der doppelten σ-Werte, die verfügbaren Daten korrekt zu beschreiben, doch nicht den Verlust, als der es zunächst erscheinen muß. Denn was an der Hammett-Beziehung und verwandten Beziehungen interessant ist, sind nicht eigentlich die geraden Linien, sondern die Abweichungen davon, in den besprochenen Beispielen also die Abweichung der Werte für p-NO_2 oder p-OCH_3 von der Linearität in bestimmten Reaktionen. Auf jeden Fall kann man bei substituierten Verbindungen nützliche Aussagen über die Größe der konjugativen Wechselwirkung zwischen Substituent und Aufladung des Reaktionszentrums im Übergangszustand machen, was wiederum wichtige Hinweise auf die Ladungsverteilung im letzteren liefert.

Nichtsdestoweniger sind Versuche unternommen worden, die Variation der konjugativen Wechselwirkung von einer Reaktion zur anderen in Form linearer Freier-Energie-Beziehungen darzustellen. Der bekannteste Ansatz dieser Art ist die Yukawa-Tsuno-Gleichung

$$\log\frac{k}{k_0} = \rho[\sigma + r(\sigma^+ - \sigma)] \qquad (8)$$

die für elektronenanziehende Substituenten und Entwicklung negativer Ladungsdichte am Reaktionszentrum im Übergangszustand gilt. r ist hierin ein Maß für die Empfindlichkeit des Reaktionszentrums gegenüber konjugativen Einflüssen und hat Werte zwischen 2,3 und 0,2 für Reaktionen, deren ρ-Werte zwischen −1,2 und −0,6 liegen. Zu seiner Bestimmung ermittelt man zuerst ρ für eine bestimmte Reaktion durch log k-Messungen an den m-substituierten Derivaten. (Hier ist $\sigma_m{}^+ \approx \sigma_m$, wodurch r eliminiert wird.) Daraufhin bestimmt man r aus den bekannten σ- und σ^+-Werten und den gemessenen log k-Werten p-substituierter Verbindungen. Die Beziehung hat sich als nützlich für die genauere Korrelation von Einzeldaten in weiten Grenzen erwiesen, wobei der Parameter r den Vorteil bietet, physikalisch interpretierbar zu sein. Er ist ein Maß für die unterschiedliche Empfindlichkiet des Reaktionszentrums gegenüber konjugativen Substituenteneffekten in verschiedenen Reaktionen. Auf der anderen Seite darf man nicht verhehlen, daß es durch die Einführung eines zusätzlichen Parameters, hier r, immer gelingt, eine größere Fülle von Einzeldaten miteinander zu korrelieren.

5.7. Nichtaromatische Verbindungen – Sterische Effekte

Dehnt man die Darstellung von log (k/k_0) als Funktion von σ im Sinne der Hammett-Gleichung auf aliphatische Verbindungen oder auch auf *o*-substituierte Benzolderivate aus, so bekommt man keine linearen Beziehungen mehr, d. h. lineare Freie-Energie-Beziehungen mit den üblichen polaren Substituentenkonstanten σ (oder auch σ^+ oder σ^-) existieren nicht. Ursache für dieses negative Ergebnis ist einmal, daß die polaren Effekte sich hier anders auswirken als bei *m*- oder besonders bei *p*-substituierten Benzolderivaten; zum anderen treten hier aber besondere Effekte der Raumerfüllung und der Nahwirkung auf, die das Reaktionszentrum oder auch das sich nähernde Reagenz beeinflussen können. In besonderem Maße gilt dies für aliphatische Verbindungen mit ihrer – im Vergleich zu den starren aromatischen Molekülen – viel größeren Flexibilität. Zu den das Bild komplizierenden Effekten gehören die Ausbildung von Wasserstoffbrücken, Komplexierung mit dem Reagenz, Nachbargruppenbeteiligung (s. S. 145) und andere.

Ein bedeutsamer Versuch, den Gültigkeitsbereich der linearen Freien-Energie-Beziehungen auszudehnen, stammt von Taft. Ausgangspunkt waren Betrachtungen, die bereits Ingold angestellt hatte. Taft verglich, wie die Hydrolysen von (aromatischen) Estern unter Säure- und Base-katalysierten Bedingungen auf Substituenteneffekte ansprechen, indem er wieder log (k/k_0) mit σ korrelierte. Er stellte fest, daß Base-katalysierte Hydrolysen (oder auch Umesterungen) recht empfindlich auf polare Substituenteneffekte ansprechen ($\rho \approx 2{,}5$), während Säure-katalysierte Hydrolysen (und Veresterungen) ganz unempfindlich waren ($\rho \approx 0$). Erinnert man sich, daß die Übergangszustände (*28*) und (*29*) für Säure- bzw. Base-katalysierte Hydrolysen formal ganz ähnlich aufgebaut sind, so erscheint der Schluß gerechtfertigt, daß irgendwelche Änderungen der sterischen und konjugativen Effekte zwischen Ausgangsstoffen und Übergangszuständen für beide Arten von Prozessen sehr ähnlich sein werden.

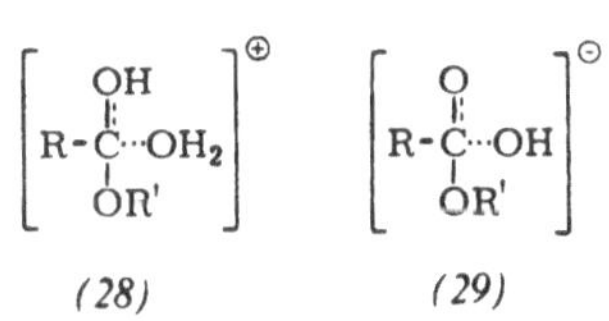

(*28*) (*29*)

Man kann nun den Substituenteneffekt im Falle der Base-katalysierten

Reaktion aus drei Teilen zusammensetzen, einem polaren (P)*, einem konjugativen (C) und einem sterischen (S):

$$\log\left(\frac{k}{k_0}\right)_{\text{Base}} = \text{P} + \text{C} + \text{S} \tag{9}$$

Im Falle der Säure-katalysierten Reaktion kann man wieder in erster Näherung denselben konjugativen und sterischen Effekt ansetzen, aber der polare Effekt ist jetzt nach dem oben Gesagten vernachlässigbar:

$$\log\left(\frac{k}{k_0}\right)_{\text{Säure}} = \text{C} + \text{S} \tag{10}$$

Zieht man Gl. (10) von Gl. (9) ab, so wird der polare Effekt P isoliert. Dieser wird in Substituenten- und Reaktionskonstante σ^* bzw. ρ^* zerlegt, die den bekannten Hammett-Parametern entsprechen, aber nicht mit ihnen identisch sind:

$$\log\left(\frac{k}{k_0}\right)_{\text{Base}} - \log\left(\frac{k}{k_0}\right)_{\text{Säure}} = \text{P} = \rho^*\sigma^* \tag{11}$$

Die so erhaltene Gl. (*11*) sollte eine große Anwendungsbreite haben. Als Standardreaktion wurde die Hydrolyse der Alkylester RCOOR' gewählt, mit CH_3COOR' als Bezugssubstanz ($\log k_0$), oder auch die Hydrolyse von *o*-RC_6H_4COOR' mit $\log k_0$ für *o*-$CH_3C_6H_4COOR'$. ρ^* für die Standardreaktion wurde aber nicht gleich 1,00 gesetzt wie im Falle der Hammett-Standard-Reaktion (Dissoziation der *m*- und *p*-substituierten Benzoesäuren, ArCOOH; s. S. 187). Vielmehr gab man dieser Größe den Wert 2,48, um σ^*-Werte zu erhalten, die sich numerisch nicht zu sehr von den bekannteren σ-Werten unterscheiden. Zu beachten ist noch, daß der Standard-Substituent jetzt CH_3, nicht mehr H ist. Man kann dann die Taft-Gleichung in der allgemeineren Form

$$\log\frac{k}{k_0} = \rho^*\sigma^* \tag{12}$$

dazu benutzen, weitere ρ^*-Werte für andere Reaktionen zu ermitteln und den Bereich der Substituentenkonstanten σ^* auf andere Substituenten auszudehnen.

---

* Anmerkung des Übersetzers: „Polar“ bezieht sich hier auf elektronische Effekte unter Ausschluß der konjugativen, ist also synonym mit induktiv. Die „polaren Substituentenkonstanten“ in der ursprünglichen Hammett-Beziehung umfaßten beide Arten elektronischer Effekte.

Der Erfolg dieser Beziehung bei der Korrelierung von Reaktionsdaten hängt zu einem guten Teil davon ab, wie weit ausschließlich polare Effekte wirksam sind. Abweichungen von der Linearität sind ein Maß für die Beteiligung konjugativer Effekte – die allerdings bei gesättigten aliphatischen Verbindungen von geringer Bedeutung sind – und insbesondere sterischer Effekte. Taft versuchte, die letzteren aus der Beziehung für die Säure-katalysierte Esterhydrolyse

$$\log \left(\frac{k}{k_0}\right)_{\text{Säure}} = \mathrm{C} + \mathrm{S} \qquad (10)$$

für solche Fälle zu berechnen, bei denen der konjugative Effekt (C) als gering oder nicht-existent angenommen werden durfte. Auf diese Weise wurden sterische Substituentenparameter E_s für eine Reihe von Substituenten aus

$$\log \left(\frac{k}{k_0}\right)_{\text{Säure}} = E_s \qquad (13)$$

ermittelt. Man beachte nun, wie E_s definiert ist: k ist kleiner als k_0, wenn die Reaktionsgeschwindigkeit der R-substituierten Verbindung durch sterische Hinderung herabgesetzt ist. Das bedeutet, daß Gruppen, die einen größeren Raumbedarf als der Standardsubstituent CH_3 haben, durch negative E_s-Werte ausgezeichnet sind: Je größer also eine Gruppe, desto stärker negativ ihr E_s-Wert. Bei *o*-substituierten Benzolderivaten muß demzufolge die Nitrogruppe als groß eingestuft werden, was kaum überrascht. Im Vergleich dazu sind Methyl und Brom sehr viel kleiner und untereinander von etwa derselben Größe. Chlor ist etwas kleiner als diese beiden, Jod etwas größer, alles wie erwartet. Einfache Alkoxy-Substituenten erscheinen danach aber sehr klein, was mit sonstiger Erfahrung schlecht übereinstimmt und auch nicht zu erklären ist. Den meisten Erfolg schließlich hat man mit der Korrelation von Reaktionsgeschwindigkeiten auf sterischer Basis erwartungsgemäß bei Alkylgruppen, deren polare Effekte minimal sind.

Man kann nunmehr eine Beziehung ansetzen, die polare und sterische Effekte gleichzeitig berücksichtigt:

$$\log \frac{k}{k_0} = \rho^* \sigma^* + \delta E_s \qquad (14)$$

Hierin ist δ ein Parameter, der die Empfindlichkeit der Reaktion gegenüber sterischen Einflüssen angibt. Er wird für die Esterhydrolyse bei 25 °C als 1,00 angenommen. Danach kann man δ für eine bestimmte

Reaktion in der üblichen Weise bestimmen. Beispielsweise findet man $\delta = 0{,}81 \pm 0{,}03$ für die Säure-katalysierte Hydrolyse *o*-substituierter Benzamide (*o*-$RC_6H_4CONH_2$). Die erweiterte Gleichung nach Taft hat offensichtlich gegenüber der einfachen Beziehung nach Hammett den Vorteil, daß sie nicht in dem Maße auf eine enge Gruppe von Reaktionen beschränkt ist und spezifische Parameter für polare und sterische Effekte enthält. Wieder gilt aber, daß allein die größere Zahl verwendeter Parameter zwangsläufig eine bessere Korrelation der Reaktionsdaten gestattet und daß jedenfalls – wie auch schon bei der Hammett-Gleichung – die Abweichungen vom idealen linearen Verhalten das Interessanteste sind. Sie zeigen an, daß besondere Effekte im Spiel sind, die bislang noch nicht berücksichtigt worden sind. Beispielshalber können signifikante Abweichungen im sterischen Term der Taft-Gleichung auf eine Nachbargruppenbeteiligung – sei es durch Einwirkung auf das Reaktionszentrum oder durch Komplexbildung zwischen Substituent und angreifendem Reagenz – hinweisen.

5.8. Lösungsmitteleffekte

Zu den Faktoren, die Gleichgewichtskonstanten und Reaktionsgeschwindigkeitskonstanten am nachhaltigsten beeinflussen, gehört das Medium – also das Lösungsmittel – in welchem eine Reaktion stattfindet. Bislang haben wir in unserer Diskussion noch keinen Versuch unternommen, Mediumeffekte in Rechnung zu stellen. Natürlich trifft es zu, daß die Reaktionskonstanten ρ oder ρ^* nach Hammett bzw. Taft sich ändern, wenn man eine und dieselbe Reaktion in verschiedenen Lösungsmitteln ablaufen läßt. Während z. B. die Reaktionskonstante ρ für die Dissoziation von ArCOOH in Wasser bei 25 °C definitionsgemäß den Wert 1,00 hat, beträgt der Wert in Äthanol 1,957 bei derselben Temperatur. Ähnlich ergibt sich ρ für die Base-katalysierte Hydrolyse von $ArCOOC_2H_5$ in 70-proz. wäßrigem Dioxan bei 25 °C zu 1,828, während in 85-proz. wäßrigem Äthanol der Wert 2,537 erreicht wird. Mit solchen Feststellungen ist aber noch nicht das Ziel erreicht, die Reaktivität unmittelbar mit dem Medium in Beziehung zu bringen, um dann z. B. brauchbare Voraussagen über das beste Lösungsmittel für eine bestimmte Reaktion machen zu können.

Schon frühzeitig wurden Versuche unternommen, die veränderliche Reaktivität eines Substrats in einer Reihe von Lösungsmitteln mit einer leicht meßbaren makroskopischen Eigenschaft des Lösungsmittels in Verbindung zu bringen. Wenn überhaupt eine Hoffnung auf Erfolg bestehen soll, muß eine Eigenschaft gewählt werden, die in einer klar erkennbaren Weise mit dem bekannten mechanistischen Charakter der betrachteten Reaktion in Beziehung steht, oder genauer: mit bestimmten eindeutigen Unterschieden zwischen Reaktanden und Übergangszustand. Ein recht übersichtliches System ist die S_N1-Reaktion der Alkylhalogenide mit ihrer Ladungstrennung im geschwindigkeitsbestimmenden Schritt und einem Übergangszustand, der einem Ionenpaar (*30*) nahekommen dürfte:

$$R{-}C \xrightarrow{k_1} R^{\oplus}X^{\ominus}$$

(*30*)

Hier könnte man versuchen, die Reaktionsgeschwindigkeit mit der Dielektrizitätskonstante ϵ des Lösungsmittels zu korrelieren. Was man in diesem Fall beobachtet, ist ja ganz allgemein gesprochen, daß die Reaktion um so schneller verläuft, je größer ϵ ist. Vorausgesetzt ist dabei allerdings, daß das Lösungsmittel vom gleichen allgemeinen Typ bleibt. So kann man für die S_N1-Solvolyse bestimmter Halogenide die Geschwindigkeitskonstante k recht gut mit ϵ einer Reihe von Alkoholen korrelieren. Aber das gilt schon nicht mehr, wenn man einen der Alkohole beispielsweise durch ein Nitril mit demselben ϵ-Wert ersetzt. Auch innerhalb einer Reihe von Lösungsmitteln mit derselben funktionellen Gruppe gibt es keine auch nur ungefähr lineare Abhängigkeit zwischen $\log k$ und ϵ. Allzusehr überrascht das nicht, denn in der genannten Reaktion ist – zusätzlich zur Dielektrizitätskonstante – das Solvatationsvermögen des Lösungsmittels für Ionen von Bedeutung, und das ist noch gar nicht berücksichtigt worden. Zwischen beidem braucht keinerlei unmittelbarer Zusammenhang zu bestehen, wie man etwa bei den hydroxylischen Lösungsmitteln (z. B. den Alkoholen) erkennt, die ein sehr viel besseres Solvatationsvermögen für Ionen haben als andere, nicht-hydroxylische Lösungsmittel mit höherer Dielektrizitätskonstante.

Ähnlich ist es allen anderen Versuchen ergangen, die veränderlichen Geschwindigkeiten einer Reaktion eines ganz bestimmten Substrats in einer Reihe von Lösungsmitteln mit einer einzigen makroskopischen Eigenschaft der Lösungsmittel in Beziehung zu setzen. Ein Versuch, der in der empirischen Ermittlung von Parametern einer linearen Freie-Energie-Beziehung in der uns jetzt schon vertrauten Art besteht, stammt von Grunwald und Winstein. Bei diesem Ansatz, der erst nachträglich physikalisch gerechtfertigt wurde, wurde die S_N1-Solvolyse von tert.-Butylchlorid willkürlich als Standardreaktion gewählt. In der Gleichung

$$\log k^{\circ}_{A} - \log k^{\circ}_{B} = Y_A - Y_B \qquad (15)$$

bedeuten $k°_A$ und $k°_B$ die spezifischen Geschwindigkeiten für die Solvolyse der Standardsubstanz in den Lösungsmitteln A und B, und Y_A und Y_B sind Lösungsmittelkonstanten. Wählte man 80-proz. wäßriges Äthanol als Standardlösungsmittel B und setzte dafür Y_B gleich null, so konnte man Y-Werte für eine Reihe anderer Lösungsmittel experimentell bestimmen:

Lösungsmittel	Y
Wasser	+3,493
80-proz. wäßr. Äthanol	0,000 (nach Definition)
80-proz. wäßr. Aceton	−0,673
80-proz. wäßr. Dioxan	−0,833
Methanol	−1,090
Äthanol	−2,030

Man kann dann eine allgemeine und einleuchtende Beziehung für die S_N1-Solvolyse irgendeines Substrats ansetzen:

$$\log \frac{k_A}{k_0} = mY_A \qquad (16)$$

Hier sind k_A und k_0 die Geschwindigkeitskonstanten 1. Ordnung der betreffenden Solvolysereaktion für die bestimmte Substanz im Lösungsmittel A und im Standardlösungsmittel (80-proz. wäßr. Äthanol). Man nennt m den Verbindungsparameter (m = 1,00 für tert.-Butylchlorid); er mißt die Empfindlichkeit, mit der die Geschwindigkeit der Solvolyse der Verbindung auf Y_A anspricht, eine Größe, die ihrerseits als Maß der „Ionisationskraft" des Lösungsmittels A angesehen wird.

Damit haben wir wieder uns vertrautes Terrain gewonnen und können nun fragen, wie erfolgreich die Grunwald-Winstein-Gleichung in der Korrelation von Daten ist oder, vielleicht noch wichtiger, wie nützlich die m- und Y-Werte und wie wertvoll Abweichungen von der Linearität als Hinweise auf reaktionsmechanistische Besonderheiten sind. Im allgemeinen kann man sagen, daß die Korrelationen innerhalb beschränkter Anwendungsgebiete recht gut sind. Mehr kann man eigentlich von einer Zwei-Parameter-Gleichung nicht erwarten, die für eine Vielzahl von Verbindungen, Lösungsmitteln und wahrscheinlich sogar Reaktionstypen gelten soll. Gerade im Hinblick auf den Reaktionsmechanismus können funktionelle Darstellungen nach Grunwald und Winstein von großem Nutzen sein.

Normalerweise kann man mono- und bimolekulare Solvolysereaktionen mit einfachen kinetischen Mitteln nicht unterscheiden, denn obschon das Lösungsmittel im letzteren Fall unmittelbar am Übergangszustand des geschwindigkeitsbestimmenden Schrittes beteiligt ist, also eine Komponente des Übergangszustandes (*31*) ist,

$$\overset{\delta+}{S}\cdots R\cdots X^{\delta-}$$

(*31*)

ist es ja in so großem Überschuß vorhanden, daß seine Konzentration sich während der Umsetzung nicht merklich ändert. Die Reaktion ist also pseudo-monomolekular und kinetisch nicht unterscheidbar von der echten monomolekularen Reaktion. Stereochemische Hinweise können herangezogen werden, aber das ist relativ mühsam und nicht immer eindeutig (s. S. 140). In *m* haben wir jetzt aber einen Parameter, der auf die Empfindlichkeit des Substrats gegenüber der „Ionisationskraft" des Lösungsmittels in der Solvolyse anspricht. Ein wesentlicher Unterschied zwischen S_N1- und S_N2-Übergangszuständen besteht ja darin, daß die ersteren stark einem Ionenpaar (*30*) ähneln, in welchem praktisch eine volle Einheitsladung entwickelt ist, während bei den letzteren – in Strukturen vom Typ (*31*) – nur Partialladungen entstehen, die auch nicht eng lokalisiert, sondern vielmehr über eine größere Spezies ausgebreitet sind. Man sollte daher erwarten, daß eine S_N1-Reaktion von den beiden genannten sehr viel empfindlicher auf die „Ionisationskraft" des Lösungsmittels anspricht, was zweifellos auch der Fall ist, und demgemäß einen größeren *m*-Wert hat. *m* ist also ein wichtiges diagnostisches Mittel.

Halogenid	Temperatur (°C)	*m*-Wert
$(CH_3)_3CCl$	25	1,00
$(CH_3)_3CBr$	25	0,94
$C_2H_5(CH_3)_2CBr$	25	0,90
$C_6H_5CH(CH_3)Br$	50	1,20
$CH_2{=}CHCH(CH_3)Cl$	25	0,89
C_2H_5Br	75	0,34
$CH_3(CH_2)_3Br$	75	0,33

Ist der *m*-Wert größer als 1,00, so reagiert das Substrat noch empfindlicher als tert.-Butylchlorid auf die „Ionisationskraft" des Lösungsmittels, d. h. der von ihm gebildete Übergangszustand ist noch stärker „ionenpaarartig". Je kleiner andererseits *m*, desto weniger Ionenpaar-Charakter hat der Übergangszustand, bis man schließlich bei rein bimolekularen Solvolysen (S_N2) etwa von Äthylbromid oder 1-Brombutan m-Werte in der Größenordnung von $\approx 0{,}3$ antrifft. Die mechanistische Grenzlinie liegt ungefähr bei $m = 0{,}5$. Bei größeren Werten hat der Übergangszustand beträchtlichen Ionenpaar-Charakter, bei Werten darunter keinen oder nur einen sehr geringen.

5.9. Thermodynamische Grundlagen der Freie-Energie-Beziehungen

Log K und log k sind durch $\Delta G°$ bzw. $\Delta G^‡$ festgelegt, die aber beide sowohl Enthalpie- als auch Entropie-Anteile enthalten:

$$\Delta G° = \Delta H° - T\Delta S° \tag{17}$$

$$\Delta G^‡ = \Delta H^‡ - T\Delta S^‡ \tag{18}$$

Trägt man nun log K gegen log K' an wie in Abb. 5–2, S. 186, oder log K gegen log k wie in Abb. 5–1, S. 186, oder auch log k gegen log k', so korreliert man eigentlich immer Änderungen der Freien Enthalpie für eine Reihe von Verbindungen, die in eine Reaktion eintreten, mit Änderungen der Freien Enthalpie einer anderen Reihe von Verbindungen, die eine andere Reaktion eingehen. Geht man nun davon aus, daß ΔG aus zwei verschiedenen und unabhängig variablen Funktionen, nämlich der Enthalpie und der Entropie, besteht, so kann man eine lineare Beziehung zwischen den ΔG-Werten nur erwarten, wenn für jede Reihe eine der folgenden Bedingungen erfüllt ist:

1. ΔS ist konstant in der Reihe
2. ΔH ist konstant in der Reihe
3. ΔH ist linear mit ΔS verknüpft.

Das sind äußerst strenge Einschränkungen, und es besteht erheblicher Zweifel, ob sie bei vielen Reaktionsreihen zutreffen, die gute Hammett-Korrelationen zeigen. Ja man muß sogar zweifeln, ob sie bei der Ionisation der substituierten Benzoesäuren, ArCOOH, in Wasser bei 25 °C, der Standardreaktion von Hammett, erfüllt sind! Ganz sicher verdankt man die dennoch oft beobachteten linearen Freie-Energie-Beziehungen der Tatsache, daß sich oftmals gegenläufige Trends in ΔH und ΔS gegenseitig aufheben. Für alle beobachteten Fälle linearer Korrelationen ist diese Ausflucht freilich keine befriedigende Erklärung. Durch vertiefte theoretische Analyse der Einflüsse polarer Substituenten auf die (potentielle und kinetische) Energie reagierender Systeme beginnt man etwas besser Einblick zu gewinnen, aber noch ist bei weitem nicht alles erklärt. Die linearen Beziehungen der Freien Enthalpie bleiben ein Testfall für die Brauchbarkeit von Konzepten, die in ihrem Ursprung empirischer Natur sind, im Bereich der Theorie.

5.10. Weiterführende Literatur

N. B. Chapman und J. Shorter (eds.), Advances in Linear Free Energy Relationships. Plenum Press, New York 1972.

M. Charton, "The Quantitative Treatment of the Ortho Effect", Progr. Phys. Org. Chem. *8*, 235 (1971).

S. Ehrenson, "Theoretical Interpretation of the Hammett and Derivative Structure-Reactivity Relationships", Progr. Phys. Org. Chem. *2*, 195 (1964).

L. P. Hammett, "Some Relations between Reaction Rates and Equilibrium Constants", Chem Rev. *17*, 125 (1935).

L. P. Hammett, Physikalische Organische Chemie. Verlag Chemie, Weinheim 1973.

H. H. Jaffé, "A Re-examination of the Hammett Equation", Chem. Rev. *53*, 191 (1953).

C. D. Ritchie und W. F. Sager, "An Examination of Structure-Reactivity Relationships", Progr. Phys. Org. Chem. *2*, 323 (1964).

J. Shorter, "Linear Free Energy Relationships", Chem. in Britain *5*, 269 (1969).

J. O. Shreck, "Non-linear Hammett-Relationships", J. Chem. Educat. *48*, 103 (1971).

R. W. Taft, "Separation of Polar, Steric, and Resonance Effects in Reactivity" in M. S. Newman (ed.), Steric Effects in Organic Chemistry. Wiley, New York 1956.

P. R. Wells, Linear Free Energy Relationships. Academic Press, New York 1968.

6. Spezielle Beispiele

In diesem Kapitel sollen einige weitere und recht gegensätzliche Beispiele behandelt werden, in denen die in den vorausgegangenen Kapiteln verwandten Techniken und Argumente entweder noch weiter ausgedehnt oder vielfältig miteinander kombiniert werden, um dadurch noch tieferen Einblick in den mutmaßlichen Ablauf einer Reaktion zu gewinnen.

6.1. Kinetische Hinweise für reaktive Zwischenprodukte

In diesem interessanten und geistreichen Beispiel* wird zunächst die Gegenwart eines reaktiven Zwischenprodukts in einer Diels-Alder-Reaktion postuliert, das durch physikalische oder andere Methoden direkt nicht nachweisbar ist. Alsdann wird das tatsächliche Vorkommen einer solchen Verbindung dadurch bewiesen, daß man das detaillierte kinetische Modell entwirft, welches von ihrer Gegenwart gefordert würde, und mit den tatsächlichen experimentellen Beobachtungen vergleicht.

6.1.1. Die Reaktion

Es handelt sich um die Addition von Dienophilen wie Tetracyanäthylen (*1*) an Cyclooctatetraen (*2*). Dabei entstehen Addukte vom Strukturtyp (*3*), wie NMR-spektroskopisch und auf anderem Wege gezeigt werden konnte:

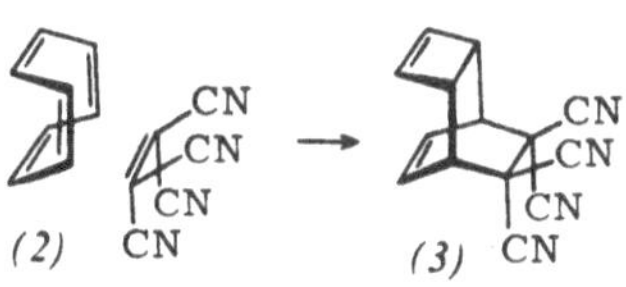

(*2*) (*1*) (*3*)

Die hier gewählte Formulierung der zu (*3*) führenden Additionsreaktion ist jedoch unbefriedigend. Obwohl man nämlich das Addukt formal durch Anlagerung des Dienophils an die beiden isolierten Doppelbindungen in (*2*) erhalten kann, sind diese Bindungen eben nicht zueinander

---

* R. Huisgen, F. Mitzsch, G. Boche und H. Seidl, Organic Reaction Mechanisms, Special Publication No. 19 (Chem. Soc., London), 1965, S. 3–20.

konjugiert, wie die Diels-Alder-Reaktion eigentlich verlangen würde. Außerdem müßte normalerweise gefordert werden, daß die Doppelbindungen im Dien nicht nur konjugiert sind, sondern daß sie auch in der Lage sind, eine *cis*-planare Konformation wie beispielsweise in (*4*) anzunehmen:

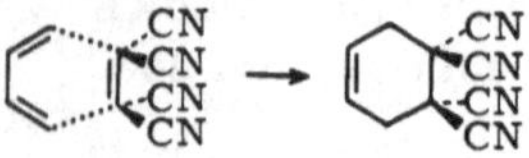

(*4*) (*1*)

Keines der einander gegenüberstehenden Paare von Doppelbindungen in der nichtplanaren, wannenförmigen Struktur (*2*) kann in eine solche Anordnung übergehen. Auf Grund der Kenntnis der Struktur des Addukts (*3*) wurde daher geschlossen, daß der Anlagerung eines Dienophils an (*2*) die Tautomerisierung der letzteren Verbindung zu einem Zwischenprodukt vorausgeht, das die erforderlichen strukturellen Merkmale zeigt, vermutlich zu Bicyclo[4.2.0]octa-2,4,7-trien (*5*). Der Cyclohexadien-Ring in (*5*) ist jetzt im wesentlichen eben, so daß sich seine Doppelbindungen sowohl in konjugierter als auch in *cis*-planarer Anordnung befinden:

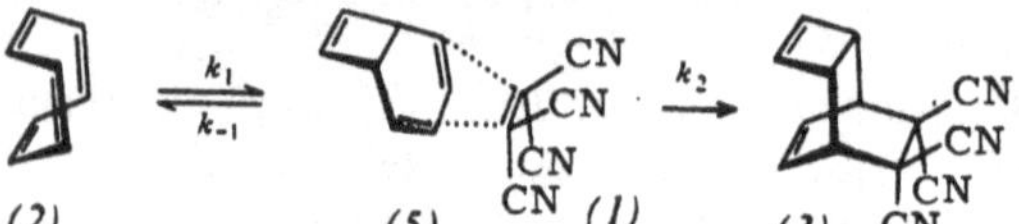

(*2*) (*5*) (*1*) (*3*)

6.1.2. Das Theoretische Modell

Angenommen, die Reaktion läuft in diesem Sinne ab, so können wir für die Geschwindigkeit der Bildung des Addukts (*3*) die Gleichung (1) anschreiben:

$$\frac{d[ADD]}{dt} = k_2[INT][DP] \quad (1)$$

Darin bedeuten [ADD], [INT] und [DP] die Konzentrationen des Adduktes (*3*), des Intermediärproduktes (*5*) und des Dienophils, also beispielsweise von Tetracyanäthylen (*1*). Nehmen wir nun an (quasi-Stationaritäts-Hypothese, s. S. 34), daß die Geschwindigkeit, mit der sich die Konzentration des reaktiven Zwischenprodukts (*5*) ändert, d[INT]/dt, sehr klein oder verglichen mit den Geschwindigkeiten der

Konzentrationsänderungen der anderen Reaktanden und Produkte jedenfalls vernachlässigbar klein ist, so können wir schreiben:

$$\frac{d[\mathrm{INT}]}{dt} = k_1[\mathrm{DN}] - k_{-1}[\mathrm{INT}] - k_2[\mathrm{INT}][\mathrm{DP}] = 0 \tag{2}$$

Hierin bedeutet [DN] die Konzentration des Diens, Cyclooctatetraen (*2*). Aus Gl. (2) folgt, daß

$$[\mathrm{INT}] = \frac{k_1[\mathrm{DN}]}{k_{-1} + k_2[\mathrm{DP}]} \tag{3}$$

was zusammen mit Gl. (1) zu folgendem Ergebnis führt:

$$\frac{d[\mathrm{ADD}]}{dt} = \frac{k_1 k_2[\mathrm{DN}][\mathrm{DP}]}{k_{-1} + k_2[\mathrm{DP}]} \tag{4}$$

Die Geschwindigkeit der Reaktion wurde in praxi dilatometrisch bestimmt; man nutzte dabei die Volumenkontraktion aus (s. S. 10) und verwendete einen ausreichend großen Überschuß an Dienophil (*1*), um die Reaktion von pseudo-erster Ordnung werden zu lassen:

$$\frac{d[\mathrm{ADD}]}{dt} = k_{\mathrm{beob.}}[\mathrm{DN}] \tag{5}$$

Vergleicht man nun den Ansatz für das theoretische Modell, Gl. (4), mit dem experimentell ermittelten Geschwindigkeitsgesetz Gl. (5), so sieht man, daß $k_{\mathrm{beob.}}$ eine Funktion von [DP], der Konzentration des Dienophils (*1*) sein muß:

$$k_{\mathrm{beob.}} = \frac{k_1 k_2[\mathrm{DP}]}{k_{-1} + k_2[\mathrm{DP}]} \tag{6}$$

Gl. (6) kann ihrerseits zu (7) umgeformt werden:

$$k_{\mathrm{beob.}} = k_1 - \frac{k_{-1}\, k_{\mathrm{beob.}}}{k_2\, [\mathrm{DP}]} \tag{7}$$

Dies ist die Gleichung einer Geraden, die beim Antragen von $k_{\mathrm{beob.}}$ gegen $k_{\mathrm{beob.}}/[\mathrm{DP}]$ entsteht.

6.1.3. Anpassung von Experiment und Theorie

Trug man die für eine Reihe von Werten der Konzentration [DP] bei konstanter Temperatur gemessenen Werte von k_{beob} gegen $k_{beob}/[DP]$ an, so wurde in der Tat eine gerade Linie erhalten, deren Steigung k_{-1}/k_2 und deren Achsenabschnitt k_1 entsprechen muß. Ähnliche gerade Linien wurden auch für das gleiche Dienophil, Tetracyanäthylen (*1*), aber verschiedene Temperaturen erhalten, und schließlich auch für eine Reihe anderer Dienophile wie Maleinanhydrid usw. Man konnte indirekt aus den kinetischen Daten ableiten, daß sich die Gleichgewichtskonzentration an Zwischenprodukt in Dioxan bei 100 °C auf ≈ 0,01% beläuft.

Die Beteiligung eines Zwischenprodukts ist somit unzweideutig dadurch belegt worden, daß sich die experimentellen Daten durch die vom theoretischen Modell abgeleitete Gleichung darstellen ließen. Natürlich liefert uns dies aber noch keinen Schlüssel zum Verständnis der wahren Natur des Zwischenprodukts. Es gibt aber eine nahe verwandte Reaktion, in welcher Cycloocta-1,3,5-trien (*6*) ebenfalls durch Dienophile wie Tetracyanäthylen (*1*) angegriffen wird und dabei Addukte vom Typ (*7*) in völliger Analogie zu (*3*) liefert. Auch hier spielt ein Zwischenprodukt eine Rolle, aber in diesem Falle ist es möglich, es zu isolieren, da es unterhalb 60 °C stabil ist. Man kann zeigen, daß es die Struktur (*8*) hat, d. h. daß es sich um Bicyclo[4.2.0]octa-2,4-dien handelt:

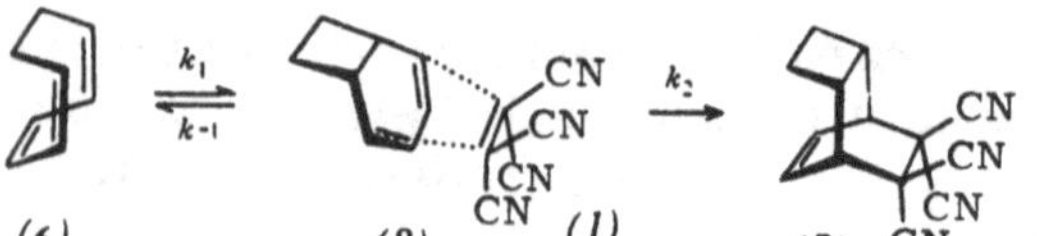

(*6*) (*8*) (*1*) (*7*)

Man kann in diesem Falle ferner zeigen, daß es tatsächlich der Bicyclus (*8*) ist, der in das Addukt (*7*) umgewandelt wird: (*6*) reagiert also unter diesen Bedingungen überhaupt nicht unmittelbar mit Dienophilen, sondern nur auf dem Weg über (*8*). Da man (*8*) in reinem Zustand isolieren kann, ist es auch möglich, die einzelnen Geschwindigkeitskonstanten, die den weiter oben diskutierten analog sind, getrennt zu bestimmen. Die Identifizierung von (*8*), zusammen mit der Tatsache, daß die Kinetik der Umwandlung (*6*) → (*7*) derjenigen von (*2*) → (*3*) ganz ähnlich ist, belegen eindeutig, daß das Zwischenprodukt in der letzteren Umwandlung in der Tat die schon vorher vermutete Struktur (*5*) hat. Schließlich wurde ein handfester Beweis für die Existenz von (*5*) und seine Beziehung zu Cyclooctatetraen (*2*) dadurch erhalten, daß man es durch Debromierung von (*9*) bei −78 °C in ≈ 95% Ausbeute herstellen konnte:

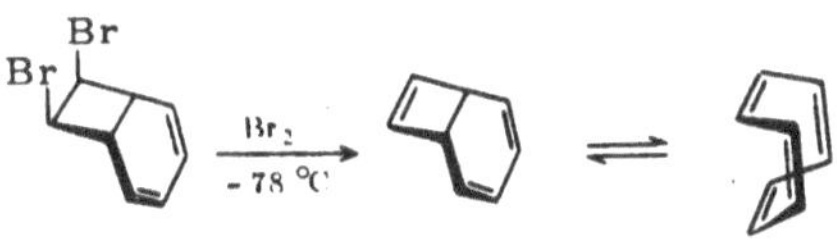

(*9*) (*5*) (*2*)

Bereits bei Temperaturen unterhalb 0 °C geht die Verbindung in (*2*) über; die Halbwertszeit beträgt ≈ 14 min bei 0 °C.

6.2. Die Reduktion von Thiazolium-Salzen mit Natriumborhydrid

Im folgenden soll ein schönes Beispiel für die Verwendung von Deuterium (aus D_2O und $NaBD_4$) zur Aufdeckung des von einer Reaktion eingeschlagenen Weges besprochen werden*. Es handelt sich um die Reduktion von N-Alkylthiazolium-Salzen vom Typ (*10*) mit Natriumborhydrid in hydroxylischen Lösungsmitteln zu den entsprechenden Tetrahydro-Derivaten, den N-Alkylthiazolidinen (*11*):

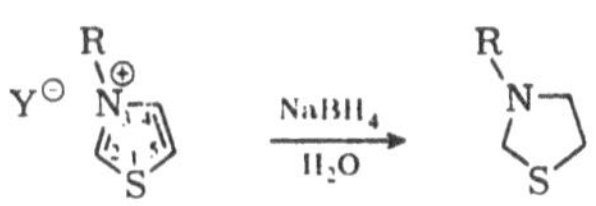

(*10*) (*11*)

6.2.1. Reaktionsablauf

Man kann vermuten, daß der einleitende Angriff durch das hoch nucleophile $BH_4^{\ominus}$-Anion an der 2-Position von (*10*) einsetzt und zum Dihydro-Derivat, einem N-Alkyl-4-thiazolin (*12*) führt:

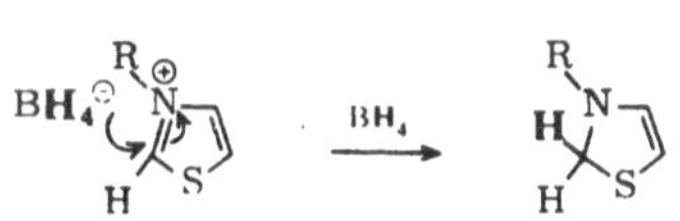

(*10*) (*12*) [1]

* G. M. Clarke und P. Sykes, J. Chem. Soc. (C), *1967*, 1269, 1411.

Man weiß, daß diese Position auch von anderen Nucleophilen wie $HO^{\ominus}$ leicht angegriffen wird. Eine weitere Bestätigung kann man in der Tatsache sehen, daß die Reduktion mit $NaBH_4$ in einem nicht hydroxylischen Lösungsmittel ebenfalls zum Dihydro-Derivat (*12*), aber nicht weiter, führt. Offensichtlich bedarf es der Mitwirkung eines hydroxylischen Lösungsmittels, um eine Reduktion über diese Stufe hinaus herbeizuführen, und das legt die Vermutung nahe, daß der nächste Schritt unter Mitwirkung eines solchen Lösungsmittels – vermutlich als Protondonor – erfolgt:

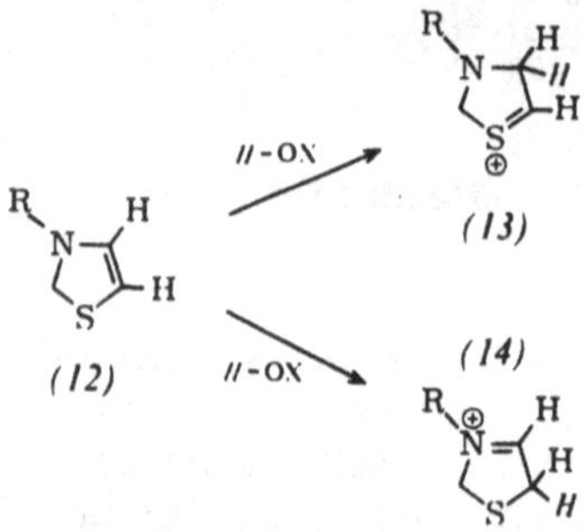

[2a]

[2b]

Die Aufnahme eines Protons könnte theoretisch an beiden Enden der Doppelbindung erfolgen, d. h. an der 4- *oder* 5-Position, was zu den Verbindungen (*13*) und (*14*) führen würde, wobei allerdings die letztere Reaktion sehr viel wahrscheinlicher ist. Durch weiteren Angriff auf das so entstehende Kation könnte dann das Tetrahydro-Derivat (*11*) entstehen:

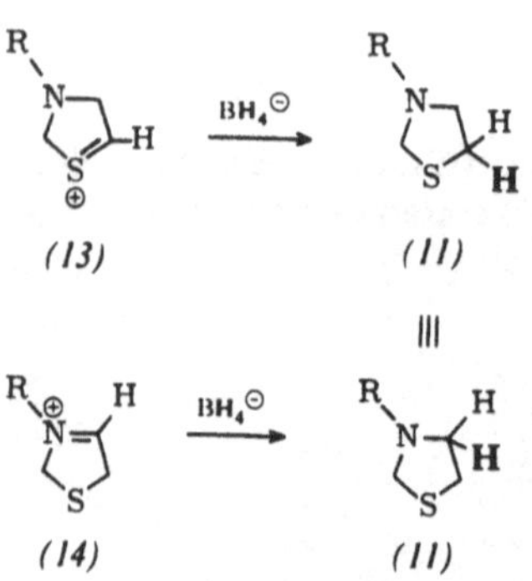

[3a]

[3b]

Wenn dieser Reaktionsablauf tatsächlich zutrifft, dann sollte man ihn im einzelnen beweisen können – einschließlich der Unterscheidung zwischen [2a] und [2b] und folglich auch [3a] und [3b]. Dazu ist es notwendig, drei Experimente durchzuführen, von denen allerdings bereits zwei ausreichen würden und das dritte lediglich eine zusätzliche Sicherheit bietet:

1. Reduktion mit $NaBH_4$ in D_2O
2. Reduktion mit $NaBD_4$ in H_2O
3. Reduktion mit $NaBD_4$ in D_2O

Diese Experimente wurden tatsächlich mit 3-Benzyl-4-methyl-thiazolium-bromid (*10a*) durchgeführt:

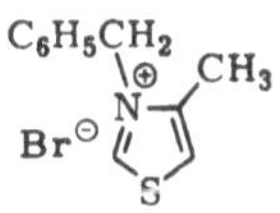

(10a)

6.2.1.1. Reduktion mit $NaBH_4$ in D_2O

Nach dem vorgeschlagenen Reaktionsmechanismus sollte diese Reduktion zur Einführung *eines* Deuteriumatoms aus dem Lösungsmittel D_2O führen, und zwar an der 4-Position, wenn [2a] gilt, an der 5-Position im Falle von [2b]. Es ist zum Verständnis noch wichtig zu betonen, daß $NaBH_4$ unter diesen Bedingungen beim Auflösen in D_2O nachweislich *keinen* Austausch von Wasserstoff gegen Deuterium eingeht.

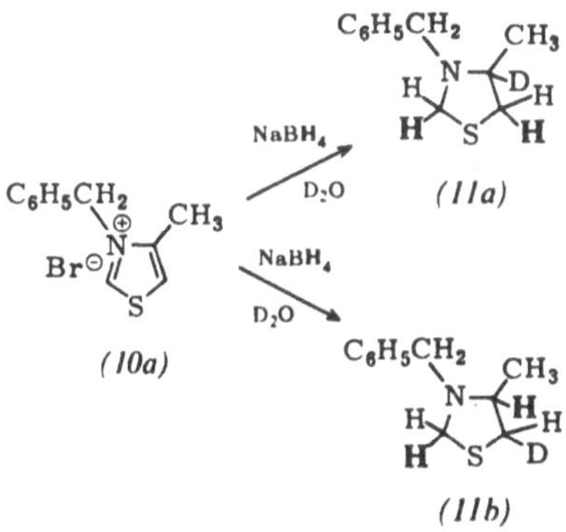

Man kann aus den Kopplungskonstanten der Wasserstoffatome im NMR-Spektrum des entstehenden Produkts ableiten, daß ein Deuteriumatom in die 5-Position eingeführt worden ist, das Produkt also die Struktur (*11b*) hat und der eingeschlagene Reaktionsweg in der Aufnahme eines Deuterons (Protons) vom Lösungsmittel gemäß Reaktionsweg [2b] besteht. Man kann die Aufnahme des Deuteriums natürlich auch durch massenspektrometrische Untersuchung des Produkts verfolgen. Dabei besteht allerdings eine Schwierigkeit. Es ist bekannt, daß das Salz (*10a*) beim Auflösen in D_2O das Wasserstoffatom in der 2-Position ziemlich schnell gegen Deuterium zu (*10b*) austauscht:

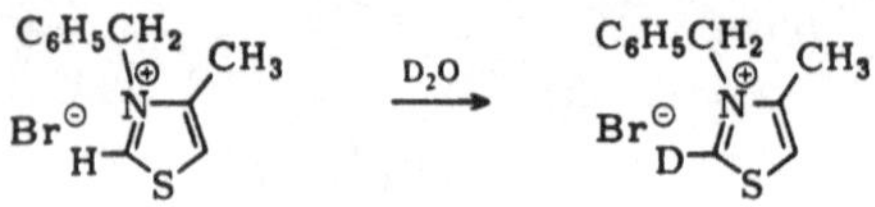

(*10a*) (*10b*)

NMR- und Massenspektren des Produkts (*11b*) zeigen also, daß im Durchschnitt von etwas mehr als einem bis zu zwei Atome Deuterium aufgenommen werden, was davon abhängt, wie rasch man $NaBH_4$ nach der Auflösung von (*10a*) in D_2O hinzufügt. Im übrigen ist es natürlich so, daß jedes individuelle Molekül entweder ein *oder* zwei Atome Deuterium enthält; ein weiterer Austausch ist ja nicht mehr möglich, wenn die Reduktion einmal stattgefunden hat. Das alles ist eine Komplikation, die aber der Gültigkeit des Arguments keinerlei Abbruch tut.

6.2.1.2. Reduktion mit $NaBD_4$ in H_2O

Hier sollte man Einbau von *zwei* Atomen Deuterium erwarten, einem in der 2-Position auf Grund von Reaktion [1] und einem in der 4-Position vermöge Reaktion [3b]:

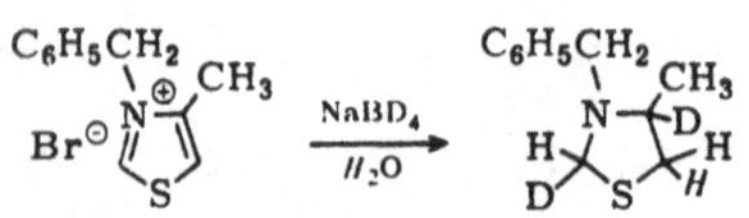

(*10a*) (*11c*)

Tatsächlich kann man massenspektrometrisch zeigen, daß (*11c*) zwei Deuteriumatome aus dem Reduktionsmittel, $NaBD_4$, aufgenommen hat. Die Unterbringung des einen Deuteriumatoms in der 4-Position kann man bestätigen, indem man das NMR-Spektrum von (*11c*) mit demjenigen des nur Wasserstoffatome enthaltenden Thiazolidins (*11d*) vergleicht:

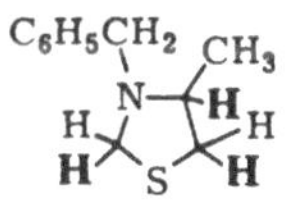

(11d)

Man findet nämlich, daß das von drei Wasserstoffatomen herrührende Dublett, das auf die Methylgruppe in der 4-Position von *(11d)* zurückgeht, in *(11c)* durch ein Singulett ersetzt wird (Strukturelement $C(D)CH_3$).

6.2.1.3. Reduktion mit $NaBD_4$ in D_2O

In diesem Falle sollten natürlich *drei* Atome Deuterium eingeführt werden, nämlich in 2- und 4-Position aus dem $NaBD_4$ über Reaktionsweg [1] und [3b] und in 5-Position aus dem Lösungsmittel, D_2O, über Reaktionsweg [2b]:

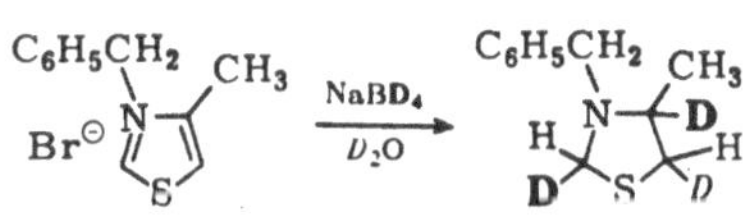

(10a) *(11e)*

Auch dieses Ergebnis kann durch NMR- und massenspektroskopische Untersuchungen am Produkt *(11e)* bestätigt werden. Auch hier besteht allerdings wieder wie im Fall 1. die Komplikation, daß Wasserstoff in der 2-Position von *(10a)* mit D_2O austauscht, bevor die Reduktion einsetzt; folglich liegt die Gesamtaufnahme an Deuterium irgendwo zwischen etwas mehr als drei Atomen bis zu nahezu vier Atomen je nachdem, wie bald $NaBD_4$ zugefügt wird, nachdem man *(10a)* in D_2O aufgelöst hat.

Der vorgeschlagene Reaktionsweg ist damit in allen Einzelheiten bestätigt.

6.2.2. Die Stereochemie der Reduktion

Auch die Stereochemie der Reaktion ist von Interesse. Im Falle der Reduktion eines 2-substituierten 3-Benzyl-4-methylthiazolium-Salzes *(15)* läßt sich folgendes vorhersehen:

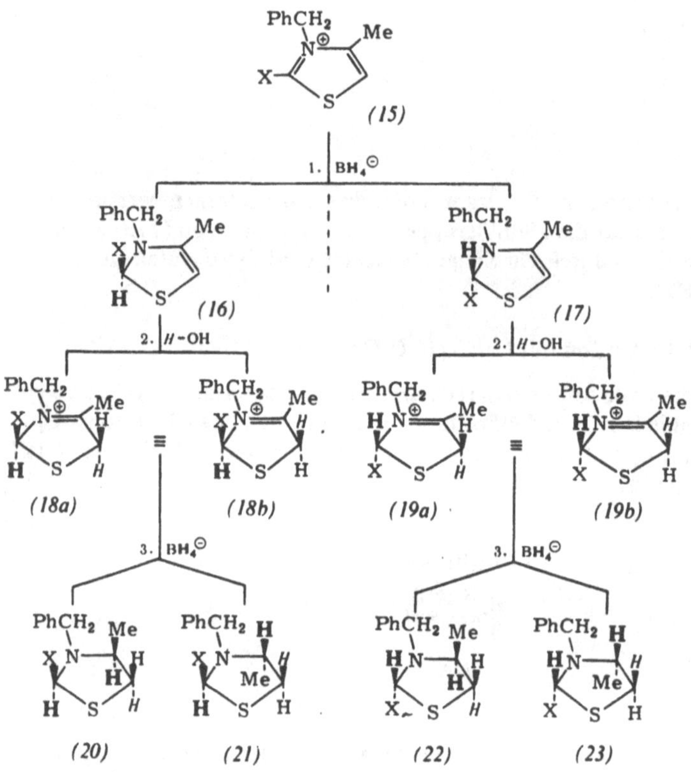

In Schritt 1. kann der Angriff durch $BH_4^{\ominus}$ auf die 2-Position des im wesentlichen planaren Thiazolium-Kernes mit gleicher Leichtigkeit von *unterhalb* oder *oberhalb* der Ebene einsetzen, wobei (*16*) bzw. (*17*) entstehen: Das Ergebnis ist eine 50:50-Mischung eines Paares von Spiegelbildern, d. h. es entsteht ein Racemat (±). Hierauf folgt dann in Schritt 2. die Übertragung eines Protons vom Solvens, H_2O. Auch dies kann entweder von unterhalb der Ringebene, wobei (*18a*) entsteht, oder von oberhalb der Ebene erfolgen, wobei (*18b*) erhalten wird. Die beiden Seiten des Ringes sind jetzt aber nicht mehr äquivalent, da ja in der 2-Position von (*16*) X *oberhalb* und H *unterhalb* stehen. (*18a*) und (*18b*) werden daher mit unterschiedlichen Geschwindigkeiten gebildet werden und *nicht* in gleichen Mengen im Reaktionsgemisch auftreten. In diesem besonderen Fall wird allerdings die Übertragung des zweiten Wasserstoffatoms von oben oder unten Produkte liefern, die nicht unterscheidbar sind, da die 5-Position bereits Wasserstoff trägt.

(*18a*) und (*18b*) sind mit anderen Worten identisch. Während also (*16*) zu (*18a* = *18b*) führt, liefert (*17*) das Spiegelbild (*19a* = *19b*).

Im letzten und dritten Schritt wird ein zweites Wasserstoffatom von $BH_4^\ominus$ übertragen, und zwar an der 4-Position, die bereits einen Methylsubstituenten trägt. Diesmal wird Angriff auf (*18a* = *18b*) von unter- oder oberhalb der Ebene des Ringes verschiedene Produkte, nämlich (*20*) und (*21*), liefern, also auch mit unterschiedlichen Geschwindigkeiten wegen der Nichtäquivalenz der beiden Ringseiten: Die Diastereomeren (*20*) und (*21*) werden folglich in ungleichen Mengen erhalten werden. Entsprechend wird (*19a* = *19b*) unterschiedliche Mengen der Diastereomeren (*22*) und (*23*) liefern, aber wegen der Spiegelbildlichkeit von (*19a* = *19b*) und (*18a* = *18b*) werden die relativen Anteile von (*23*):(*22*) dieselben sein wie die relativen Anteile von (*20*):(*21*). Man kann sich davon überzeugen, daß (*20*) und (*23*) und ebenso auch (*21*) und (*22*) jeweils Spiegelbilder sind: Im Ende resultieren also *zwei Racemate* (±), die in ungleichen Mengen erhalten werden.

Die relativen Anteile der beiden Racemate sind ein Maß für die Stereoselektivität in Schritt 3. des obigen Reaktionsschemas (abschließender Angriff von $BH_4^\ominus$ auf die 4-Position) und sollten vom Substituenten X abhängen. Für das Salz (*24*) wurden die nachstehend verzeichneten Resultate erzielt. (Die relativen Anteile der beiden Racemate wurden meistens NMR-spektroskopisch bestimmt.)

	X	R	Rac.1	Rac.2
(24a)	D	$C_6H_5CH_2$	1	1
(24b)	CH_3	$C_6H_5CH_2$	4	5
(24c)	C_6H_5	CH_3	1	20
(24d)	$C_6H_5CH_2$	$C_6H_5CH_2$	0	1

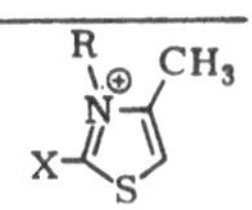

(*24*)

Man sieht also, daß die Stereoselektivität des Angriffs in Schritt 3. deutlicher hervortritt, wenn der Substituent zunehmend größer wird. Im Falle von (*24c*) gelang es, ein einziges Racemat, das Hauptprodukt, durch Umkristallisation rein zu erhalten, während bei (*24d*) überhaupt nur eines der beiden erwarteten Racemate nachgewiesen werden konnte. Man kann dabei erwarten, daß das bevorzugte Racemat dasjenige ist, bei welchem $BH_4^\ominus$ sich an (*18a* = *18b*) und (*19a* = *19b*) von der dem X-Substituenten gegenüberliegenden Seite nähert, d. h. (*20* + *23*). So sollte es jedenfalls sein, wenn eine einfache kinetische Kontrolle

(s. S. 38) wirksam ist. Es könnte aber auch sein, daß das bevorzugte Racemat das thermodynamisch stabilere ist, in welchem X und Methyl *trans* zueinander angeordnet sind, d. h. (*21* + *22*). Es ist daher notwendig, die Konfiguration der vorherrschenden Racemats durch Röntgenstrukturannalyse oder andere Methoden aufzuklären. Dies ist bisher noch nicht durchgeführt worden.

6.3. Die Favorskii-Umlagerung

Die Favorskii-Umlagerung* ist bereits beiläufig erwähnt worden (s. S. 113). Dabei verwandelt der Angriff einer Base wie $HO^{\ominus}$ oder $RO^{\ominus}$ auf ein α-Halogenketon (*25*) dieses einigermaßen unerwartet in eine Carbonsäure oder ein Derivat davon (*26*):

$$\underset{(25)}{RCH_2COCH_2Cl} \xrightarrow{R'O^{\ominus}} \underset{(26)}{RCH_2CH_2COOR'}$$

6.3.1. Die Natur des Zwischenprodukts

Einen Hinweis auf das Reaktionsgeschehen liefert die Beobachtung, daß die beiden isomeren Chlorketone (*27*) und (*28*) beide bei Behandlung mit Base das Salz derselben Säure (*29*) liefern:

$$\underset{(27)}{PhCH_2\!-\!\overset{\overset{O}{\|}}{C}\!-\!\underset{\underset{Cl}{|}}{C}H_2} \rightarrow \underset{(29)}{PhCH_2CH_2CO_2^{\ominus}} \leftarrow \underset{(28)}{Ph\underset{\underset{Cl}{|}}{C}H\!-\!\overset{\overset{O}{\|}}{C}\!-\!CH_3}$$

$Ph = C_6H_5$

Die Annahme eines gemeinsamen Zwischenprodukts aus (*27*) und (*28*) liegt nahe. Es wurde vorgeschlagen, daß es sich dabei um das Cyclopropanon-Derivat (*30*) handle,

* Vgl. F. G. Bordwell, Accounts of Chem. Res. *3*, 286 (1970); D. J. Cram, "Fundamentals of Carbanion Chemistry", Academic Press 1965 (S. 243–249).

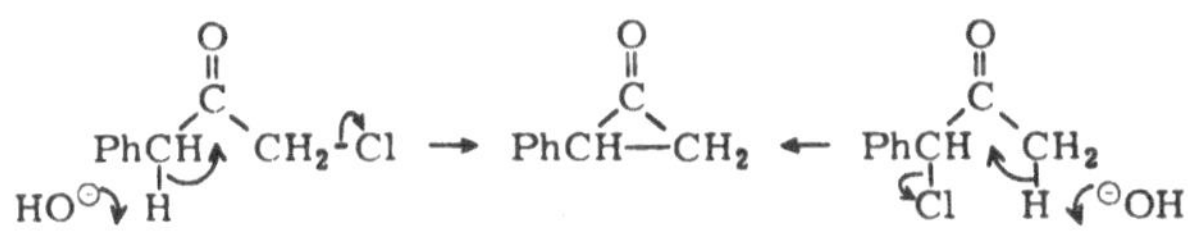

(27) (30) (28)

welches unter dem Angriff der Base Ringöffnung zum stabileren der beiden möglichen carbanionischen Zwischenprodukte (*31a*) oder (*31b*) erfahren müsse*:

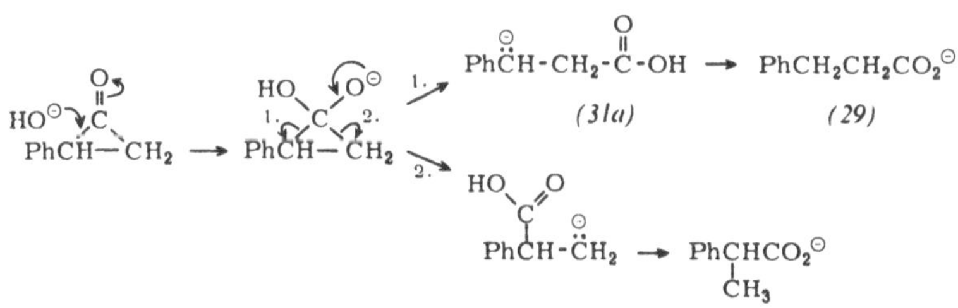

(31a) (29) (31b)

Eine starke Stütze für die Beteiligung eines solchen Cyclopropanon-Zwischenprodukts konnte durch die Untersuchung der Umlagerung von 2-Chlorcyclohexanon (*32*) beigebracht werden, in welchem C-1 und C-2 (d. h. das Carbonyl-Kohlenstoffatom und das benachbarte, mit dem Chlor verbundene Kohlenstoffatom) mit ^{14}C markiert war:

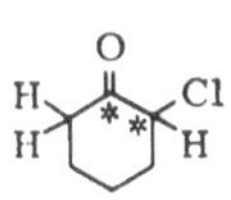

(32)

Genauer gesagt handelt es sich beim Chlorketon (*32*) nicht darum (s. S. 74), daß die Moleküle ^{14}C in *beiden* bezeichneten Positionen enthielten; vielmehr tragen von sehr vielen Molekülen (*32*) etwa gleich viele *ein* ^{14}C-Atom entweder an C-1 oder an C-2. Wie diese Markierung, ausgehend von markiertem Cyclohexanon (*33*), erzielt wurde, zeigt das folgende Schema:

---

* Die Stabilität einfacher Carbanionen nimmt in der Reihenfolge tertiär < sekundär < primär < benzylisch zu.

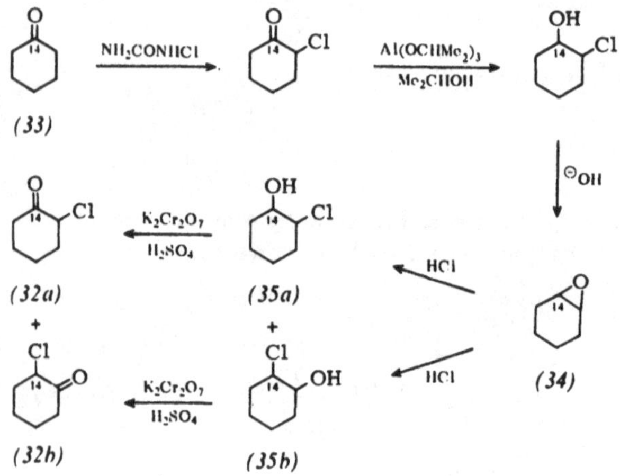

Im Epoxid (*34*) sind das ^{14}C-markierte Kohlenstoffatom und das benachbarte nicht-markierte Kohlenstoffatom im Epoxidring äquivalent. Wird dieser symmetrische Ring also durch Einwirkung von Säure geöffnet, so wird der entstehende 1,2-Chloralkohol (*35*) etwa gleich viele Moleküle enthalten, die die Markierung am Hydroxyl-Kohlenstoff (*35a*) oder am Chlor-substituierten Kohlenstoff (*35b*) tragen. (In Wirklichkeit können die ersteren auf Grund eines k_{12C}/k_{14C}-primären kinetischen Isotopieeffekts in etwas größerer Menge vorhanden sein, s. S. 53.) Praktisch dieselbe Isotopenverteilung findet man auch im α-Chlorcyclohexanon (*32a*, *32b*).

Ist nun ein Cyclopropanon-Zwischenprodukt (*36*) tatsächlich an der Favorskii-Umlagerung von (*32*) mit $RO^{\ominus}$ beteiligt, so sollte man die folgende Verteilung der ^{14}C-Isotopenmarkierung im Produkt (*37*) erwarten: Da sowohl (*36a*) als auch (*36b*) symmetrisch sind, sollten sie beide die Ringöffnung mit gleicher Leichtigkeit nach 1. oder nach 2. eingehen, d. h. 50% der ursprünglichen ^{14}C-Markierung in (*32a*, *32b*) sollte sich im Carboxyl-Kohlenstoff (*37a* + *37a*), 25% am 2-Kohlenstoff des Cyclopentanrings (*37b*) und 25% an C-1 des Cyclopentanrings (*37c*) befinden. Genau diese Verteilung findet man tatsächlich durch selektiven Abbau von (*37*), womit bewiesen ist, daß C-2 und C-6 (d. h. die α- und die α′-Stellung) im Chlorketon (*32*) irgendwann während der Umlagerung äquivalent geworden sein müssen, was in der Beteiligung von (*36*) seine einfachste Erklärung findet. Man wollte noch sicher gehen, daß die Äquivalenz von C-2 und C-6 in (*32*) nicht etwa durch eine Wanderung von Chlor herbeigeführt wurde. Dazu wurde die Reaktion kurz vor Beendigung unterbrochen und das noch nicht umgesetzte (*32*) isoliert; man konnte zeigen, daß es dieselbe ^{14}C-Verteilung hatte wie zu Beginn der Reaktion.

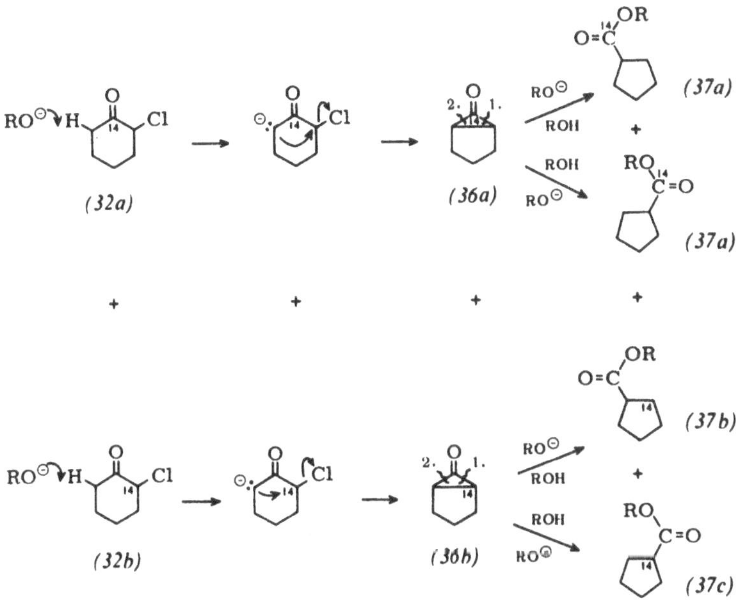

(32a) (36a) (37a) (37a)

(32b) (36b) (37b) (37c)

Einen noch direkteren Beweis für die Beteiligung von Cyclopropanonen als Zwischenprodukten der Favorskii-Umlagerung liefert die Reaktion des α, α'-Dibromketons (*38*) mit Base (Triäthylamin). Dabei entsteht (*39*), das durch spontane Umwandlung *in situ* in ein isolierbares Produkt, das Cyclopropenon (*40*), abgefangen wird. Dieses enthält noch den dreigliedrigen Ring:

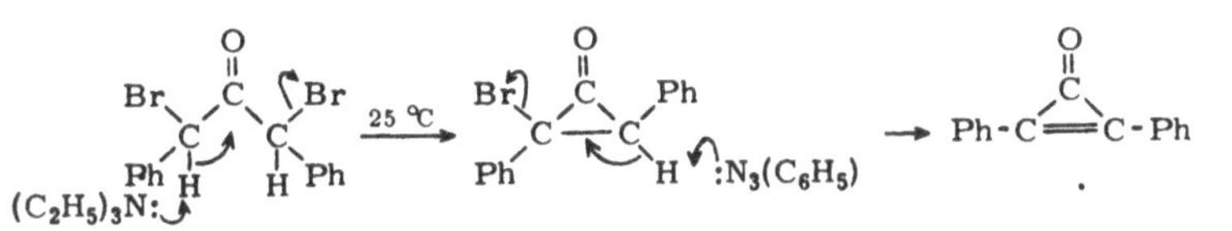

(38) (39) (40)

Auch ist es gelungen, beim Angriff von Base (2,6-Dimethylpyridin) auf das Chlorketon (*41*) die quasi-Doppelbindungseigenschaften des dreigliedrigen Ringes im Zwischenprodukt (*42*) dadurch auszunutzen, daß man dieses in einer Art Diels-Alder-Reaktion mit Furan (*43*) zum Addukt (*44*) abfing:

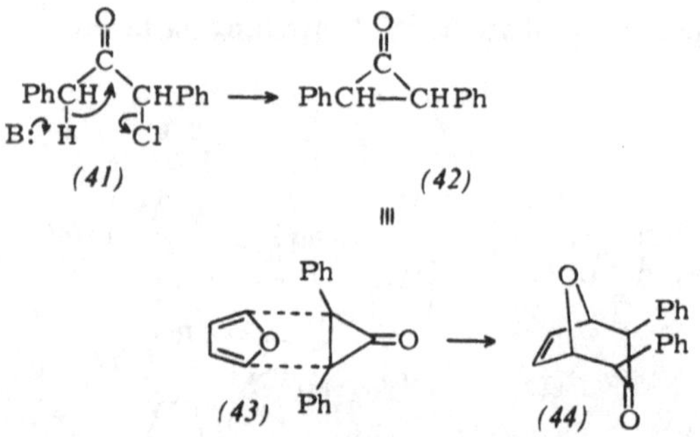

(41) (42) (43) (44)

6.3.2. Konzertiert oder schrittweise?

Bei allen bisher untersuchten Systemen wird ein Geschwindigkeitsgegesetz 2. Ordnung befolgt, je 1. Ordnung in α-Halogenketon und Base. Dies wäre jedoch sowohl mit einem konzertierten Prozeß [1], bei dem das Proton und das Halogen-Anion etwa gleichzeitig verloren werden,

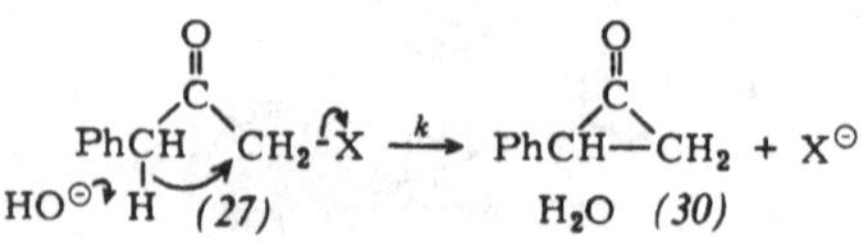

(27) (30) [1]

als auch mit einem schrittweisen Prozeß [2] verträglich, bei dem zunächst ein Carbanion (*45*) entsteht, welches anschließend einen internen nucleophilen Angriff unter Ausstoßung des Halogen-Anions herbeiführt:

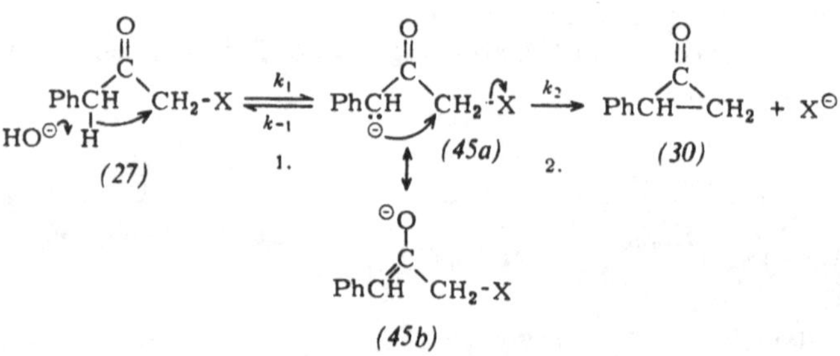

(27) (45a) (30) (45b) [2]

In [2] könnte sowohl der interne Angriff des Carbanions (k_2) als auch seine Bildung (k_1) geschwindigkeitsbestimmend sein. Führt man die Umsetzung mit Base in einem deuterierten Lösungsmittel, z. B. D_2O oder CH_3OD, aus, so beobachtet man in der benzylischen (α') Stellung von (*27*) den Austausch von Wasserstoff gegen Deuterium, der der eigentlichen Reaktion vorauseilt. Man könnte dies auf die reversible Bildung des Carbanions in dem ersten Schritt, k_1/k_{-1}, des Stufenprozesses [2] zurückführen, womit der konzertierte Ablauf gemäß [1] ausgeschlossen wäre. Dies ist indessen kein zwingender Schluß, da die reversible Bildung eines Carbanions, des Enolat-Ions (*45b*), die ganz zweifellos stattfindet, lediglich ein zufälliges Beiwerk sein könnte und mit der eigentlichen Reaktion nichts zu tun haben muß, die demnach immer noch konzertiert gemäß [1] sein könnte.

Zu einer Entscheidung zwischen diesen beiden Alternativen kann man aber gelangen, wenn man das Verhalten von (*27*) und seinem Analogen (*46*) mit einer Methylgruppe an C-α unter identischen Bedingungen vergleicht:

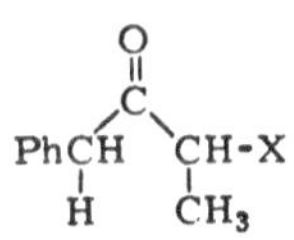

(*46*)

Ist der Reaktionsablauf konzertiert gemäß [1], so würde man nicht erwarten, daß die Einführung einer solchen Methylgruppe einen nennenswerten Einfluß auf den Charakter der Reaktion hat. Tatsächlich finden wir jedoch folgendes: a) für das Verbindungspaar (*27*, X = Br und Cl) ist das Verhältnis k_{Br}/k_{Cl}, der sogenannte Abgangsgruppen-Effekt, 63,5, für das Paar (*46*, X = Br und Cl) dagegen 0,9, d. h. ≈ 1; b) der Deuteriumaustausch in der Benzyl-Position (α') von rückisoliertem (*27*, X = Cl) erreicht ca. 80%, verglichen mit nur ca. 5% im Falle von (*46*, X = Cl); c) schließlich beträgt die Reaktionskonstante nach Hammett (s. S. 187) für (*27*, X = Cl) –5,0, während man für (*46*, X = Cl) den Wert 1,36 findet.

Diese sehr starken Unterschiede in der Reaktionscharakteristik lassen sich auf der Basis eines konzertierten Reaktionsablaufes [1] nicht erklären, sehr leicht dagegen, wenn man einen Stufenprozeß [2] annimmt. So könnte der sehr weitgehende Deuteriumaustausch in der Benzyl-Position (α') von rückisoliertem (*27*, X = Cl) davon herrühren, daß im Reaktionsschema [2] $k_{-1} > k_2$ ist, was bedeuten würde, daß k_2 geschwindigkeitsbestimmend ist. Andererseits würde ein geschwindigkeitsbestimmender Angriff des Carbanion-Kohlenstoffatoms auf das Halogen-tragende Kohlenstoffatom (α) in (*45a*) leicht den großen Abgangs-Effekt, k_{Br}/k_{Cl} im Falle von (*27*), den großen negativen ρ-Wert für die Reaktion und schließlich die ausgeprägte Empfindlichkeit der Reaktionsgeschwindigkeit gegenüber der Ionisationskraft des Lösungsmittels erklären (wenn man von Methanol auf eine 50:50-Mischung Methanol/Wasser übergeht, steigt die Reaktionsgeschwindigkeit im Falle von (*27*, X = Cl) um einen Faktor von 110).

Im Gegensatz dazu könnte die Ionisation von (*46*, X = Cl) unter Abstoßung des Halogenid-Ions durch die Methylgruppe in C-α sehr stark beschleunigt werden, was zu $k_2 > k_{-1}$ in [2] führen und dadurch k_1 geschwindigkeitsbestimmend machen würde. Eine geschwindigkeitsbestimmende Bildung des Carbanions (*45a*) im Falle von (*46*) würde das Fehlen eines Abgangsgruppen-Effektes, $k_{Br} \approx k_{Cl}$, das praktisch vollständige Fehlen von Deuteriumaustausch an rückisoliertem (*46*, X = Cl), den Wechsel im Vorzeichen der Reaktionskonstante ρ von – für (*27*, X = Cl) nach + und schließlich die geringe Empfindlichkeit der Reaktionsgeschwindigkeit gegenüber der Ionisationskraft des Lösungsmittels erklären (ein Wechsel von Methanol auf eine 50:50-Mischung Methanol/Wasser beschleunigt die Reaktion im Falle von (*46*, X = Cl) nur um einen Faktor von 6). Man hat also eine vollständige Übereinstimmung der experimentellen Daten mit den Erwartungen, die man an einen schrittweisen Reaktionsablauf gemäß [2], verbunden mit einem Wechsel im geschwindigkeitsbestimmenden Schritt bei Substitution – (*27*) geht über in (*46*) –, stellen würde. Ganz ähnliche Argumente zugunsten eines schrittweisen Reaktionsablaufs kann man auch aus der Analyse der vergleichbaren experimentellen Daten an den Verbindungen (*47*, X = Br) und (*47*, X = Cl) ableiten:

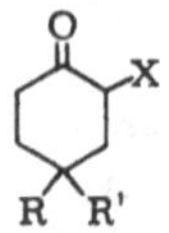

(*47*)

6.3.3. Die Stereochemie der Reaktion

Man möchte ohne weiteres annehmen, daß eine einfache Stufenreaktion vom Typ [2] mit Inversion der Konfiguration an C-α, d. h. dem Halogen-tragenden Kohlenstoffatom, verbunden ist, so daß also (*48*) in (*50*) übergehen sollte:

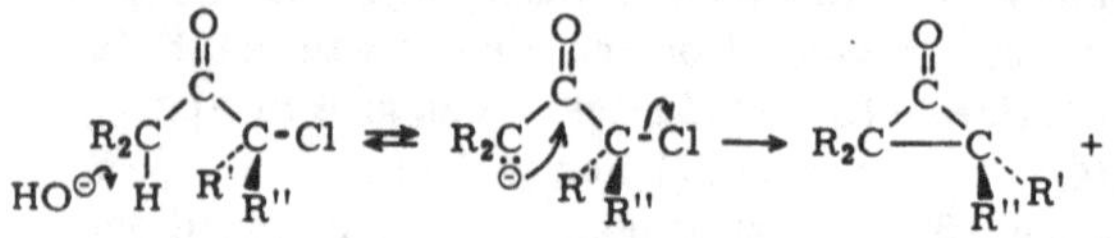

(*48*) (*49*) (*50*)

Dem entspricht, daß das *cis*-Chlorketon (*51a*) bei der Behandlung mit Natriumbenzylalkoholat in Äther – nach saurer Hydrolyse des zunächst entstehenden Benzylesters – nur zu der Säure (*52a*, R = H) führte, während umgekehrt das isomere *trans*-Chlorketon (*51b*) nur die Säure (*52b*, R = H) lieferte:

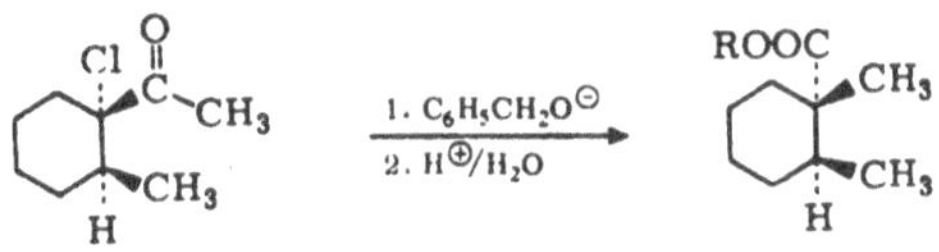

(*51a*) (*52a*, R = H)

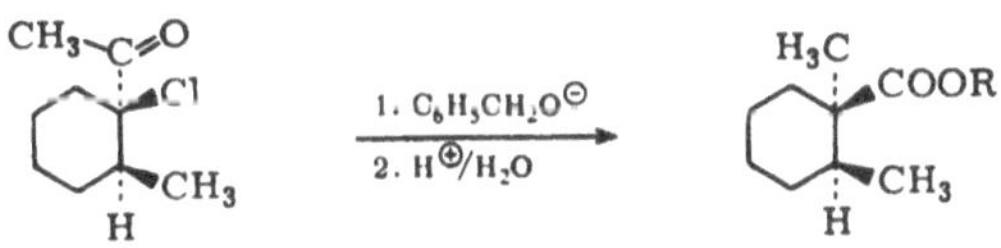

(*51b*) (*52b*, R = H)

Die Umlagerung ist also stereospezifisch in beiden Fällen, wobei an dem Kohlenstoffatom, von welchem das Halogenid-Ion abgeht, Konfigurationsumkehrung eintritt. Lagert man (*51a*) mit Methanolat in 1,2-Dimethoxyäthan, einem Lösungsmittel von relativ niedriger Polarität, um, so erhält man den Methylester (*52a*, R = CH_3) in einer Ausbeute von 95%, d. h. die Reaktion ist wiederum in hohem Maße stereospezifisch. Im sehr viel polareren Lösungsmittel Methanol führte die Umlagerung von (*51a*) mit Methanolat aber zu einer Mischung von (*52a*, R = CH_3) und (*52b*, R = CH_3), in welcher die letztere Verbindung überwog:

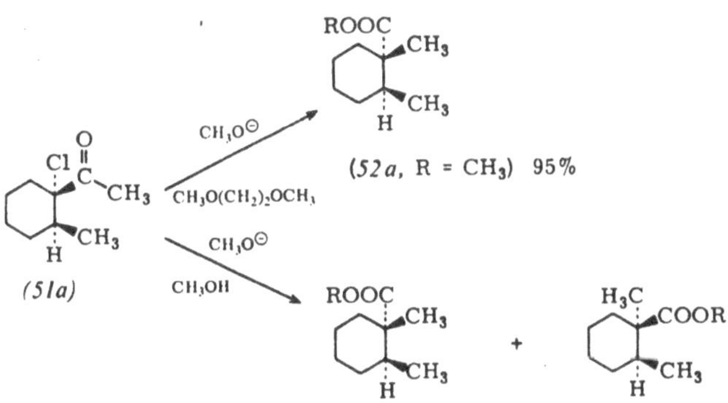

(*52a*, R = CH_3) 95%

(*51a*)

(*52a*, R = CH_3) 40,5%

(*52b*, R = CH_3) 51,5%

Der Grad an Stereospezifität der Umlagerung hängt hier also von der Polarität des Lösungsmittels ab, und ähnliche Beobachtungen gibt es auch in einer Reihe von anderen Beispielen. Möglicherweise entsteht im hochpolaren Lösungsmittel ein Zwitterion (*53*), indem das Carbanion (*49*) Halogenid verliert:

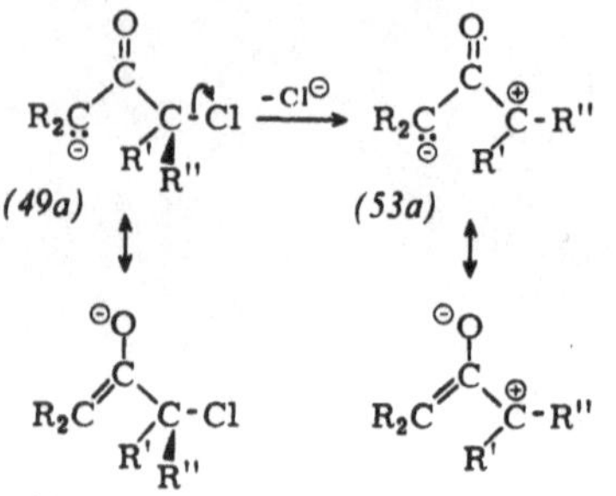

(*49a*) (*53a*) (*49b*) (*53b*)

Diese Spezies könnte sich am neugebildeten Carboniumion-Zentrum einebnen, so daß jeder nachfolgende Angriff durch das Carbanion-Kohlenstoffatom von beiden möglichen Seiten stattfinden kann, wobei letztlich die beiden Epimeren (*52a*) oder (*52b*) entstehen. Hier wäre es wünschenswert, Stereochemie und kinetische Daten – insbesondere ρ-Werte, Abgangsgruppen-Effekte usw. – an ein und derselben Verbindung noch sorgfältiger zu korrelieren.

6.4. Die Benzidin-Umlagerung

Wir sind schon kurz auf die Benzidin-Umlagerung* von N,N'-Diarylhydrazinen, z. B. Hydrazobenzol (*54*), zu Benzidin (*55*) oder seinen Derivaten eingegangen,

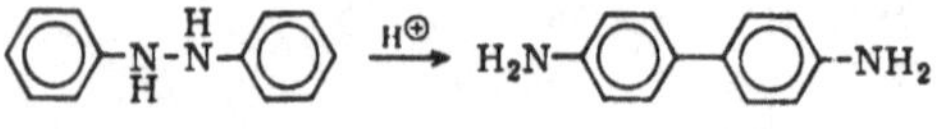

(*54*) (*55*)

wobei betont wurde, daß in allen bisher untersuchten Fällen die Umlagerung sich als vollständig intramolekular erwies (s. S. 65). Es ist auch schon gezeigt worden, daß sich die Umlagerung durch einen Ge-

* Vgl. H. J. Shine, "Aromatic Rearrangements", Elsevier, 1967; s. insbesondere S. 126–178 und die dort gegebenen Zitate.

schwindigkeitsausdruck der allgemeinen Form von Gl. (1) darstellen läßt (s. S. 21),

$$r = k_1[\text{ArNHNHAr}][\text{H}^{\oplus}] + k_2[\text{ArNHNHAr}][\text{H}^{\oplus}]^2 \qquad (1)$$

was im Falle von N,N'-Di-[2-methylphenyl]-hydrazin (*56*) zu einem Geschwindigkeitsgesetz Gl. (2) mit nicht geradzahligem Exponenten führt:

$$r = k[\text{ArNHNHAr}][\text{H}^{\oplus}]^{1,6} \qquad (2)$$

Bei einer Reihe von N,N'-Diarylhydrazinen, die derartige gebrochene Reaktionsordnungen in bezug auf $[\text{H}^{\oplus}]$ zeigen, findet man, daß sich bei Erhöhung der Säurekonzentration das Geschwindigkeitsgesetz der Reaktionsordnung 2 in bezug auf $[\text{H}^{\oplus}]$ nähert, daß also der zweite Term in Gl. (1) mehr und mehr überwiegt. Umgekehrt stellt man fest, daß bei Abnahme der Säurekonzentration das Geschwindigkeitsgesetz die Form einer Reaktion 1. Ordnung in $[\text{H}^{\oplus}]$ annimmt, was eine zunehmende Bedeutung des ersten Terms in Gl.(1) anzeigt.

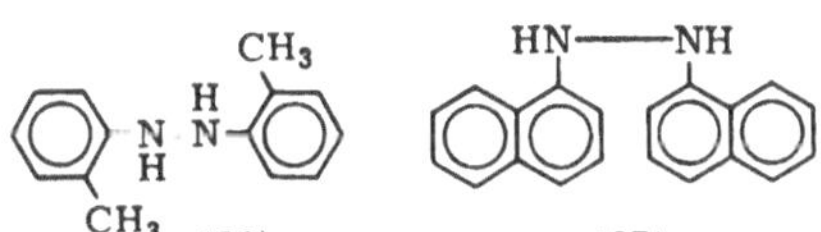

(*56*) (*57*)

In einer Reihe anderer Fälle ändert sich aber das Geschwindigkeitsgesetz überhaupt nicht, gleichgültig welche Säurekonzentration man wählt. Beispielsweise findet man für N,N'-Di-[1-naphthyl]-hydrazin (*57*) stets ein Geschwindigkeitsgesetz 1. Ordnung in $[\text{H}^{\oplus}]$ gemäß Gl. (3),

$$r = k[\text{ArNHNHAr}][\text{H}^{\oplus}] \qquad (3)$$

während Hydrazobenzol (*54*) selbst stets einem Geschwindigkeitsgesetz 2. Ordnung in $[\text{H}^{\oplus}]$ folgt:

$$r = k[\text{ArNHNHAr}][\text{H}^{\oplus}]^2 \qquad (4)$$

6.4.1. Der geschwindigkeitsbestimmende Schritt

Auf diesem Hintergrund wollen wir nun den Reaktionsablauf etwas näher betrachten und im besonderen versuchen, den langsamen, geschwindigkeitsbestimmenden Schritt zu identifizieren. Nehmen wir Hydrazobenzol (*54*) als Modell, so stellen wir fest, daß im Zuge seiner Umwandlung in Benzidin (*55*) mindestens vier Prozesse stattfinden müssen, von denen allerdings einige miteinander synchronisiert sein können:

a) Anlagerung von zwei Protonen, vermutlich an den beiden Stickstoffatomen
b) Lösung der N–N-Bindung
c) Bildung der C–C-Bindung
d) Verlust zweier Protonen, vermutlich an den Kohlenstoffatomen der Benzolringe.

Um zunächst den letzten Schritt zu prüfen, um also festzustellen, ob der abschließende Verlust der Protonen in Schritt (d) geschwindigkeitsbestimmend ist oder nicht, kann man das Hydrazobenzol-Analoge (*54a*) synthetisieren, in dem die betreffenden Wasserstoffatome durch Deuterium ersetzt sind; es ist dann festzustellen, ob die durch *k* gekennzeichnete Gesamtgeschwindigkeit der Reaktion dadurch beeinflußt (nämlich gesenkt) wird. Dabei handelt es sich offensichtlich um die in den *p*-Positionen (4,4′) der Benzolkerne in (*54a*) gebundenen Wasserstoffatome, die letztlich von den benachbarten Kohlenstoffatomen in (*59a*) abgespalten werden:

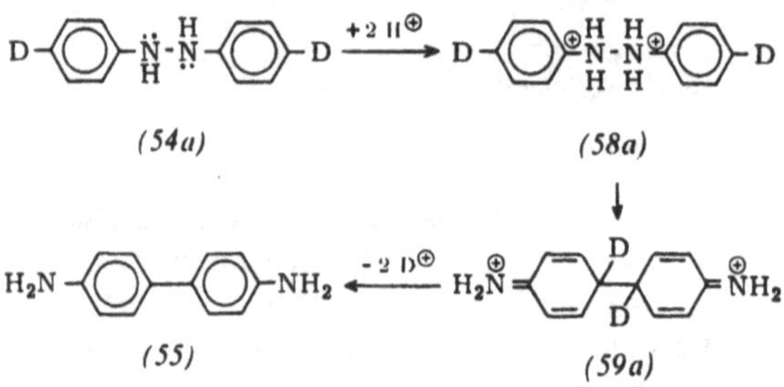

Vorsichtshalber wurde für den Fall, daß diese Annahme nicht gerechtfertigt wäre, auch noch das Hydrazobenzol-Analoge (*54b*), in welchem *alle* Wasserstoffatome *außer* denjenigen in den 4,4′-Stellungen durch Deuterium ersetzt sind, hergestellt und seine Umlagerungsgeschwindigkeit mit derjenigen des Hydrazobenzols (*54*) unter identischen Bedingungen verglichen. Die Ergebnisse waren wie folgt:

Position von D	10^3k
Keine	2,80
4,4′	2,85
Alle außer 4,4′	2,87

Man beobachtet also in keinem Falle einen kinetischen Isotopieeffekt, die abschließende Protonabspaltung kann also nicht geschwindigkeitsbestimmend sein.

Wenden wir uns nun der einleitenden Protonierung in Schritt (a) zu. Auf Grund des beobachteten Geschwindigkeitsgesetztes Gl. (3) kann kein Zweifel bestehen, daß die beiden Protonen im kritischen Übergangszustand bereits eingebaut sind; die Frage kann nur sein, ob ihre Aufnahme schnell oder langsam erfolgt:

$$\text{A)}\ \text{PhNHNHPh} \xrightarrow[\text{langsam}]{2\text{H}^{\oplus}} \text{Ph}\overset{\oplus}{\text{N}}\text{H}_2\overset{\oplus}{\text{N}}\text{H}_2\text{Ph} \xrightarrow[\text{schnell}]{} \text{ÜZ}$$

$$\text{B)}\ \text{PhNHNHPh} \underset{\text{schnell}}{\rightleftharpoons} \text{Ph}\overset{\oplus}{\text{N}}\text{H}_2\overset{\oplus}{\text{N}}\text{H}_2\text{Ph} \xrightarrow[\text{langsam}]{} \text{ÜZ}$$

Es sollte möglich sein, zwischen diesen beiden Alternativen dadurch zu unterscheiden, daß man die Umlagerung in D_2O durchführt. Besteht der geschwindigkeitsbestimmende (langsame) Schritt in der Übertragung eines Protons von der Säure ($H_3O^{\oplus}$) auf Hydrazobenzol (Reaktionsweg A), dann sollte die Verwendung von $D_3O^{\oplus}$ in D_2O zu einer *Verlangsamung* der Gesamtreaktion (k) führen; die Übertragung von $D^{\oplus}$ durch $D_3O^{\oplus}$ erfolgt nämlich langsamer als diejenige von $H^{\oplus}$ durch $H_3O^{\oplus}$ (unter sonst gleichen Bedingungen). Hängt andererseits die Geschwindigkeit von der Konzentration an $C_6H_5\overset{\oplus}{N}H_2\overset{\oplus}{N}H_2C_6H_5$ ab, das in einem sich schnell einstellenden Gleichgewicht vor dem langsamen Schritt gemäß Reaktionsweg B gebildet worden ist, dann sollte die Gesamtgeschwindigkeit in D_2O *erhöht* werden (ca. um einen Faktor 2 pro Proton), weil nämlich $D_3O^{\oplus}$ in D_2O eine stärkere Säure ist als $H_3O^{\oplus}$ in H_2O und gleiche Konzentrationen an der ersteren daher zu einer größeren Konzentration an zweifach protoniertem (oder eigentlich deuteroniertem) Hydrazobenzol führen muß, wodurch unter sonst gleichen Bedingungen die Geschwindigkeit der Gesamtreaktion steigt. Tatsächlich findet man in 60% Dioxan/40% D_2O bzw. H_2O und mit 0,19 M $HClO_4$ als saurem Katalysator, daß $k_{D_2O}/k_{H_2O} = 4{,}8$, d. h. daß die Reaktion in D_2O beschleunigt wird. Folglich gilt Reaktionsweg B, und die einleitende Protonierung kann nicht der geschwindigkeitsbestimmende Schritt der Gesamtreaktion sein.

Damit bleibt die Lösung der N–N-Bindung gemäß Schritt (b), Bildung der C–C-Bindung gemäß Schritt (c) oder ein konzertierter Schritt, der sowohl (b) als auch (c) umfaßt, als möglicher geschwindigkeitsbestimmender Schritt der Gesamtreaktion. Es gibt keine Befunde, auf Grund deren man eindeutig zwischen diesen Alternativen entscheiden könnte, doch neigt man allgemein zu der Annahme einer konzertierten Reaktion im Sinne einer Kombination der Einzelschritte (b) und (c). Es bleibt nun noch zu prüfen, ob irgendwelche Informationen über die Natur des Übergangszustandes gewonnen werden können. In diesem Zusammenhang ist die Beobachtung von Interesse, daß die Umlagerung bei gegebener Säurekonzentration sehr stark beschleunigt wird, wenn man neutrale Salze zufügt, d. h. es existiert ein großer positiver *Salzeffekt* (s. S. 35). Auch nimmt die Geschwindigkeit zu, wenn man die Umlagerung in Lösungsmitteln steigender Polarität durchführt. Diese beiden Beobachtungen weisen auf eine Reaktion hin, in der der Übergangszustand des geschwindigkeitsbestimmenden Schrittes polarer ist als das Zwischenprodukt – z. B. (*58*) – oder irgendwelche andere Spezies, die ihm vorausgehen:

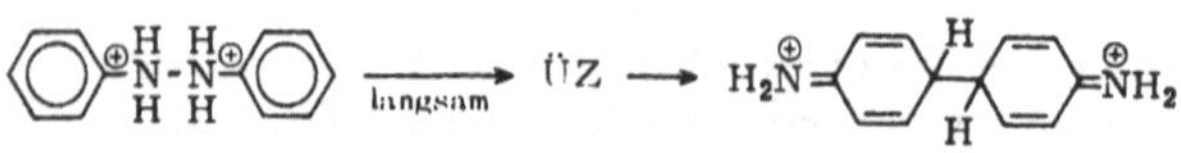

(*58*) (*59*)

6.4.2. Der polare Übergangszustand

Da schon das Zwischenprodukt (*58*) sehr polar ist, muß der Übergangszustand von extremer Polarität sein. Man hat daher vermutet, daß die beginnende heteropolare Trennung der N–N-Bindung in (*58*) zu einem Zustand (*60*) führt, in dem beide positive Ladungen sich in einem der aromatischen Ringe zu konzentrieren beginnen, wobei der andere mit immer weniger von seiner ursprünglichen positiven Ladung behaftet bleibt:

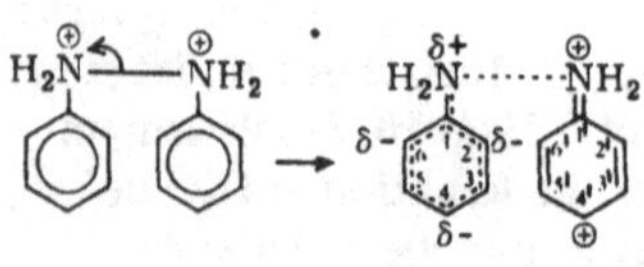

(*58*) (*a*) (*60*) (*b*)

Die Triebkraft für eine derartige N–N-Bindungstrennung könnte in der Nähe der beiden positiven Ladungen an benachbarten Stickstoffatomen gesehen werden, aber man kann einwenden, daß eine symmetrische Spezies wie (*58*) eher eine homöopolare Trennung der N–N-Bindung erfahren sollte, wobei Radikalkationen (*61*) entstehen sollten:

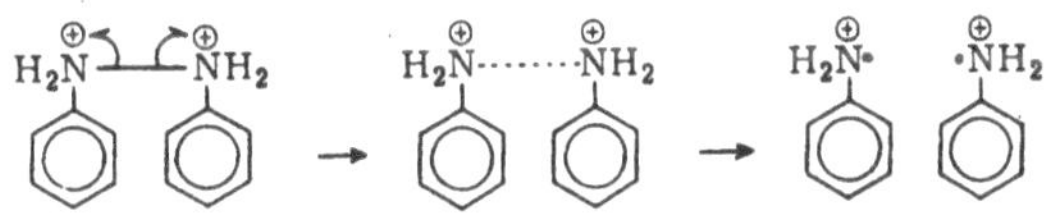

(58) *(62)* *(61)*

Dies wäre aber nicht mit der experimentell untermauerten Forderung verträglich, daß der Übergangszustand (*62*) polarer sein muß als die vorausgehende Spezies (*58*), und die sorgfältige Suche nach Spuren von Radikalen während der Reaktion hat auch zu keinem Ergebnis geführt.

In der Spezies (*60*) weiter oben wurde absichtlich nur die Trennung der Bindung angedeutet, und man kann nun noch versuchen, aus der wahrscheinlichsten Verteilung der Ladung die Stelle oder die Stellen vorauszusagen, an denen die neue Bindung hergestellt werden wird. Die Spezies (*60a*) ist im wesentlichen Anilin-artig und dürfte eine Ladungsverteilung wie angezeigt haben; die dikationische Spezies (*60b*) hat zwei positive Ladungen zu tragen, von denen man erwarten darf, daß sie soweit wie irgendmöglich auseinanderweichen, was zu einer Anhäufung von positiver Ladung in der *p*-Position (4′) führen muß. Diese Position müßte demnach von außerordentlicher Elektrophilie sein, und wir sollten daher erwarten, daß sie die aktivierte 4- und 2-Stellung der Anilin-artigen Hälfte (*60a*) angreift, wobei die erstere wegen ihrer größeren Nähe bevorzugt sein sollte:

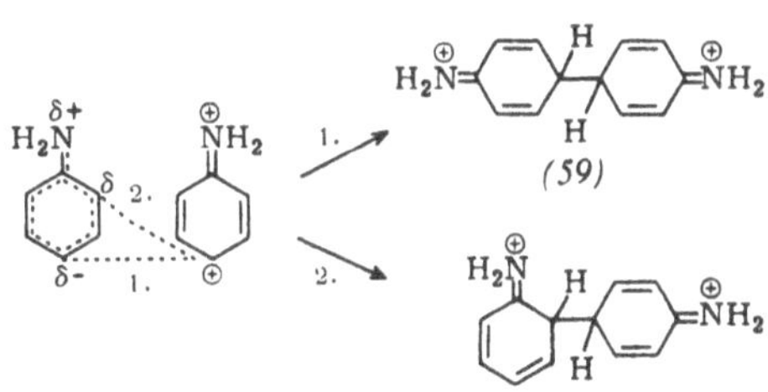

(63)

Das ist genau das, was man tatsächlich beobachtet. Eine typische Umlagerung von Hydrazobenzol (*54*) führt zur Bildung von ≈ 70% Benzidin (*55*) aus (*59*) und ≈ 30% Diphenylin (*64*) aus (*63*):

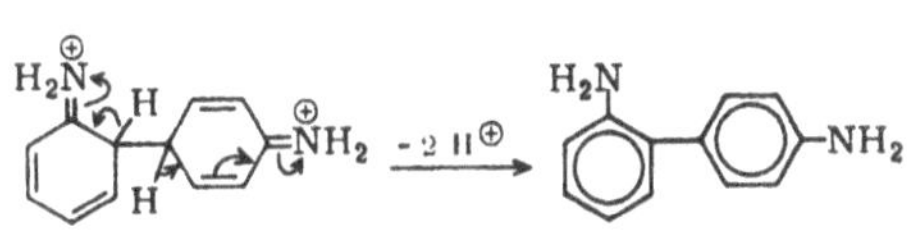

(63) *(64)*

In dieser Diskussion haben wir die Lösung der N–N-Bindung und die Herstellung der C–C-Bindung der Einfachheit halber, und um überhaupt zu einer klaren Formulierung zu kommen, als getrennte Schritte dargestellt, doch mögen sie in Wirklichkeit mehr oder weniger gleichzeitig in einem konzertierten Prozeß erfolgen.

6.4.3. Struktur und Reaktionsgeschwindigkeit

Wenn der Übergangszustand wirklich vom Typus (*60*) ist, so sollten wir eine starke Abhängigkeit seiner Bildungsgeschwindigkeit von allen Faktoren erwarten, die die dipolare Spezies (*60b*) zu stabilisieren vermögen. Ein solcher Faktor könnte ein elektronenliefernder Substituent sein, der durch Ladungsdelokalisation in der Struktur (*65b*)

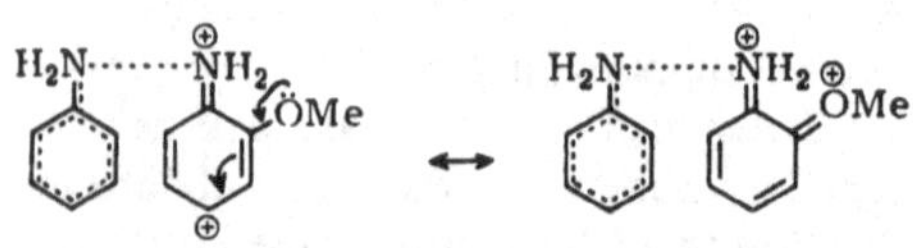

(*a*) (*b*) (*65*) (*a*) (*b*)

zu einer Energiesenkung und somit zu einer Erhöhung seiner Bildungsgeschwindigkeit (und damit auch der Gesamtreaktionsgeschwindigkeit) führen könnte. Auch das wird tatsächlich beobachtet, wie die folgenden *k*-Werte zeigen:

Ar	Ar′	10^3k
C_6H_5	C_6H_5	$6{,}87 \cdot 10^{-3}$
C_6H_5	$2\text{-}CH_3OC_6H_4$	1,54
$2\text{-}CH_3OC_6H_4$	$2\text{-}CH_3OC_6H_4$	unmeßbar schnell

6.4.4. Struktur und Produktverteilung

Hinweise für einen Übergangszustand von der Struktur (*60*) erhält man auch, wenn man die relative Verteilung der Produkte, die bei der Umlagerung substituierter Hydrazobenzole entstehen, näher untersucht. Trägt ein Hydrazobenzol zwei *p*-Substituenten (4,4′) (*66*), dann kann weder ein Benzidin vom Typ (*55*) noch ein Diphenylin vom Typ (*64*) entstehen, und das Produkt der Umlagerung ist ein *o*-Semidin (*67*):

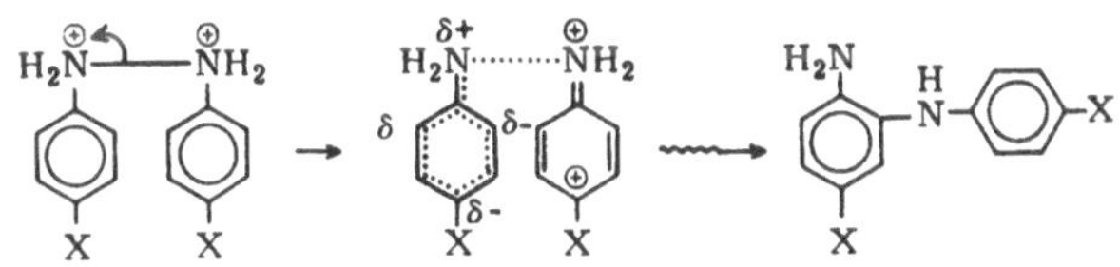

(66) (67)

Sind die Substituenten in 4- und 4'-Stellung des Hydrazobenzols nicht dieselben, wie in (*68*), so besteht die Möglichkeit der Bildung zweier konkurrierender *o*-Semidine (*69*) und (*70*), je nachdem welche Molekülhälfte den dipolaren Teil des Übergangszustandes (*71b*/*72b*) bildet:

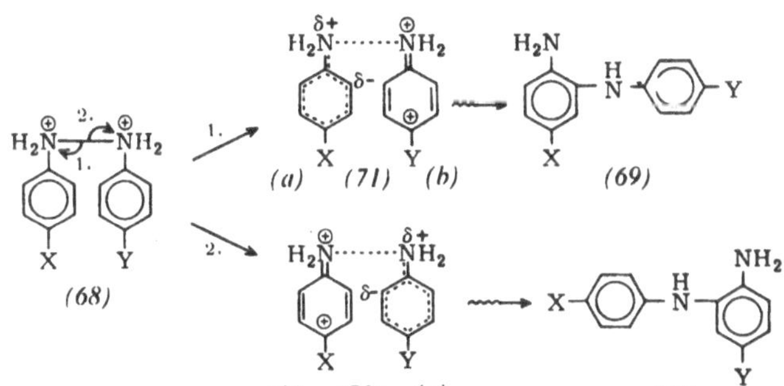

(68) (a) (71) (b) (69) (b) (72) (a) (70)

Sind X und Y nahe verwandt, so sollte man beide Produkte erwarten, was auch gefunden wird. Ist aber einer der beiden Substituenten sehr viel stärker elektronenliefernd als der andere, so sollte man erwarten, daß der Übergangszustand mit dem Substituenten in der dipolaren Molekülhälfte (*b*) bevorzugt durchlaufen wird, da dabei der größere Stabilisierungseffekt erreicht wird. Das führt dann zwangsläufig zu dem *o*-Semidin, in dem der elektronenliefernde Substituent *p*-ständig zur NH-Gruppe angeordnet ist. Dieses sollte also das überwiegende oder vielleicht sogar alleinige Produkt sein. Tatsächlich erhält man aus dem Hydrazobenzol (*73*) ausschließlich das Umlagerungsprodukt (*74*), das Isomere (*75*) wird nicht beobachtet.

Zieht man alle denkbaren Verzweigungen in Betracht, dann ist die Benzidin-Umlagerung noch erheblich komplizierter, als die obigen Überlegungen erkennen lassen. Es sind auch einige andere Modelle für den Übergangszustand vorgeschlagen worden, aber auf Grund des zur Verfügung stehenden experimentellen Materials hat zur Zeit ein hochpolarer Zustand vom Typus (*60*) am meisten für sich. Aber selbst nach hundertjähriger Forschung bleibt noch eine Menge an dieser Reaktion zu erforschen, und es könnte wohl sein, daß der polare Übergangszustand (*60*) später modifiziert werden muß.

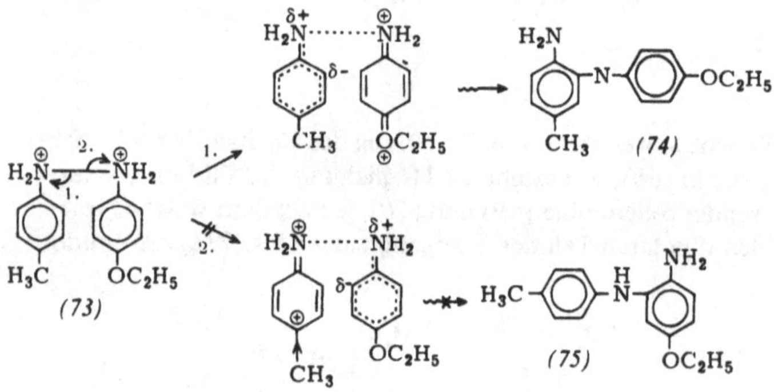

(*73*) (*74*) (*75*)

6.5. Innere Ionenpaar-Rückkehr in der Solvolyse eines Allylesters

Hier soll eine außerordentlich geistreiche Untersuchung* der Solvolyse eines Allylesters besprochen werden, und zwar des *cis*-5-Methyl-2-cyclohexenyl-*p*-nitrobenzoats (*76*) in 80-proz. Aceton bei 100 °C:

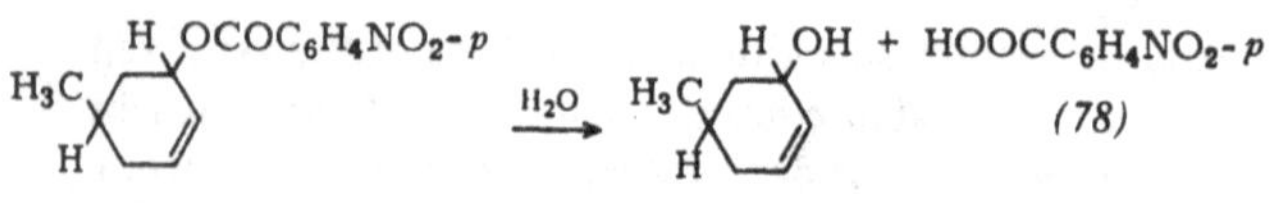

(*76*) (*77*) (*78*)

In diesem System wurden kinetische, stereochemische und ^{18}O-Markierungs-Techniken in höchst origineller Weise miteinander kombiniert, um eine ins einzelne gehende Kenntnis des Zwischenprodukts der Reaktion zu erlangen.

6.5.1. Die Geschwindigkeit der Solvolyse, k_{solv}

Kinetisch läßt sich die Solvolyse durch Titration der bei der Reaktion entstehenden Säure (*78*) verfolgen. Die Reaktion erweist sich als 1. Ordnung mit einer Geschwindigkeitskonstante, die unter den genannten Bedingungen $k_{solv} = (1{,}37 \pm 0{,}04) \cdot 10^{-2} h^{-1}$ beträgt. Da es sich um einen

* H. L. Goering, J. T. Doi und K. D. McMichael, J. Amer. Chem. Soc. *86*, 1951 (1964), und die dort zitierte Literatur.

Ester eines Alkohols vom Allyltyp handelt, kann man in Analogie zu anderen bekannten Beispielen vermuten, daß die Reaktion unter Alkyl/Sauerstoff-Spaltung (s. S. 57) verläuft und ein Ionenpaar-Zwischenprodukt (*79*) liefert, das dann von Wasser rasch unter Bildung des Solvolyseprodukts (*77*) angegriffen wird:

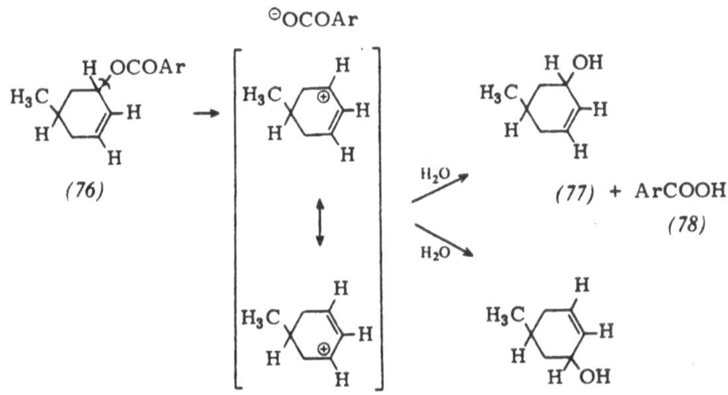

(*76*) (*79*) (*77*) (*78*) (*77*)

Dieser Reaktionsablauf ist selbstverständlich mit den mitgeteilten kinetischen Messungen verträglich. Die Stabilisierung durch Ladungsdelokalisation sowohl im Allyl-Kation als auch im Carboxylat-Anion im Zwischenprodukt (*79*) begünstigt einen solchen Reaktionsablauf, jedenfalls insoweit, als der dem Ionenpaar-Zwischenprodukt vorausgehende Übergangszustand diesem ähnelt. Für eine Alkyl/Sauerstoff-Spaltung in (*76*) spricht auch die Tatsache, daß der Allylester 240-mal schneller solvolysiert (unter vergleichbaren Bedingungen) als der entsprechende gesättigte Cyclohexylester, von dem bekannt ist, daß er der Acyl/Sauerstoff-Spaltung unterliegt (s. S. 57). Es wäre nicht einzusehen, warum die Einführung einer allylischen Doppelbindung die Acyl/Sauerstoff-Spaltung in diesem Maße beschleunigen sollte, während Wechsel des Reaktionsmechanismus und Übergang zur Alkyl/Sauerstoff-Spaltung das Ergebnis aufs beste erklärt. Auch findet man, daß die Geschwindigkeit der Solvolyse von (*76*) sehr stark erhöht wird, wenn man das Lösungsmittel polarer macht; auch dies würde man bei dem hochpolaren Übergangszustand erwarten, der der Zwischenstufe (*79*) vorausgehen muß.

6.5.2. Die Geschwindigkeit des Verlusts an optischer Aktivität, k_{rot}

Der *cis*-Ester (*76*) ist ein Racemat (±) und kann daher in (+) und (–)-Enantiomere getrennt werden. Wiederholt man die Solvolyse mit einer der optisch aktiven Formen, z. B. (–) (*76a*), so findet man, daß alle optische Aktivität verlorengeht, der entstehende Allylalkohol (*77ab*) also ein Racemat (±) ist. Dieses Ergebnis läßt sich sehr schön durch die Annahme des Ionenpaar-Zwischenprodukts (*79*) erklären, da das darin enthaltene allylische Carboniumion symmetrisch ist*:

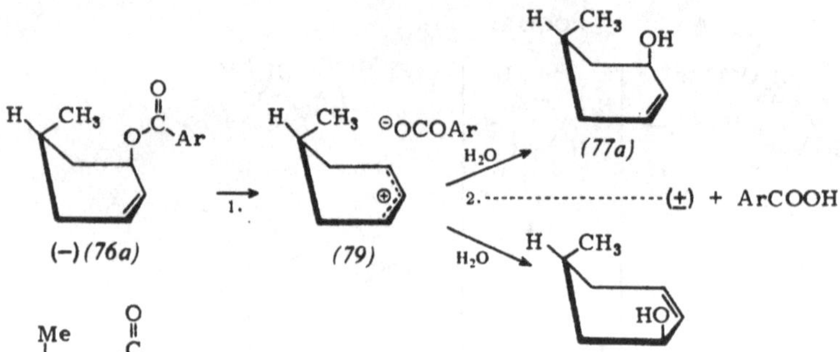

(–)(*76a*) (*79*) (*77a*) (*77b*)

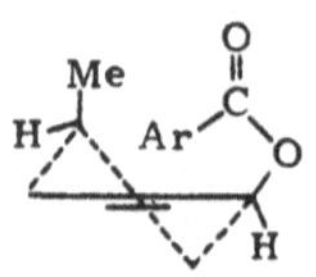

(*76a*)

Greift nun ein Wassermolekül an einem der beiden allylischen Kohlenstoffatome an, so entsteht der Alkohol (*77a*), während Angriff am anderen zum Alkohol (*77b*) führt. Man sieht ohne weiteres, daß es sich um Spiegelbilder handelt. Da das Carboniumion symmetrisch ist, ist der Angriff an den beiden Enden des Allylsystems gleich wahrscheinlich, und es entstehen folglich gleiche Mengen an (*77a*) und (*77b*), d. h. man erhält ein Racemat (*77ab*). Die Geschwindigkeitskonstante 1. Ordnung, k_{rot}, die den Verlust an optischer Aktivität der Verbindung (*76a*) angibt und die sich polarimetrisch messen läßt, hat den Wert $(2{,}39 \pm 0{,}04)\cdot 10^{-2}\,h^{-1}$.

6.5.3. Die Geschwindigkeit der Racemisierung des ursprünglichen Esters, k_{rac}

Es erweist sich somit, daß k_{rot} größer ist als die Geschwindigkeitskonstante 1. Ordnung, k_{solv}, für die Solvolyse von (*76a*) unter vergleichbaren Bedingungen: Die optische Aktivität von (*76a*) geht also schneller verloren, als die Solvolyse voranschreitet; es muß also *zusätzlich* zur

* Die Strukturen sind hier etwas verbogen dargestellt, aber dadurch wird der in Rede stehende stereochemische Gesichtspunkt deutlicher als mit den korrekteren Strukturen vom Typ (*76a*).

Umwandlung in den racemischen Alkohol (*77ab*) noch ein weiterer Prozeß ablaufen, der Verlust an optischer Aktivität bewirkt. Ein solcher zusätzlicher Prozeß könnte die Umkehrung des obigen Schrittes 1. sein, nämlich die Vereinigung des allylischen Carboniumions im Ionenpaar (*79*) mit seinem Gegenion, $ArCO_2^{\ominus}$. Er würde in Konkurrenz zur Reaktion mit Wasser gemäß Schritt 2. zur Rückbildung des Ausgangsmaterials (*76*) führen. Gerade wie auch bei der Reaktion mit Wasser würde der Angriff des Gegenions an beiden allylischen Kohlenstoffatomen des Kations stattfinden und zu (*76a*) bzw. (*76b*) führen. Man spricht von einer Racemisierung des Ausgangsmaterials durch *innere Ionenpaar-Rückkehr.* Daß es einen solchen Prozeß geben muß, kann man zeigen, indem man das jeweils noch verbliebene Ausgangsmaterial (*76*) nach verschiedenen Zeitintervallen zurückgewinnt und sich davon überzeugt, daß zwar dessen Menge insgesamt ständig abnimmt, die Racemisierung im Sinne von (*76a* → *76ab*) gleichzeitig aber ständig zunimmt.

Die Geschwindigkeit der Racemisierung von (*76a*) ist demnach durch

$$k_{rac} = k_{rot} - k_{solv} = (1{,}02 \pm 0{,}05) \cdot 10^{-2}\ h^{-1}$$

gegeben, worin k_{rac} ein Maß für die Geschwindigkeit der inneren Ionenpaar-Rückkehr ist. Die Ionenpaar-Rückkehr wird natürlich auch während der Solvolyse von (±) (*76*) = (*76ab*) stattfinden, kann hier aber polarimetrisch nicht nachgewiesen werden. Die innere Ionenpaar-Rückkehr ist Ausdruck einer äußerst engen Assoziation der Gegenionen in der Ionenpaar-Zwischenstufe (*79*). So ist die Racemisierung von (*76a*) durch Ionenpaar-Rückkehr nicht von der Einführung einer ^{18}O-Markierung begleitet, wenn man ^{18}O-markiertes *p*-Nitrobenzoat-Anion, *p*-$O_2NC_6H_4C^{18}O_2^{\ominus}$, in die Lösung einführt. Auch ist niemals die Bildung des geometrischen (*trans*) Isomeren von (*76a*) als Folge der Ionenpaar-Rückkehr beobachtet worden, was wiederum anzeigt, daß das Carboxylat-Anion im Ionenpaar (*79*) eng mit derjenigen Seite des (örtlich) planaren Carboniumions verbunden bleibt, von der es ursprünglich abgelöst worden ist.

6.5.4. Die Geschwindigkeit der ^{18}O-Äquilibrierung, k_{eq}

Die Ionenpaar-Rückkehr wurde nun weiter dadurch untersucht, daß man unter vergleichbaren Bedingungen den Allylester (*76c*) solvolysierte, in dem der Carbonylsauerstoff ^{18}O-markiert war (s. S. 57). Nach verschiedenen Zeitintervallen wurde der verbliebene, also noch nicht solvolysierte Ester zurückgewonnen und daraufhin untersucht, ob die

^{18}O-Markierung immer noch auf den Carbonylsauerstoff wie in (*76c*) beschränkt ist, oder ob ein Teil der Markierung auf das ätherartige Sauerstoffatom des Esters (*76d*) übergegangen ist, mit anderen Worten also, ob eine *Gleichverteilung* (Äquilibrierung) der Markierung stattgefunden hat:

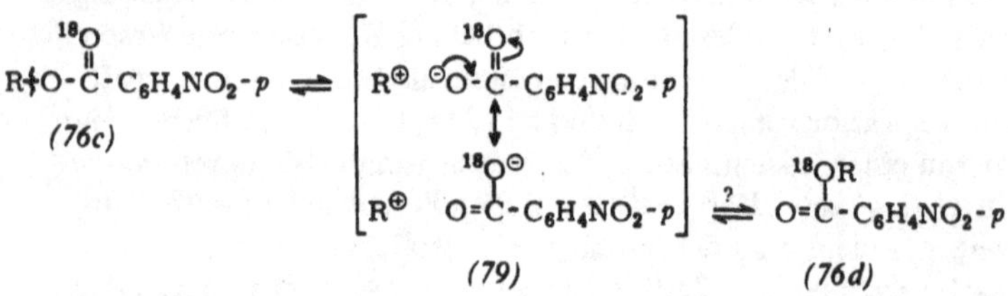

Um festzustellen, ob und wieviel ^{18}O-Markierung in die ätherartige Position des Esters übergegangen ist, wurde der nicht solvolysierte Ester (*76c* + ? *76d*) mit Base hydrolysiert, was erwiesenermaßen zu einer ausschließlichen Acyl/Sauerstoff-Spaltung führt. Das entstehende substituierte Cyclohexenol (*77c* + ? *77d*) wurde dann vom Carboxylat abgetrennt und zur bequemeren Untersuchung in das feste *p*-Nitrobenzoat (*76e* + ? *76f*) übergeführt. Hieran führte man die ^{18}O-Bestimmung aus (s. S. 58).

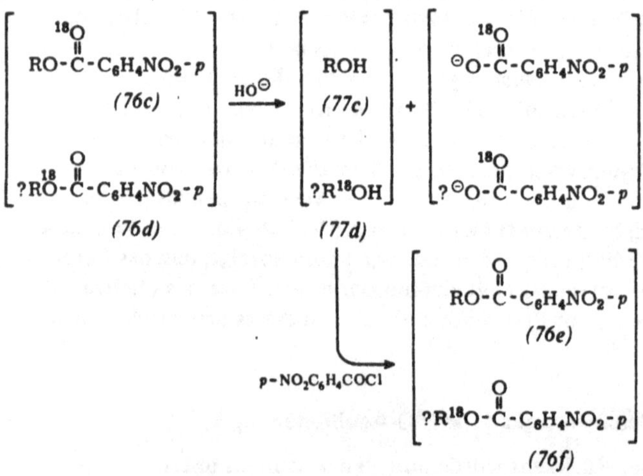

Eventuell hier nachgewiesenes ^{18}O müßte aus der *ätherartigen* Sauerstoffposition des ursprünglichen, unsolvolysiert zurückgewonnenen Esters (*76d*) stammen. Der Messung wurden Proben zugeführt, die eingangs unterschiedlich lang den Solvolysebedingungen ausgesetzt waren, wobei natürlich die letztlich vollständige Solvolyse ein zeitliches Limit setzte. Es erwies sich, daß eine Gleichverteilung der Markierung (Carbonyl-Sauerstoff → Äther-Sauerstoff) tatsächlich stattfand. Die Äquilibrierung folgte einem Reaktionsgeschwindigkeitsgesetz 1. Ordnung mit einer Geschwindigkeitskonstante $k_{eq} = (0{,}97 \pm 0{,}03) \cdot 10^{-2} h^{-1}$.

6.5.5. Zwei begrenzende Ionenpaar-Zwischenprodukte

Die Geschwindigkeitskonstanten k_{eq} für die Isotopengleichverteilung in (*76*), (*76c*) → (*76d*), und k_{rac} für die Racemisierung von (*76*), (*76a*) → (*76ab*), sind also innerhalb der Grenzen des experimentellen Fehlers gleichgroß: k_{eq} ist somit ein Maß für die Geschwindigkeit der inneren Ionenpaar-Rückkehr. Aus der Gleichheit der beiden Geschwindigkeitskonstanten kann man noch mehr ablesen. Im Ionenpaar-Zwischenprodukt (*79*) müssen nämlich nicht nur die beiden terminalen Kohlenstoffatome am Allylsystem der Carboniumion-Hälfte untereinander äquivalent sein, eine notwendige Folge der beobachteten Racemisierung; es müssen vielmehr auch die beiden Carboxyl-Sauerstoffatome in der Carboxylation-Hälfte untereinander gleichwertig sein, was wiederum zwangsläufig aus der beobachteten ^{18}O-Gleichverteilung folgt.

Man kann nun noch einen Schritt weitergehen und nach der gegenseitigen Zuordnung des Paares wechselseitig gleichwertiger allylischer Kohlenstoffatome und des Paares ebenfalls gleichwertiger Carboxylat-Sauerstoffatome im Ionenpaar-Zwischenprodukt (*79*) fragen. Zwei mögliche Zuordnungen sind nachstehend skizziert:

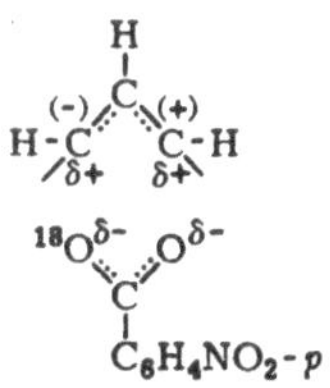

(*79a*)

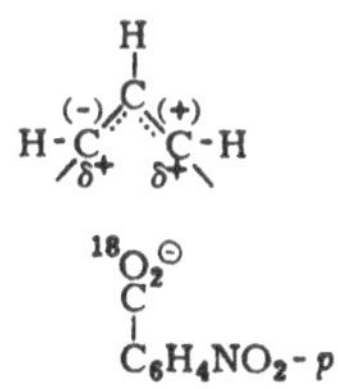

(*79b*)

Die allylischen Kohlenstoffatome sind mit (+) und (–) gekennzeichnet, um anzuzeigen, daß der Angriff eines Sauerstoffatoms des Carboxylat-Anions am (+)-Kohlenstoff zu (+) - (*76*) führt, während Angriff am anderen Kohlenstoffatom (–) die (–)-Form des Esters liefert. Die beiden Strukturen (*79a*) und (*79b*) sollen übrigens keine spezifische räumliche Zuordnung bedeuten, sondern nur schematisch die beiden möglichen Grenzfälle der Zuordnung der beiden Paare von Kohlenstoff- und

Sauerstoff-Atomen andeuten. Über die räumliche Beziehung kann man nur sagen, daß das Carboxylat-Anion in (*79*) mit der einen Seite des (örtlich) planaren allylischen Carboniumions eng verbunden bleibt, von der es ursprünglich abgelöst worden ist, wie wir bereits oben sahen (s. S. 249). Von den beiden Formulierungen soll (*79a*) bedeuten, daß die beiden allylischen Kohlenstoffatome und die beiden Carboxylat-Sauerstoffatome miteinander *spezifisch gepaart* sind: Im Extremfall könnte dies bedeuten, daß das ^{18}O-markierte Carboxylat-Sauerstoffatom ausschließlich am (–)-allylischen Kohlenstoffatom angreift, das nicht markierte Sauerstoffatom ausschließlich am (+)-allylischen Kohlenstoffatom. Im Gegensatz dazu würde die Formulierung (*79b*) anzeigen, daß die Carboxylat-Sauerstoffatome in bezug auf *jedes* der beiden allylischen Kohlenstoffatome äquivalent sind. Das würde bedeuten, daß sowohl das ^{18}O-markierte als auch das nicht markierte Sauerstoffatom jeweils gleich gut beide allylische Kohlenstoffatome angreifen können.

6.5.6. Entscheidung zwischen den beiden Grenzfällen

In Systemen wie den in Rede stehenden, bei denen also $k_{rac} = k_{eq}$ ist, kann man zwischen den beiden möglichen Grenzfällen (*79a*) und (*79b*) in der folgenden Weise unterscheiden. Man untersucht die innere Ionenpaar-Rückkehr unter denselben Bedingungen, die schon zuvor angewandt worden sind, jetzt aber an einem optisch reinen, eindeutig mit ^{18}O-markierten Ester, und prüft in *jedem* der beiden entstehenden Enantiomeren auf das Eintreten oder Nichteintreten einer ^{18}O-Gleichverteilung. Im Falle von (–) $R^{18}OCOC_6H_4NO_2$-*p* (*76g*) würde der Grenzfall (*79a*) für das Ionenpaar-Zwischenprodukt verlangen, daß die innere Ionenpaar-Rückkehr mit gleicher Leichtigkeit *entweder* durch Angriff von ^{18}O an (–)C *oder* durch Angriff von O an (+)C stattfindet und zur Rückbildung des Esters in der Form (*76g*) bzw. (*76h*) führt:

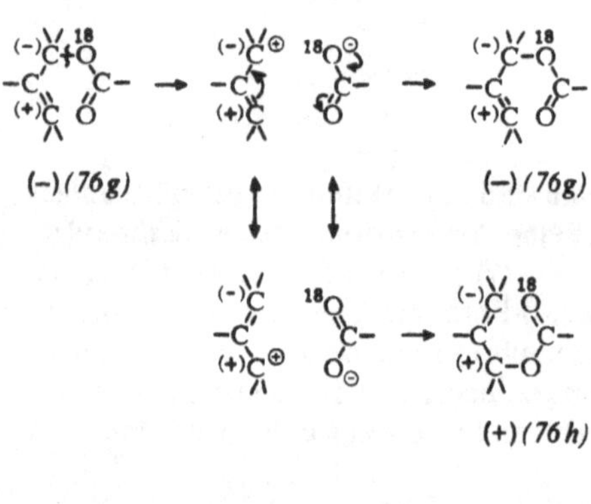

(–)(*76g*) (–)(*76g*)

(+)(*76h*)

Es würde also *keine* Gleichverteilung der Markierung stattfinden, denn die ganze ^{18}O-Markierung im ätherartigen Sauerstoff würde sich im (−)-Enantiomeren (*76g*) und die ganze ^{18}O-Markierung des Carbonylsauerstoffatoms im (+)-Enantiomeren (*76h*) wiederfinden. Wiederum im Falle von (*76g*) würde der Grenzfall (*79b*) für das Ionenpaar-Zwischenprodukt verlangen, daß die innere Ionenpaar-Rückkehr mit gleicher Leichtigkeit durch Angriff *eines* der beiden Sauerstoffatome (^{18}O oder O) an *einem* der beiden Kohlenstoffatome ((+) oder (−)) stattfindet:

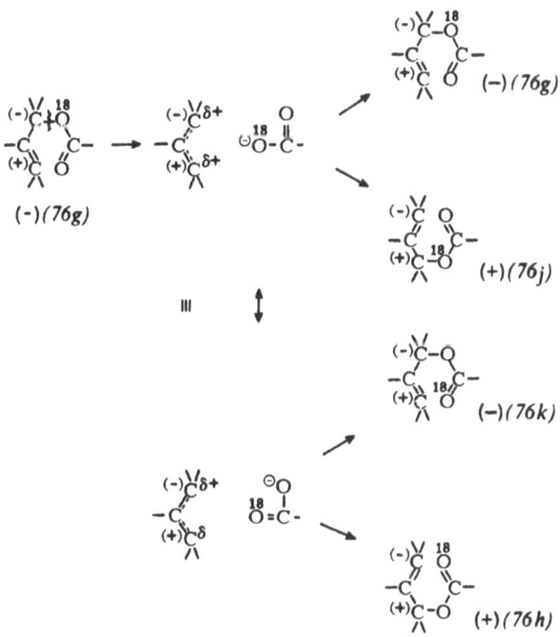

Es sollte *vollständige* Gleichverteilung der Markierung eintreten, so daß also ^{18}O-markierter ätherartiger Sauerstoff und ^{18}O-markierter Carbonylsauerstoff gleichmäßig auf die beiden Enantiomeren (−), d. h. (*76g* und *76k*), und (+), d. h. (*76j* und *76h*) verteilt sind.

Die tatsächliche Verteilung der ^{18}O-Markierung kann durch die folgenden Schritte ermittelt werden: Base-katalysierte Hydrolyse – die bekanntlich eine reine Acyl/Sauerstoff-Spaltung ist – des zurückgewonnenen, nicht solvolysierten Esters (*76g* + *76h* + ? *76j* + ? *76k*), Isolierung des entstehenden substituierten (±) Cyclohexenols (*77*), dessen Umwandlung in das kristalline (±) Hydrogenphthalat (*81*), Trennung des letzteren in seine beiden Antipoden (–) und (+) und schließlich ^{18}O-Bestimmung (s. S. 58) in den getrennten enantiomeren Verbindungen:

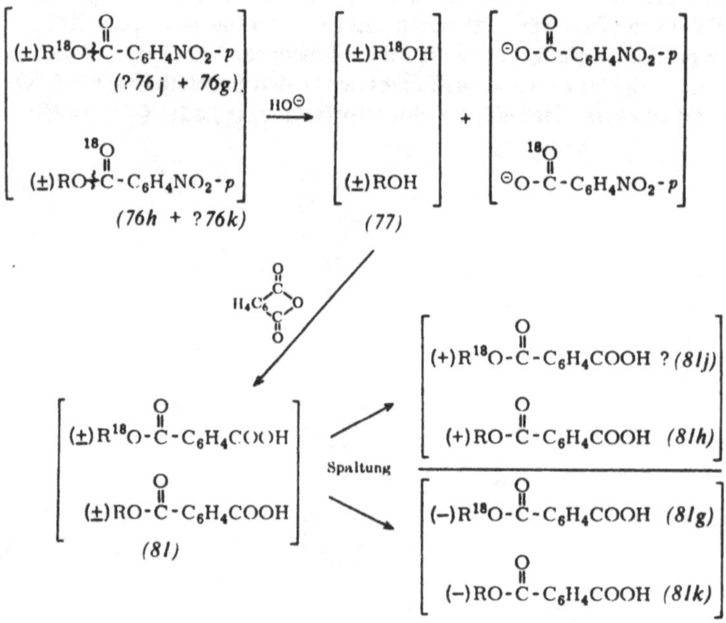

Die dabei erhaltenen ^{18}O-Werte entsprechen natürlich dem R^{18}O-Gehalt in den (–)- und (+)-Komponenten des zurückgewonnenen, nicht solvolysierten Esters (*76g*) bzw. ? (*76j*). Da wir den Gesamtgehalt an Carboxyl-^{18}O des zurückgewonnenen Esters kennen, können wir nunmehr aus der Differenz den Gehalt an ^{18}O-Carbonylsauerstoff für die (–)- und (+)-Komponenten des zurückgewonnenen, nicht solvolysierten Esters, d. h. ? (*76k*) und (*76h*) berechnen.

Man findet dabei, daß innerhalb des experimentellen Fehlers eine vollständige Gleichverteilung der ^{18}O-Markierung in jedem der beiden Enantiomeren eintritt, die sich bei der inneren Ionenpaar-Rückkehr bilden, d. h. die Markierung im ätherartigen Sauerstoff und im Carbonylsauerstoff findet sich in gleichen Anteilen sowohl im (–)- als auch im (+)-Enantiomeren wieder. (Dabei muß man natürlich eine Korrektur für den Teil des Ausgangsesters (*76g*) anbringen, der noch nicht racemisiert worden ist.) Es ergibt sich weiter, daß die Isotopengleichverteilung einem Geschwindigkeitsgesetz 1. Ordnung folgt, wobei k_{rand} =

$(0{,}96 \pm 0{,}06)\cdot 10^{-2}\,h^{-1}$ ist*. Die Geschwindigkeit der vollständigen ^{18}O-Gleichverteilung in (*76*) ist also identisch mit der ^{18}O-Äquilibrierung (k_{eq}, s. S. 249) und auch der Geschwindigkeit der Racemisierung (k_{rac}, s. S. 248), mit anderen Worten, alle drei zeigen die Geschwindigkeit der inneren Ionenpaar-Rückkehr an.

Das Ionenpaar-Zwischenprodukt (*79*), das die Solvolyse und auch die innere Ionenpaar-Rückkehr von *cis*-substituiertem Cyclohexenyl-*p*-nitrobenzoat (*76*) vermittelt, entspricht also exakt der Grenzstruktur (*79b*). Man kennt aber auch Fälle nahe verwandter Allylester, in denen die Gleichverteilung der ^{18}O-Markierung auf die (–)- und (+)-Enantiomeren des nicht solvolysierten Ausgangsmaterials unvollständig ist, d. h. $k_{rand} < k_{rac}$. In diesen Fällen muß das Ionenpaar-Zwischenprodukt eine Struktur zwischen den Grenzen von (*79b*) und (*79a*) haben; für (*79a*) hat k_{rand} natürlich den Wert null. Abgesehen von der engen Assoziation des Carboxylat-Gegenions mit der Seite des (örtlich) planaren Carboniumions, von dem die Ablösung ursprünglich stattgefunden hat (s. S. 249), weiß man recht wenig über die genaue räumliche Anordnung in solchen Ionenpaaren: Für den Chemiker noch immer eine Aufforderung zu weiterem Bemühen.

---

* Anmerkung des Übersetzers: Der Index "rand" wurde vom englischen random = aufs Geratewohl übernommen. k_{rand} ist zunächst gedanklich von dem weiter oben (s. S. 249) diskutierten k_{eq} insofern zu unterscheiden, als die letztere Größe nur die Verteilung der ^{18}O-Markierung auf die beiden Sauerstoff-Funktionen (ätherartig bzw. carbonylartig) beschreibt, die erstere aber zusätzlich die Aufteilung auf die beiden möglichen Kohlenstoffatome (–) oder (+).

Register

Berichtigung

S. 33 Überschrift 1.6.5.1: Pyrolyse von *Acetanilid* (nicht Aceton)

S. 150 unterster Absatz, 1. Zeile: *Acetanilid* (nicht Acetaldehyd)

S. 216 Überschrift 5.9: Thermodynamische Grundlagen der *linearen* Freie-Energie-Beziehungen

FSC
www.fsc.org
MIX
Papier | Fördert
gute Waldnutzung
FSC® C083411

Zeitfracht Medien GmbH
Ferdinand-Jühlke-Straße 7
99095 Erfurt, Deutschland
produktsicherheit@kolibri360.de